Vida y cosmos

Mario Livio y Jack Szostak

Vida y cosmos

¿Es la Tierra una excepción?

Traducción de Miguel Ángel Pérez

Ariel

Título original: *Is Earth Exceptional? The Quest for Cosmic Life*

Primera edición: noviembre de 2025

Esta edición está publicada en acuerdo con Basic Books, un sello de Perseus Books, LLC, una subsidiaria del grupo Hachette Book Group, Inc., New York, New York, USA.

Avda. Diagonal, 662-664, 08034 Barcelona
Editorial Ariel es un sello editorial de Planeta, S. A.
www.ariel.es
www.planetadelibros.com

ISBN: 978-84-344-3989-4
Depósito legal: B. 19.485-2025

Impreso en España

Índice

1

¿Accidente químico singular o imperativo cósmico?

Es tan grande como las de verdad y dos veces más natural.[1]

LEWIS CARROLL, *A través del espejo*

En nuestra existencia cotidiana, estamos acostumbrados a que el sentido de la «flecha temporal» psicológica nos permita examinar, analizar, sopesar y recordar los acontecimientos pasados. Del mismo modo, somos conscientes de nuestra incapacidad de rememorar el porvenir. En el mejor de los casos, podemos intentar predecirlo, especular sobre él o vislumbrarlo a través de la imaginación. Tal y como escribió de manera muy expresiva el poeta Khalil Gibran, «La vida no retrocede ni se detiene en el ayer».[2]

Respecto a los fenómenos biológicos en la Tierra, resulta paradójico en cierta medida que tengamos una certeza casi absoluta acerca del modo en que la madre naturaleza acabará con ellos en el futuro lejano, pero que no sepamos con exactitud cómo surgieron. En efecto, la desaparición natural (en el sentido de no ser provocada por las acciones autodestructivas de nuestra especie, dominante en la actualidad) de los seres vivos, tal y como los conocemos, vendrá determinada por procesos astrofísicos y atmosféricos relativamente bien comprendidos y predecibles (a menos que se produzcan acontecimientos cósmicos imprevistos, tales como el impacto de un asteroide o una emisión explosiva de rayos gamma cercana, los cuales provocarían un final prematuro).

Por ejemplo, sabemos que dentro de unos cinco mil millones de años el Sol se convertirá en una estrella gigante roja y que en el proceso se expandirá de manera desmedida, de modo que abrasará la Tierra, y que es posible incluso que esta sea devorada por la envoltura externa de la estrella en crecimiento. No obstante, las criaturas pluricelulares y complejas se habrán extinguido mucho antes, cerca de mil millones de años a partir del momento actual, a medida que la biosfera terrestre disminuya hasta niveles insostenibles, debido al incremento térmico asociado con las etapas posteriores de la evolución solar.

Por el contrario, el *origen* de la vida sigue siendo un misterio. Se han logrado enormes avances en el conocimiento de los componentes básicos de los seres vivos, pero todavía no se sabe con precisión qué fue lo que hizo que estos emergieran de forma espontánea ni el modo en que aparecieron de repente las primeras células. En palabras del científico británico John Sutherland, todo lo que se puede afirmar acerca de ese momento trascendental en que la química dio paso a la biología es que esta última surgió «inesperadamente, de las profundidades». Sutherland hacía aquí también un juego de palabras muy ingenioso con el «profundo» color azul asociado con el cianuro, un compuesto que, como se verá, desempeñó un papel fundamental en este proceso.

Hay otro interrogante que guarda una relación muy estrecha con este enigma, una pregunta que ha intrigado a los seres humanos al menos desde la época del pensamiento pitagórico en la Grecia clásica: ¿estamos solos en el universo? Dicho de forma más actual y algo más prosaica: ¿acaso nuestra galaxia está tan llena de criaturas como muchas obras de ciencia ficción querrían hacernos creer? En otras palabras, nos gustaría saber si la humanidad está a punto de poner fin a la soledad de su estancia en la Vía Láctea.

Uno de los autores de este libro es astrofísico y el otro, químico y biólogo. Sin embargo, ambos nos hemos sentido fascinados por estos dilemas cósmicos a lo largo de nuestras carreras científicas. Nos han intrigado, sí, pero lo cierto es que durante mucho tiempo solo hemos podido hacer conjeturas al respecto. Hasta hace relativamente poco, estas cuestiones se consideraban imposibles de abordar y dirimir en nuestra generación. Incluso se las situaba en los márgenes de la ciencia. En consecuencia, tendían a quedar relegadas a la categoría de interrogantes «demasiado complejos» como para ser resueltos.

Esta situación ha cambiado de manera radical en las tres últimas décadas. Los intentos de responder a estas preguntas (¿cómo surgió la vida en la Tierra? y ¿estamos solos en la galaxia?) han pasado a ser dos de los campos más activos y dinámicos en las fronteras de la investigación científica.

Cabe destacar que la respuesta a estos rompecabezas depende de un tercer interrogante, relativamente sencillo de formular, sin duda bien definido y al que (al menos en teoría) podemos contestar: *¿cuál es la probabilidad de que aparezcan seres vivos en la superficie de un planeta habitable en potencia?*

Hay dos áreas de investigación diferentes por completo y en gran medida independientes que intentan resolver esta cuestión. Por un lado, experimentos actuales realizados en laboratorio pretenden determinar el modo en que, de hecho, la biología puede surgir a partir de la química. Por el otro, buena parte de la astronomía se dedica a la búsqueda de signos inequívocos de procesos vitales en otros planetas o satélites (tanto en el sistema solar como alrededor de otras estrellas). Ambos enfoques suscitan en la actualidad un gran interés y son objeto de esfuerzos denodados por parte de grupos entusiastas de científicos. Hasta tal punto es así que este segundo objetivo, en el caso de planetas extrasolares (los que orbitan alrededor de astros distintos del Sol), ha sido propuesto por consenso como meta del conjunto de la comunidad astronómica estadounidense, tal y como se indica en un informe publicado en noviembre de 2021 por la Academia Nacional de Ciencias, Ingeniería y Medicina del país norteamericano. Los autores de este libro participamos, en la medida de nuestras modestas posibilidades y cada uno en su disciplina, en este empeño.

Uno de los aspectos fundamentales que queremos destacar en esta obra es que los esfuerzos por averiguar el origen de los seres vivos terrestres y por detectar huellas de procesos vitales en otros mundos son dos objetivos científicos que guardan una estrecha relación, casi simbiótica, entre sí. El éxito en cualquiera de ellos permitiría obtener indicios muy relevantes y alentadores para el otro, así como supondría un fortísimo aliciente. La razón es sencilla. Si se pudiera encontrar en el laboratorio una ruta que llevase de la química a la biología, cabría suponer que hay muchas posibilidades de que la naturaleza, con su inagotable arsenal de entornos diferentes y con eones a su disposición, habría dado también con ella. Tal vez incluso en numerosas ubicaciones cósmicas, en nuestra propia galaxia, la Vía Láctea, o en otras. Es más, si se pudiese determinar de manera exhaustiva una secuencia convincente de acontecimientos, procesos y condiciones medioambientales que pudieron haber intervenido en la aparición de formas de vida en la Tierra, se podría estimar con una precisión mucho mayor la probabilidad de que estas surgieran también espontáneamente en otros planetas o satélites. Estos conocimientos podrían orientar nuestra búsqueda de seres vivos alienígenas.

Viceversa, si se lograse descubrir, mediante observaciones astronómicas, que los organismos vivos son relativamente frecuentes en el universo, este hallazgo reforzaría de manera significativa nuestra certeza de que existe una senda geoquímica inexorable hacia la biología. A su vez, esta certidumbre sería un gran acicate para los esfuerzos tendentes a determinar las condiciones iniciales adecuadas, las sustancias seminales imprescindibles, las fuentes de energía necesarias y las marañas de reacciones que fueron los requisitos previos para la aparición de los procesos vitales. En términos aún más generales, el examen exhaustivo de las cuestiones relativas al origen de las formas de vida, por un lado, y a la búsqueda de criaturas vivas extraterrestres, por otro, ofrece una oportunidad única para explorar una amplia gama de campos y disciplinas, desde la astronomía y la geología hasta la química y la biología.

Hay otro aspecto importante que se debe tener en cuenta en este sentido. Se sabe que en muchos ámbitos y circunstancias se cumple la denominada regla «cero uno infinito», es decir, cualquier entidad debería ser imposible por completo, ser tan extraordinaria que solo hubiese un ejemplar de la misma o tan abundante que cabría esperar un número muy elevado de especímenes. Por tanto, si se lograra descubrir alguna forma de vida extraterrestre, totalmente independiente de las que hay en nuestro planeta (lo que se ha dado en llamar una *segunda génesis*), ello implicaría (en virtud de la anterior norma) que sería razonable suponer la existencia de una cantidad prácticamente infinita de seres vivos en el universo.

Este libro narra la historia de esos dos empeños paralelos y fascinantes: uno, el que tiene como meta explícita el descubrimiento en el laboratorio de la ruta que va de la química a la biología, y el otro, encaminado a encontrar formas de vida extraterrestre. Ambos esfuerzos cooperan de manera implícita, aunque en ocasiones compiten entre sí (por ver cuál alcanza antes su objetivo). Sin embargo, siempre resultan apasionantes y son mutuamente complementarios en su afán por resolver enigmas fundamentales del ser humano: ¿de dónde venimos?, ¿por qué estamos aquí?, ¿estamos solos? Dicho de otro modo y aun a riesgo de sonar algo grandilocuentes, el propósito último de estas indagaciones es, literalmente, comprender nuestro propio origen y el lugar que ocupamos en este vasto, antiguo e intrincado cosmos.

La vida: ¡menuda noción!

Interrogantes tales como «¿De qué modo empezó la vida?» y «¿Existe esta fuera de la Tierra?» han apasionado al ser humano desde la antigüedad. No obstante, durante la mayor parte de la historia, casi todas las personas creyeron que la respuesta al primero de ellos era sencilla: «La creó Dios». De hecho, hasta principios del siglo XIX, incluso los científicos estaban convencidos de que los seres vivos debían estar dotados de un «espíritu vital» de naturaleza casi mística que los diferenciaba de la materia inanimada. En cambio, la segunda pregunta fue origen de múltiples controversias y las especulaciones descabelladas sobre este tema se pueden remontar a varios milenios atrás. En este sentido, se propusieron argumentos tanto a favor como en contra de la noción de «pluralidad de mundos habitados». Por ejemplo, ya en el siglo I a. C. el poeta epicúreo romano Tito Lucrecio Caro escribió: «Es necesario admitir que hay otros orbes terrestres en otras partes y diversos pueblos de hombres y razas de fieras».[3]

Un hito evidente en estas polémicas teóricas fue el modelo heliocéntrico de Copérnico. No solo proporcionó un punto de vista completamente novedoso con respecto a la importancia de la Tierra en el conjunto de los objetos celestes, sino que también aportó un contexto realista en el que era posible imaginar al menos la existencia de otros mundos similares al nuestro. A finales del siglo XVI, el fraile dominico y filósofo italiano Giordano Bruno se basó en estos, por entonces innovadores, conceptos copernicanos para realizar la célebre afirmación de que «En el espacio, hay innumerables constelaciones, soles y planetas. Solo vemos los soles porque dan luz; los planetas permanecen invisibles, porque son pequeños y oscuros. Hay también infinidad de tierras que dan vueltas alrededor de sus soles, no peor ni mejor que este globo nuestro». Su visionaria imaginación le hizo anticiparse a la ciencia moderna y le llevó aún más lejos, hasta concluir que «Ninguna mente razonable puede suponer que cuerpos celestes que pueden ser mucho más magníficos que el nuestro no puedan albergar criaturas similares o incluso superiores a las que caminan sobre nuestra Tierra humana». Por desgracia, y a consecuencia de la tenacidad con la que defendió otras doctrinas éticas y teológicas poco ortodoxas, que en la época se consideraron heréticas, la Inquisición romana le condenó a morir en la hoguera el 17 de febrero de 1600.

En el siglo XVII, otros autores empezaron a realizar afirmaciones en defensa del pluralismo cósmico. Destacados investigadores, como los astrónomos Johannes Kepler y Christiaan Huygens, y otros intelectuales influyentes, como el escritor francés y divulgador científico Bernard Le Bovier de Fontenelle, no dudaron en abogar por la existencia de seres extraterrestres. Después de que Galileo Galilei descubriera cuatro satélites en órbita alrededor de Júpiter, Kepler se apresuró a escribir:

> La conclusión es bastante evidente. La Luna existe para nosotros, habitantes de la Tierra, no para los de los otros globos. Esas cuatro pequeñas lunas existen para los habitantes de Júpiter, no para nosotros. Cada planeta, junto con sus habitantes, disfruta del servicio de sus propios satélites. Esta línea de razonamiento nos permite deducir, con elevadísimo grado de probabilidad, que Júpiter está habitado.[4]

No obstante, el propio Galileo se mostró más bien reticente respecto a esta hipótesis y declaró con cautela: «Yo por mi parte ni lo afirmo [la existencia de seres vivos en otros planetas] ni lo niego, sino que dejo la decisión a otros más sabios que yo».

En paralelo a quienes adoptaron el pluralismo cósmico, hubo quienes negaron, de manera igualmente vociferante, la existencia de formas de vida extraterrestre. Estos puntos de vista contrarios a la anterior propuesta surgieron sobre todo porque la mera idea de que hubiera seres de otros mundos estaba cargada de implicaciones potencialmente peligrosas para algunas doctrinas de la Iglesia católica. Así, los detractores de este planteamiento formularon varios dilemas eclesiásticos, tales como: «Si en verdad hubiese habitantes más allá de la Tierra, ¿también serían descendientes de Adán y Eva?» o «¿Sería Jesucristo su redentor?».

Dada la gran influencia que tuvieron las creencias religiosas en buena parte de la historia de la humanidad, no debería resultar sorprendente el hecho de que tanto la noción de «espíritu vital» como la de abundancia cósmica se basaran, en un primer momento, en argumentos teológicos más que científicos. En efecto, la primera de estas ideas partió en gran medida de una interpretación literal del texto bíblico: «Entonces Jehová Dios formó al hombre del polvo de la tierra y sopló en su nariz el *aliento de vida* [cursiva añadida], y fue el hombre un ser viviente». A su vez, Aristóteles insistió en que un alma es la «forma específica de un cuerpo natural que en potencia tiene vida».[5] Algunos pensadores decimonónicos defendieron, todavía sobre la base de su fe cristiana, la existencia de mundos extraterrestres habitados, porque de lo contrario tenían la impresión de que la vasta inmensidad de espacio vacío en el universo era un derroche del ímpetu creador del Todopoderoso.

En el siglo XX, hubo numerosos filósofos que se embarcaron en intentos de *definir* la vida, tarea a la que se unieron varios científicos cuando les daba por especular sobre el tema. Incluso Erwin Schrödinger, uno de los fundadores de la mecánica cuántica, publicó en 1944 un librito titulado *¿Qué es la vida?* que espoleó un enorme entusiasmo por descubrir las bases químicas de la transmisión hereditaria. Sin embargo, en general, los esfuerzos para alcanzar una definición precisa en ese sentido dieron lugar a casi tantas propuestas como proponentes había. Así, el biofísico molecular Edward Trifonov recopiló hasta 123 caracterizaciones, debidas a muchos investigadores. Tras analizar su vocabulario, llegó en 2011 a lo que consideró un consenso de mínimos obtenido a partir de todas ellas: «La vida es la autorreplicación con variaciones». A pesar de esto, el departamento de astrobiología de la NASA adoptó una versión previa que, como la mayoría de las demás formulaciones, generó considerable controversia: «La vida es un sistema químico capaz de sustentarse a sí mismo y de evolucionar en el sentido darwiniano del término». Sea como fuere, lo que nos interesa ahora no es una caracterización universal del fenómeno. De hecho, creemos que este debate no ha sido especialmente fructífero, en general, a la hora de ayudar a descubrir el origen de los procesos biológicos. Además, se ha visto envuelto en la confusión debida al empleo de una misma palabra para expresar múltiples y muy variados fenómenos. Más bien, lo que nos parece realmente importante es identificar una ruta por la que pueda surgir la biología a partir de las condiciones ambientales reinantes en un planeta joven. El reto que supone sacar a la luz esta esquiva senda se ve magnificado por el hecho de que, hasta la fecha, solo conozcamos un ejemplo de un caso así en todo el universo: la Tierra. En teoría, podría ser que en otros lugares los seres vivos hubiesen adoptado formas irreconocibles e incluso inconcebibles.

Para avanzar en este sentido, los biólogos han identificado unos pocos ingredientes esenciales que parecen ser imprescindibles en este salto, así como un pequeño número de atributos que caracterizan (y que son fundamentales) al menos todas las formas de vida terrestre. Aquellos son (1) una fuente de *energía* para alimentar los procesos metabólicos, (2) una *sustancia líquida disolvente* que facilite esas (y otras) reacciones y (3) los *nutrientes* necesarios para crear una biomasa.

Por lo que respecta a las características de los seres vivos en la Tierra, estas son las siguientes: (1) estar compuestos por *células*, (2) poder realizar *funciones metabólicas* (es decir, adquirir energía y diversos materiales del entorno y utilizarlos para el crecimiento y la reproducción), (3) emplear *catalizadores* para facilitar y acelerar las reacciones y (4) contener un sistema para gestionar la *información*. Esta última propiedad implica que los organismos pueden replicar sus propias características y evolucionar por medio de la selección natural (puesto que contienen las indicaciones químicas necesarias para su funcionamiento, así como una serie de instrucciones que se pueden transmitir de una generación a la siguiente). En resumen, la vida, *tal y como la conocemos*, necesita integrar de algún modo los cuatro subsistemas de la compartimentación (células), del metabolismo, de la catálisis y de la genética.

Todos los investigadores que trabajan en este campo están de acuerdo en que las criaturas terrestres comparten sin excepción estas características. Sin embargo, durante varias décadas, esos mismos científicos discreparon e incluso discutieron con vehemencia acerca de si alguna de ellas era más fundamental que las demás y, en caso afirmativo, cuál podía ser. En concreto, ¿qué atributo tuvo que aparecer primero en nuestro planeta para que surgieran los procesos vitales? Como se verá un poco más adelante, esta cuestión en particular parece haberse resuelto en los últimos veinte años, si bien de una forma un tanto inesperada.

En la obra teatral de Oscar Wilde titulada *Una mujer sin importancia,* lord Illingworth afirma: «El Libro de la Vida empieza con un hombre y una mujer en un jardín». A lo que lady Allonby responde con ingenio: «Y acaba con el Apocalipsis».[6]

La noción de que la vida debía incluir algún factor adicional de carácter sobrenatural o requerir de la intervención divina suscitó un fuerte apego desde el punto de vista religioso y emotivo. Sin embargo, este punto de vista empezó a cambiar a principios del siglo XIX y dio un paso decisivo en 1828 en la dirección de librarse de la necesidad de un «espíritu vital» situado fuera del alcance de la ciencia. Ese año, el químico alemán Friedrich Wöhler logró sintetizar la urea (una sustancia presente en la orina y que hasta entonces se creía exclusiva de los seres vivos), de manera accidental, a partir de compuestos ordinarios. Wöhler estaba entusiasmado por su éxito a la hora de imitar la naturaleza en el laboratorio y escribió a su profesor y colaborador, el químico Jöns Jacob Berzelius: «Ya no puedo, por así decirlo, aguantarme las ganas químicas y debo decirle que puedo fabricar urea sin necesidad de un riñón, ya sea de hombre o de perro; la sal amoniacal del ácido ciánico es urea».

La teoría de la evolución por medio de la selección natural de Charles Darwin supuso otro salto igualmente espectacular en la comprensión de la biología. No obstante, esta propuesta eludía por completo la cuestión del origen de los seres vivos y no decía nada en absoluto acerca de la aparición de los primeros organismos. A pesar de ello, Darwin reflexionó en 1871 sobre este tema en una carta que envió a su amigo Joseph Dalton Hooker. Es célebre lo que escribió en ella: «Si (y, vaya, menudo si) pudiéramos concebir una pequeña laguna tibia, con presencia de todo tipo de sales de amoníaco y fósforo, luz, calor, electricidad, etc., en la que se formara químicamente un compuesto proteico, listo para experimentar cambios aún más complejos, hoy en día esa materia sería devorada o absorbida de manera instantánea, pero ¡ese no habría sido el caso antes de la formación de criaturas vivas!».

Estas clarividentes elucubraciones son notables al menos por cinco razones. En primer lugar, eliminan por completo la necesidad de un factor sobrenatural en el origen de los procesos vitales. Después, sugieren que estos podrían haberse iniciado en «una pequeña laguna tibia», una opinión que, como se verá, es compatible de un modo pasmoso con nuestras propuestas más actuales. Luego, señalan el amoníaco y los fosfatos (los cuales contienen nitrógeno y fósforo, respectivamente) como sustancias (en potencia) imprescindibles para la biología, lo que de nuevo supone una intuición difícil de creer. En cuarto lugar, se afirma que algún tipo de «compuesto proteico» pudo haber desempeñado un papel en la química involucrada en esta transición. Por último, y para evitar dar a entender que podrían surgir seres vivos de forma continuada y en repetidas ocasiones, Darwin aclara que esas condiciones iniciales ya no existen en la actualidad.

Muchas personas encontraron detestable en un primer momento este punto de vista (según el cual la vida no es más que una combinación de sistemas de reacciones muy complejas). Para estos escépticos, los procesos vitales estaban concebidos de manera demasiado ingeniosa como para haber surgido por azar, regidos en exclusiva por las leyes de la física y la química. En consecuencia, incluso muchos de aquellos que en principio se mostraban dispuestos a aceptar la hipótesis del origen inorgánico de los seres vivos sostenían que tenía que haber ocurrido algún acontecimiento aleatorio de una rareza extraordinaria, gracias al cual habría sido posible reunir de golpe todos los ingredientes de las células primigenias.

Este punto de vista, según el cual la complejidad biológica surgió de repente a partir de un caldo caótico de los componentes básicos de los procesos vitales, se vio reforzado por la increíble maraña de reacciones que implican todos los organismos celulares terrestres en la actualidad. En efecto, el aspecto más desconcertante de este desarrollo conjunto debe ser el hecho de que cada una de las partes y todos los procesos dependan de los demás de forma circular. Por ejemplo, se necesita un metabolismo sofisticado para fabricar las moléculas imprescindibles para el ensamblaje de las enzimas que catalizan los procesos... ¡del propio metabolismo! Del mismo modo, las cadenas de los ácidos nucleicos, el ADN y el ARN, son indispensables para codificar las instrucciones de montaje de las proteínas (los ingredientes fundamentales de los seres vivos), que a su vez se requieren para producir..., sí, acertaste, el ADN y el ARN. Por si esto no fuera bastante desconcertante por sí mismo, para que todos estos integrantes de la célula puedan llevar a cabo sus tareas, necesitan membranas que los mantengan confinados. Sin embargo, estas barreras están formadas por compuestos grasos llamados lípidos, sintetizados a su vez por enzimas proteicas. Este tipo de actividad autorreferencial o recursiva (que recuerda a la famosa ilustración de M. C. Escher en la que dos manos se dibujan mutuamente) está firmemente implantada en el funcionamiento íntimo de los organismos vivos actuales. Tanto es así que durante muchos años pareció que hacía falta poco menos que un milagro para franquear el abismo que media entre la mezcla aleatoria de sustancias químicas y la estructura de la célula viva, con su altísimo grado de organización. Francis Crick, codescubridor de la doble hélice del ADN, dijo en una fecha tan tardía como 1981 que «Un hombre honesto, armado con todos los conocimientos de que disponemos en la actualidad, solo podría afirmar que, en cierto sentido, el origen de la vida parece, por el momento, casi un milagro, tantas son las condiciones que tendrían que verse satisfechas para ponerla en marcha».

Huelga decir que el punto de vista según el cual la aparición de seres vivos en la Tierra podría no ser más que un singular accidente químico hizo cundir el pesimismo acerca de las posibilidades de encontrar formas de vida en otros lugares del universo. Al fin y al cabo, este hecho es el salto fundamental que marca la transición entre un entorno «habitable» sin más y otro habitado. Como consecuencia, muy pocos astrónomos de la década de 1950 e incluso de principios de la de 1960 se atrevieron a articular en voz alta su creencia en la existencia en general de criaturas extraterrestres y, mucho menos, de alienígenas inteligentes.

Las cosas empezaron a cambiar a finales de la década de 1960 y lo hicieron en un primer momento en el frente bioquímico. Aun así, fueron necesarios nada menos que dos descubrimientos merecedores del premio Nobel para superar las barreras conceptuales existentes, erigidas por la convicción de que la aparición de formas de vida a partir de productos químicos inorgánicos se trataba de un proceso casi inconcebible. Del mismo modo, hizo falta replantear por completo nuestra manera de entender el problema.

El primer hallazgo consistió en la determinación de la estructura de un tipo específico de ácido ribonucleico, el llamado ARN de transferencia o ARNt, que forma parte de la maquinaria que sintetiza las proteínas. Su complicada figura tridimensional pilló desprevenida a la comunidad científica. A diferencia del ADN, que presenta una doble hélice más bien monótona, relativamente rígida y repetitiva, se descubrió que en este caso se trataba de una molécula monocatenaria, pero plegada de manera muy intrincada, casi como una proteína. Robert Holley, químico de la Universidad Cornell, fue el primero que describió su secuencia y su estructura bidimensional, lo que le valió el premio Nobel de Fisiología o Medicina en 1968, compartido con Har Gobind Khorana, de la Universidad de Wisconsin, y Marshall Nirenberg, de los Institutos Nacionales de Salud de Estados Unidos. Un poco más tarde, Aaron Klug, de la Junta de Investigación Médica de Cambridge, y Alexander Rich, del Instituto de Tecnología de Massachusetts, MIT, determinaron la sorprendente arquitectura en tres dimensiones de los pliegues del ARN.

Algunos científicos, entre ellos, el propio Francis Crick y el químico británico Leslie Orgel, se dieron cuenta enseguida de las potenciales implicaciones de esta sorprendente estructura: quería decir nada menos que el ARN podía actuar como una enzima, un catalizador biológico, al igual que lo hacen las proteínas. A Orgel se le ocurrió entonces la revolucionaria hipótesis de que las formas primigenias de vida en la Tierra debían de haber prescindido por completo de estas últimas y del ADN. En su lugar, ¡sugirió que los primeros organismos habrían empezado solo con ARN! Esta era una afirmación muy audaz para su época. De hecho, la idea de que el ácido ribonucleico podía albergar algún tipo de información en su secuencia *y al mismo tiempo* acelerar las reacciones de los procesos vitales (tarea que hasta entonces se había considerado en biología una competencia exclusiva de las enzimas proteicas) fue demasiado para la mayoría de los investigadores. Hubo que esperar dos décadas más para que el químico Thomas Cech y el biólogo molecular Sidney Altman, en otra impresionante proeza merecedora de un premio Nobel, descubrieran las ribozimas, cadenas de ARN con capacidades enzimáticas. Este fue el primer paso de un desarrollo que alteró por completo el pensamiento en este frente. Significaba que, en teoría, el ácido ribonucleico podía actuar como una enzima y catalizar incluso *su propia replicación.* De este modo, se había encontrado una posible solución al siempre espinoso problema del huevo y la gallina. De repente, era posible imaginar una célula primigenia mucho más sencilla que cualquier otra existente en la actualidad. En esta hipotética «protocélula», las moléculas de ARN desempeñarían una función doble y serían a la vez las portadoras de la información genética y las enzimas de los procesos de la célula, cuyas tareas básicas podrían realizar. Estas últimas incluirían, sobre todo, la replicación del genoma. En este nuevo escenario, el ADN y las proteínas pasaban a ser «inventos» posteriores de la evolución, sustancias diseñadas de manera específica para las tareas de almacenar instrucciones y catalizar reacciones, respectivamente. Esta tentadora hipótesis, según la cual habría existido una época menos compleja en la evolución de las formas de vida, durante la cual el ácido ribonucleico habría desempeñado por sí solo y de manera simultánea todos los papeles estelares en el reparto celular (siendo a la vez el huevo y la gallina), pasó a conocerse como la teoría del *mundo de ARN.*

Por su parte, los avances no fueron tan rápidos al principio en el campo de la astronomía. Sin embargo, más tarde empezaron a sucederse a una velocidad de vértigo. En concreto, el 6 de octubre de 1995, los astrónomos Michel Mayor y Didier Queloz, de la Universidad de Ginebra, anunciaron la primera detección concluyente de un planeta en órbita en torno a una estrella similar al Sol fuera del sistema solar. No en vano, compartieron el premio Nobel de Física de 2019 por su revolucionario descubrimiento.

¿Montones de mundos habitados?

En lo que se refiere a la hipotética pluralidad de mundos habitados, podría decirse que ahora estamos mucho más cerca de obtener una respuesta que hace treinta años, pero que la cuestión sigue sin poder darse por cerrada.

En otoño de 2023, los astrónomos habían descubierto al menos 5.500 planetas extrasolares (*exoplanetas*) en más de 4.100 sistemas estelares, de los cuales 930 tenían más de un integrante. Además, había otros 7.400 candidatos, identificados sobre todo por el telescopio espacial Kepler y por la misión TESS (acrónimo en inglés de Satélite de Catalogación de Exoplanetas en Tránsito), a la espera de una confirmación definitiva. ¿Te das cuenta de lo que eso significa? En apenas tres décadas la astronomía ha pasado de no tener constancia de ningún cuerpo en órbita en torno a otras estrellas aparte del Sol a ¡contar con un catálogo de varios miles de ellos! La implicación estadística obvia es que nuestra galaxia debe de estar repleta de objetos de este tipo.

Aún más apasionante es el hecho de que los astrofísicos estiman en la actualidad que al menos una de cada cinco estrellas de la Vía Láctea de diámetro similar al solar o menor tiene un planeta de un tamaño aproximado al de la Tierra en su denominada *zona habitable* (aunque dicha proporción podría llegar a ser incluso de una de cada tres o superior). Esta última región es el intervalo de distancias al astro central del sistema en el que la temperatura superficial de un objeto de dimensiones parecidas a las terrestres no sería ni demasiado caliente ni demasiado fría, sino adecuada, para la existencia estable de agua líquida (y potencialmente de seres vivos). Tiene forma de anillo y sus límites suelen poder calcularse de manera aproximada una vez que se conoce la órbita del exoplaneta, se asume la composición de su atmósfera y se especifican las características del cuerpo estelar en torno al cual gira (tales como la temperatura en su superficie, su luminosidad y su masa). Lo habitual es considerar que la envoltura gaseosa planetaria contiene sobre todo una combinación de nitrógeno, dióxido de carbono y vapor de agua. Asimismo, se supone que estos dos últimos ingredientes actúan como gases de efecto invernadero. Otros factores son importantes también a la hora de determinar si un mundo es realmente «habitable», tales como la densidad y la proporción de la mezcla atmosférica, las variables geológicas y geoquímicas, la velocidad de rotación, la disponibilidad de nutrientes y de fuentes de energía, la protección frente a radiaciones nocivas y, por supuesto, el tipo y la estabilidad de la propia estrella central. No obstante, los estudios sugieren que, al menos en teoría, podría haber cientos, o incluso unos pocos miles, de millones de objetos con estas propiedades en la Vía Láctea.

Estos asombrosos descubrimientos astronómicos, unidos a los nuevos y prometedores hallazgos en los terrenos de la química y la biología, han dado un enorme impulso tanto a la búsqueda de formas de vida más allá de la Tierra como a los intentos de crearlas en el laboratorio a partir de productos inanimados. Cuando estos logros científicos se combinan con los recientes avances geológicos, es posible sentirse tentado de concluir que los seres vivos (de algún tipo) podrían ser ubicuos. En este sentido, es significativo que el estudio de las rocas en nuestro planeta haya demostrado que las criaturas vivas ya eran bastante abundantes aquí hace entre tres mil quinientos y tres mil setecientos millones de años, «apenas» unos cientos de millones de años después de que la superficie terrestre se enfriara lo suficiente como para permitir la presencia de agua líquida. Por lo tanto, no es sorprendente que muchos investigadores en este campo se hayan visto infectados por el contagioso optimismo del difunto astrónomo Carl Sagan, quien bien podría ser, desde un punto de vista histórico, el adalid más ferviente y eficaz de la búsqueda de organismos extraterrestres.

En una ocasión, declaró con entusiasmo: «El surgimiento de la vida debe de ser algo muy probable: en cuanto lo permiten las condiciones reinantes, ¡aparece!». En su momento, le dieron la razón unos cuantos biólogos. El premio Nobel de Fisiología o Medicina Christian de Duve fue aún más lejos y afirmó que la aparición de formas de vida en el universo era «un imperativo cósmico».

A decir verdad, es algo de lo que no podemos estar seguros. Todavía hay muchas preguntas sin respuesta y serias dudas a todos los niveles. Por ejemplo, a lo largo de las últimas décadas, los biólogos no se han puesto de acuerdo sobre la característica fundamental de los seres vivos (estar compuestos de células, disponer de un metabolismo, catalizar reacciones o contar con un material genético) que surgió primero. Como tal vez fuera de esperar, tendieron a formarse cuatro grandes bandos en este asunto. Por un lado, estaban quienes privilegiaban el metabolismo, que afirmaban que la capacidad de aprovechar los recursos del entorno para mantener vivo al organismo tuvo que ser el primer y más importante rasgo en desarrollarse. Una segunda facción defendía la genética, «la replicación antes que nada» (la capacidad de producir descendencia), sin duda una piedra angular de la evolución por medio de la selección natural. Otros sostenían que era difícil concebir estos factores sin agentes que pudiesen facilitar y acelerar las reacciones implicadas en ellos y por tanto aducían que «lo primero había sido la catálisis», con lo que querían decir que las enzimas proteicas debían ser un requisito previo para que pudieran realizarse los otros procesos vitales. Por último, estaba el campo de los que daban prioridad a la «compartimentación» e insistían en que nada de todo lo anterior habría sido posible sin contar antes con algún tipo de contenedor diminuto, una célula primigenia, una protocélula, que mantuviera unidos todos los agentes moleculares y separados del medio circundante. Con el paso de los años, los miembros de cada una de estas camarillas se atrincheraron en sus posiciones y las defendieron con gran fanatismo. Tanto es así que no era raro que los periodistas que cubrían los congresos científicos sobre estos temas se hicieran eco de las declaraciones de alguien sin pelos en la lengua a la hora de hablar mal de las ideas de todos los bandos que no eran el suyo. En este sentido, la ciencia llegó casi a emular a la política.

Sea como fuere, es posible que esta cuestión en concreto se haya resuelto. De forma inesperada, los hallazgos más recientes sobre el origen de la vida parecen indicar que la manera de abordar el rompecabezas durante las últimas cuatro décadas podría ser errónea. En efecto, el debate sobre la primacía de alguna de las características anteriores se debe a que la hipótesis dominante daba por sentado que se debe hallar la manera de construir las primeras células una pieza tras otra. De este modo, cada componente allanaba el camino para el siguiente. Sin embargo, esto ha cambiado de forma drástica en los últimos años. El enfoque actual sugiere que los *componentes básicos* de los subsistemas podrían construirse todos a la vez. Los investigadores han logrado demostrar que unos pocos compuestos sencillos, accesibles con facilidad en la Tierra primigenia, tienen la capacidad de desencadenar una cascada de reacciones (descritas en detalle en los próximos cinco capítulos) que podrían haber dado lugar (de manera esencialmente simultánea) a los ácidos nucleicos (la espina dorsal del material genético), a los aminoácidos (a partir de los cuales se fabrican las proteínas) y a los lípidos (las moléculas que componen las membranas celulares). En otras palabras, los experimentos del equipo de Jack Szostak, los pioneros estudios en el laboratorio del químico John Sutherland y las investigaciones de muchos de sus colegas apuntan a que las primeras células, a pesar de su complejidad y su minuciosa precisión, podrían haber surgido a partir de un conjunto relativamente pequeño de componentes básicos. En consecuencia, lo que intentan lograr ahora los científicos es más ambicioso. En lugar de examinar por separado cada una de las partes, se han propuesto realizar un croquis unificado y global, es decir, reunir con éxito en una misma representación la totalidad de los datos resultantes de los ensayos empíricos en el campo de la *química prebiótica* (que es la que precede a la aparición de los seres vivos y mediante la cual se podrían sintetizar los ingredientes fundamentales de estos últimos), junto con las observaciones astrofísicas, geológicas y atmosféricas. El objetivo final es trazar una ruta consistente hacia las formas de vida. En este sentido, las futuras exploraciones geoquímicas de materiales procedentes directamente de Marte (que serán posibles gracias al envío de muestras a la Tierra) tienen el potencial de abrir nuevas y apasionantes posibilidades. Los hallazgos así logrados podrían suponer un salto adelante en la comprensión de los orígenes de la vida, al permitir el acceso a un medio primigenio de un tipo que ha desaparecido del registro geológico debido al efecto de reciclaje causado por las dinámicas de la corteza terrestre.

Por supuesto, ni los espectaculares descubrimientos astronómicos ni los prometedores resultados obtenidos hasta el momento en el laboratorio permiten dar una respuesta concluyente a nuestra pregunta inicial: ¿es la vida un singular accidente químico o un imperativo cósmico? Se podría decir con razón que, a falta de pruebas irrefutables de una ruta ininterrumpida entre la química y la biología, no es posible tener la certeza de que este salto sea inevitable, ni siquiera en presencia de las condiciones adecuadas. Del mismo modo, el hecho de que los astrónomos no hayan encontrado (de nuevo, hasta el momento) indicios convincentes de la existencia de organismos extraterrestres nos deja sin saber a qué atenernos en lo que se refiere a evaluar esta probabilidad, porque es imposible calcularla de modo fiable en el caso de un proceso desconocido o de un fenómeno ignoto. El físico británico Paul Davies se cuenta entre quienes han señalado, con razón, que el hecho de que haya muchos planetas «habitables» en la Vía Láctea no significa que haya alguno (aparte de la Tierra) realmente habitado. Lo cierto es que aún no se conoce la probabilidad de la aparición de seres vivos, ni siquiera cuando la temperatura y la composición química de un exoplaneta son las adecuadas. Las condiciones favorables a la vida del entorno terrestre podrían haber surgido contra todo pronóstico, del mismo modo que el desarrollo de una especie inteligente podría deberse a una suerte aún más insólita, en vez de suponer un resultado inevitable de la evolución. De este modo, una serie de contingencias cósmicas fortuitas habrían hecho posible la existencia de los seres humanos, en particular. Por ejemplo, tal vez estos no hubiesen aparecido en escena en absoluto de no haber sido por el inopinado impacto de un asteroide, hace unos sesenta y seis millones de años, que provocó la extinción de los dinosaurios.

Estas últimas consideraciones plantean una cuestión que es sin duda tan interesante como la probabilidad de que existan seres vivos extraterrestres en general. ¿Hay formas de vida compleja o «inteligente» en la Vía Láctea? La aparente contradicción entre la ausencia hasta ahora de pruebas en este sentido y la intuición de que ya deberíamos haber detectado señales de una civilización avanzada (*tecnomarcadores*) ha sido bautizada como la «paradoja de Fermi». Esta denominación se basa en una famosa anécdota según la cual el célebre físico Enrico Fermi preguntó a unos cuantos colegas suyos: «¿Dónde está todo el mundo?». De este modo, expresaba su asombro ante el hecho de que no se hubieran detectado indicios de la presencia de criaturas inteligentes en la galaxia. Fermi estimó que, de acuerdo con un conjunto de suposiciones que consideraba razonables, una civilización tecnológicamente avanzada habría tenido tiempo de llegar a todos los rincones de la Vía Láctea en un plazo mucho menor que la edad del sistema solar. Por tanto, el hecho de que no se hubiera detectado nada en ese sentido era en extremo desconcertante. A lo largo de los años, se han propuesto numerosas soluciones a esta paradoja. No obstante, todavía no hay consenso sobre cuál de ellas es la correcta, si es que alguna lo es. Incluso se podría concluir de forma razonable que el mero hecho de que haya tantas explicaciones tentativas demuestra que ninguna es convincente del todo. Sin embargo, lo más importante de la paradoja de Fermi es que plantea la inquietante posibilidad de que pueda existir algún tipo de «gran filtro», un cuello de botella que haga que la *aparición* de criaturas inteligentes y civilizaciones avanzadas o la superación de alguna *etapa de su desarrollo* o su *supervivencia a largo plazo* sean extremadamente improbables y difíciles de lograr. Esta idea fue propuesta en primer lugar por el economista Robin Hanson, de la Universidad George Mason, en 1996. De ser cierta, podría tener implicaciones muy serias incluso para los seres vivos de la Tierra. El filtro, o el umbral de probabilidad, podría localizarse en algún momento pasado de nuestra civilización. En ese caso, podríamos ser una de las pocas criaturas (¡quizá incluso la primera!) que hubiese conseguido superarlo, lo cual supondría una enorme responsabilidad sobre nuestras espaldas. Sin embargo, también es posible que este punto de inflexión decisivo se encuentre en nuestro futuro y que la pandemia de la COVID-19 o la actual emergencia climática sean solo ensayos pueriles de cara a la formidable tarea de sobrevivir a él. Volveremos a considerar la paradoja de Fermi y sus consecuencias en el capítulo 11.

Esperamos que esta breve introducción demuestre que astrónomos, científicos planetarios y atmosféricos, geólogos, químicos y biólogos (una gran comunidad a la que pertenecemos los autores) se esfuerzan por resolver unos rompecabezas muy complicados de los que aún no tenemos todas las piezas. En las últimas décadas, hemos sido testigos de enormes avances. Sin embargo, todavía no es posible saber si la vida es un accidente químico muy poco habitual, en cuyo caso podríamos estar solos en nuestra galaxia, o es un fenómeno inevitable, con lo que seríamos, en potencia, un miembro más de un extenso conjunto cósmico. Cada una de estas posibilidades tiene una serie de implicaciones científicas, filosóficas, prácticas y hasta religiosas de muy hondo calado. Incluso es posible que afecten a la manera en que enfrentamos varios retos existenciales, ya sean autoinfligidos o de origen cósmico. En cierto sentido, el hecho de que haya o no seres vivos extraterrestres puede servirnos de espejo en el que examinar y contemplar nuestros propios logros, así como nuestros defectos y carencias. De existir criaturas alienígenas, estas podrían contribuir a la identificación y definición de lo que significa ser un humano.

No obstante, para poder resolver estos rompecabezas, es necesario dar algunos pasos concretos. Hace casi cuatro siglos, Galileo fue uno de los que nos entregaron un itinerario que seguir para descifrar el universo. Según él, la única manera de obtener conocimientos ciertos acerca de la naturaleza pasa a través de la experimentación paciente y las observaciones cuidadosas. Solo ellas pueden dar paso, en última instancia, al planteamiento de hipótesis y teorías, tras una detenida reflexión. A su vez, esas propuestas deben ser comprobadas empíricamente. Esta es la base del método científico, el procedimiento idealizado hasta cierto punto por el que se pueden alcanzar conocimientos verdaderos respecto a algo. Como dijo Sherlock Holmes en una ocasión: «Es un error capital teorizar antes de tener datos. Sin darse cuenta, uno comienza a distorsionar los hechos para que se ajusten a las teorías, en lugar de formular teorías que se ajusten a los hechos». Por ello, es necesario realizar más estudios en el laboratorio para descubrir la ruta química que conduce a la aparición de los seres vivos (si es que la hay), al mismo tiempo que se hacen observaciones astronómicas para detectar indicios de formas de vida extraterrestre (de nuevo, en el supuesto de que no sean extremadamente escasas). La primera de estas investigaciones consta de dos pasos principales. Antes que nada, los químicos deben entender por completo el modo en que es posible sintetizar los componentes básicos de los procesos vitales en un planeta joven. En segundo lugar, una vez que se han conseguido las moléculas adecuadas, los bioquímicos tienen que descubrir la manera de ensamblarlas para empezar a funcionar como una célula viva. A su vez, estos descubrimientos indicarían a geólogos, astrónomos y científicos planetarios y atmosféricos las condiciones necesarias en el entorno para que este desarrollo sea posible.

Tal y como se describirá en detalle más adelante, dadas las dificultades inherentes a la búsqueda de seres vivos en un universo inconmensurable (o incluso solo en nuestra galaxia) y para aumentar las probabilidades de tener éxito en este empeño, los astrónomos han ideado un plan para abordar esta cuestión desde tres frentes distintos. Por un lado, van a centrarse en rastrear toda forma de vida extraterrestre pasada o presente en el sistema solar. Después, pretenden detectar huellas de procesos vitales (*biomarcadores*) en atmósferas de planetas extrasolares de tamaño similar a la Tierra y que se encuentren en la zona habitable de la estrella alrededor de la cual orbitan. Por último, intentarán tomar un atajo en todo este proceso y encontrar señales de alguna civilización tecnológicamente avanzada. A continuación, se describen brevemente un puñado de la multitud de instalaciones existentes o proyectadas dedicadas a estas tareas. Para empezar, el lanzamiento con éxito del Telescopio Espacial James Webb (JWST) el día de Navidad de 2021 y la identificación previa de exoplanetas que podrían servirle de objetivo, llevada a cabo por TESS, va a permitir a los astrónomos tener por primera vez la oportunidad de caracterizar (o al menos detectar) la atmósfera de cuerpos extrasolares rocosos relativamente pequeños y de otros mayores (subneptunos) que alberguen un océano. El objetivo último será identificar gases muy desviados de su punto de equilibrio químico, de modo que no puedan ser el resultado de procesos puramente abióticos (no relacionados con la vida). Por ejemplo, y como se verá en el capítulo 9, una atmósfera muy rica en oxígeno sugeriría un candidato para planeta habitado, ya que se sabe que en la Tierra este elemento se originó casi en su totalidad a partir de una única fuente: *los seres vivos.*

También están en marcha otros apasionantes proyectos. Está previsto que el Telescopio Extremadamente Grande (ELT, por sus siglas en inglés), un aparato de 39 metros de diámetro diseñado por varios países europeos, vea su primera luz en 2028. Este telescopio, que será el mayor «ojo en el cielo» óptico/infrarrojo cercano, intentará incluso captar imágenes de planetas extrasolares similares a la Tierra. Del mismo modo, se halla en construcción en el Observatorio de Las Campanas, en el desierto chileno de Atacama, el Telescopio Gigante de Magallanes (TGM), con su espejo de 25 metros de diámetro, y es posible que se instale en Mauna Kea, en Hawái, el proyectado Telescopio de Treinta Metros (TTM). Se estima que estos instrumentos podrían estar operativos en torno a 2030.

La búsqueda de tecnomarcadores alienígenas comenzó con el proyecto SETI, pero también ha cobrado fuerza en los últimos años. Ya se han instalado las primeras 42 antenas del Complejo Allen de Radiotelescopios, en el Observatorio de Hat Creek, al norte de California. Al mismo tiempo, hay otros programas, como el llamado Breakthrough Listen, que observa un millón de estrellas en nuestro vecindario en longitudes de onda correspondientes al radio y al visible. A finales de 2019, esta iniciativa empezó una colaboración con la misión TESS que le permite vigilar los planetas descubiertos por esta última. Del mismo modo, el Telescopio Esférico de Quinientos Metros de Apertura (FAST, por sus siglas en inglés), un radiotelescopio en China, menciona la «detección de señales interestelares de comunicación» como uno de sus objetivos científicos. Por último, el Proyecto Galileo pretende ser un complemento al más tradicional SETI, ya que centra sus esfuerzos en detectar objetos físicos (en lugar de impulsos electromagnéticos) que podrían estar asociados a aparatos tecnológicamente avanzados de origen alienígena.

Sería exagerado afirmar que nos consta que el hallazgo de vida extraterrestre está al caer. Sin embargo, los esfuerzos antes mencionados y otros similares aportan motivos para el optimismo. Si los seres vivos son ubicuos en la Vía Láctea (¡o si simplemente somos muy afortunados!), se podría descubrir un mundo habitado en los próximos diez o veinte años.

Somos de la opinión de que este hallazgo (en especial, si se trata de criaturas inteligentes), o la síntesis en el laboratorio de formas de vida a partir de productos inanimados, supondría tal revolución que haría palidecer a las de Copérnico y Darwin juntas. Lo que queremos compartir con los lectores de esta obra es un asiento en primera fila para contemplar los fascinantes intentos en pos de tan notables logros. Creemos firmemente que nuestra generación tiene una gran probabilidad de desempeñar un papel crucial en la historia de la humanidad, al ser la primera en saber de dónde viene y si está sola en la galaxia. No hay nada que los autores de este libro temamos más, intelectualmente hablando, que la idea de que quizá no estemos ya en este mundo cuando se produzcan estos trascendentales descubrimientos. Tal vez no resulte sorprendente que lo inevitable de la muerte no haga sino subrayar la importancia de la búsqueda de la vida.

No cabe duda de que habrá quienes consideren que los intentos de generar seres vivos en el laboratorio a partir de productos inanimados constituyen tentativas de desvelar «conocimientos prohibidos», de «jugar a ser Dios» en cierto sentido. De hecho, una encuesta realizada por el Pew Research Center en noviembre de 2021 reveló que cinco de cada seis estadounidenses adultos creen que hay algo después de la muerte y que casi tres cuartas partes de ellos consideran que existe un paraíso (lo que equivale a pensar que el origen de la vida no se puede reducir a simple química). Los autores no opinamos que investigar estos temas deba ser tabú en ningún sentido. Una insaciable curiosidad epistémica ha impelido siempre a la humanidad a tratar de descifrar los secretos de la naturaleza y a dar respuesta a numerosos interrogantes del tipo de «¿Cómo?», «¿Qué?» y «¿Por qué?». Cuando se trata de algo tan valioso como la *vida* (sin duda, lo más preciado para nosotros, en tanto que seres humanos), sería inconcebible pensar que pudiéramos no querer saber de dónde proviene o si es un fenómeno exclusivamente terrestre. Como dijo el propio Galileo en una ocasión: «No me siento obligado a creer que el mismo Dios que nos ha dotado con los sentidos, razón e intelecto nos haya destinado a renunciar a su uso». Nuestros principios éticos, morales y humanos deberían aplicarse solo a los *fines prácticos* que damos a los conocimientos adquiridos, para decidir lo que está bien y lo que está mal.

No faltan quienes ponen objeciones incluso a la exploración astronómica y a la búsqueda de seres extraterrestres, ya que las consideran peligrosas. Es cierto que no tenemos garantía alguna respecto al tipo de relación que la humanidad podría entablar con criaturas drásticamente diferentes a nosotros. No obstante, tenemos nuestras dudas de que sea posible detener el espíritu inquisitivo de la especie humana, el cual ha impulsado nuestros esfuerzos en todas las épocas mucho más allá de lo estrictamente necesario para la simple supervivencia.

En su encantador libro *El principito*, Antoine de Saint-Exupéry describe una aleccionadora conversación entre el narrador y el pequeño príncipe, antes de que este regrese a su planeta/asteroide natal. El chiquillo dice: «Las gentes tienen estrellas que no son las mismas... Pero todas esas estrellas no hablan. Tú tendrás estrellas como nadie las ha tenido». El aviador le pregunta: «¿Qué quieres decir?». A lo que él responde: «Como yo habitaré en una de ellas, como yo reiré en una de ellas, será para ti como si rieran todas las estrellas. ¡Tú tendrás estrellas que saben reír!».[7] Imaginemos cómo nos sentiríamos si supiéramos que cierto exoplaneta está habitado de verdad o si lográramos comprender los detalles de la aparición de los procesos vitales en la Tierra.

Este viaje de exploración comienza en nuestro planeta natal. Dado que está habitado por las únicas formas de vida conocidas hasta la fecha, plantea el primer interrogante al que se han enfrentado los científicos: ¿es posible que estos seres vivos surgieran en verdad a partir de productos y reacciones ordinarias? O, para ser más concretos, ¿cómo podrían construirse protocélulas vivas con los compuestos que se supone estaban disponibles en la Tierra primigenia? Para dar respuesta a tan importante cuestión, los investigadores de la química prebiótica empezaron por embarcarse en un intento de identificar una vía para sintetizar los componentes básicos del ARN y de las proteínas. Su siguiente objetivo era evidente: ensamblar un sistema celular capaz de evolucionar en el sentido darwiniano del término. En los próximos cuatro capítulos, se describirán estos fascinantes intentos, sus vicisitudes y sus logros, así como las revoluciones conceptuales que fueron necesarias para alcanzar estas metas. Para ello, es inevitable que haya una cierta dosis de química. No se nos escapa que muchos lectores pueden haber «olvidado» su bioquímica, pero creemos que se nos presenta aquí una oportunidad única para facilitar al público interesado, puede que por primera vez, un relato actualizado y detallado de los increíbles avances y hallazgos alcanzados en este campo durante las dos últimas décadas. Pensamos, asimismo, que las tres cuestiones fundamentales que más perplejidad han causado en la ciencia tienen que ver con los *orígenes*: del universo, de la vida y de la mente o de la consciencia. De todas ellas, la aparición de los seres vivos es la que parece encontrarse en este momento más cerca de resolverse, dados nuestros instrumentos de investigación actuales y las tecnologías de las que se dispone.

2

El origen de la vida. El mundo de ARN

> Ya sabes, la vida... es como abrir una lata de sardinas. Todo el mundo busca la llave.
>
> Alan Bennett, *Beyond the fringe*

Los intentos de encontrar una ruta que uniera la química en la superficie de una joven Tierra con los inicios de la biología se enfrentaron a un gran número de dificultades nada más empezar. En primer lugar, estaba la desconcertante cuestión, que ya se ha mencionado en el capítulo anterior, acerca de la complejidad de los seres vivos actuales, ya que en ellos todo depende de un modo absoluto y circular de todo lo demás. Cabe recordar, por ejemplo, que las moléculas de ADN y ARN son imprescindibles para codificar la información que especifica el ensamblaje de las proteínas necesarias para la fabricación de esos mismos ácidos nucleicos. Este rasgo planteaba una serie de paradojas evidentes acerca de la causalidad, del tipo del huevo y la gallina. Sin embargo, había un segundo obstáculo, a un nivel aún más básico. Este se refería al hecho de que tal vez ni siquiera pudiera existir una vía así, que transformase las sustancias de partida en los productos deseados mediante una serie de pasos concretos, sin que todo el proceso fuese dirigido por enzimas y sistemas de control, propios de la biología. De hecho, algunos investigadores han afirmado de manera explícita que las probabilidades de que se produzca espontáneamente en la naturaleza una síntesis como esta, que comprende varias etapas, son muy remotas. Por ejemplo, el cosmólogo y astrobiólogo Paul Davies realizó el siguiente razonamiento estadístico: supongamos que la aparición de seres vivos requiere de una secuencia concreta de diez reacciones ineludibles y muy específicas (no obstante, consideró que ese número representaba, si acaso, una estimación a la baja de la verdadera cantidad necesaria). Asumamos también que cada una de ellas tiene un 1 por ciento (de nuevo, un valor que él juzgaba optimista) de probabilidades de producirse durante el período en el que el planeta permanece habitable. Entonces, las posibilidades de que surjan formas de vida son asombrosamente bajas: una entre cien trillones, para ser exactos.

Durante muchos años, estas y otras dificultades similares se consideraron obstáculos insuperables. Es por lo tanto una proeza impresionante que los investigadores en este campo crean haber descubierto maneras en que la naturaleza podría haber resuelto, al menos en teoría, tan espinosas cuestiones. En este capítulo y en los cuatro siguientes, se detallarán los notables avances logrados en los últimos años en nuestra comprensión de estos temas. Resulta inevitable que este breve resumen incluya algunos de los impronunciables nombres de los compuestos habitualmente asociados con la bioquímica, así como la mención de un conjunto de enrevesados procesos químicos y físicos. Intentaremos centrarnos en las partes de la historia que hayan sido verdaderamente imprescindibles en la sucesión de descubrimientos y logros. Del mismo modo, haremos hincapié en los paradigmas que hubo que cambiar para conseguirlo y en las ingeniosas soluciones propuestas en este sentido. Guardamos la esperanza de que, al hacerlo así, aunque el relato siga siendo exigente, se podrá apreciar la lógica, la belleza, la genialidad y la paciencia que entraña el proceso científico.

La solución propuesta a la primera cuestión (la de la naturaleza autorreferencial de la biología actual) consistió en suponer la existencia de una célula primordial, la *protocélula*, bastante diferente a las presentes y extremadamente sencilla. Sin embargo, esta conjetura planteó por sí misma y de inmediato nuevos interrogantes (aparte de la dificultad fundamental del modo en que pudieron aparecer tales estructuras). En concreto, los investigadores tenían que explicar la manera en que estos hipotéticos entes podían crecer y multiplicarse sin la compleja maquinaria celular disponible en la actualidad. Para abordar este obstáculo en concreto, se adoptó un proceso completo de «suposiciones inversas»: se volvieron del revés todas las nociones básicas a este respecto. Es algo parecido a lo que ha ocurrido en los últimos años con el sector del taxi. Antes, si alguien quería crear una nueva empresa dedicada al transporte de viajeros, lo primero que le venía a la cabeza era la necesidad de disponer de vehículos propios. En cambio, una suposición inversa consistiría en una firma que no fuera propietaria de ninguno. Hace apenas dos décadas, este último concepto habría parecido un despropósito. Por el contrario, hoy en día, Uber es la mayor corporación que haya existido jamás en esta industria. Pues bien, quienes investigaban el origen de los seres vivos se dieron cuenta de que las células disponen en la actualidad de una maquinaria bioquímica *interna* que rige su crecimiento y su reproducción (y que les permite adaptarse a entornos cambiantes), pero que lo más probable era que ocurriera todo lo contrario en las primigenias, es decir, era el *medio* el que suministraba todo lo necesario en términos de nutrientes y energía a las protocélulas y eran las *fluctuaciones externas* las que constituían el mecanismo que controlaba en realidad el crecimiento, la división y la replicación de estas.

Para profundizar en el probable origen y en la estructura de las primeras células, hay muchas cuestiones adicionales que considerar. Estas van desde los contextos geológicos y la química prebiótica hasta la propia naturaleza de esos microorganismos primigenios y los acontecimientos evolutivos que debieron producirse para poder llegar a los seres vivos de la actualidad. Cabe destacar que no se debería abrigar la esperanza de responder a todos esos interrogantes a la vez. Al mismo tiempo, cabe suponer que cualquier intento de alcanzar una perspectiva de conjunto en estos asuntos desembocará en muchos callejones sin salida, comprenderá empeños abocados al fracaso, dará rodeos y se topará con contratiempos. A continuación, se facilita una lista incompleta de las preguntas a las que hay que dar respuesta: ¿cuáles fueron las principales sustancias de partida imprescindibles para poner en marcha el proceso de formación celular?, ¿qué fuentes de energía alimentaron las reacciones necesarias?, ¿qué requisitos debía cumplir el medio para poder ofrecer un hogar adecuado a las primeras células? Por último, aunque no por ello menos importante, ¿cuántos nichos ecológicos hicieron falta para que surgieran los seres vivos? Dicho de otro modo, ¿los organismos terrestres necesitaron de ciertos entornos para sintetizar los componentes básicos de los procesos vitales y de otros diferentes para albergar la vida una vez iniciada?

Además de estos dilemas esenciales, hay otros muchos complementarios, algunos de los cuales son más específicos. Por ejemplo, la propuesta denominada *mundo de ARN* (según la cual hubo una etapa en la evolución de los seres vivos en la Tierra en que los procesos vitales estuvieron dominados por moléculas autorreplicantes de ácido ribonucleico) ya cuenta con varias décadas de antigüedad y constituye una sugerente descripción de una fase más sencilla en el desarrollo biológico. Sin embargo, también ha suscitado una serie de interrogantes y controversias, muchos de los cuales aún no se han resuelto. El problema fundamental, por supuesto, es averiguar el modo en que unas acumulaciones de sustancias inanimadas en la superficie de la Tierra primigenia pudieron dar lugar siquiera a las más simples células del mundo de ARN.

Hay otros rompecabezas a diversos niveles. Por ejemplo, los experimentos realizados en el laboratorio del químico John Sutherland, en el Consejo de Investigación Médica del Reino Unido, junto con el trabajo de otros equipos, han hecho mucho por desvelar la ruta química que podría haber conducido a la aparición de los componentes básicos del ARN: unidades moleculares conocidas como *ribonucleótidos*. No obstante, esas mismas investigaciones han demostrado que en estos procesos es inevitable la síntesis de otras sustancias estrechamente relacionadas con las anteriores y que se forman a la vez que ellas. De este modo, la química prebiótica, sin las limitaciones impuestas por las enzimas proteicas que regulan todos los procesos vitales en las células modernas, habría generado una mezcla caótica de productos. Entonces, ¿por qué surgió ARN de esta mezcolanza y no uno de sus «familiares»? Hay otra importante cuestión relacionada con esta. En los exoplanetas, ¿acaso algo distinto del ácido ribonucleico podría ser el integrante originario del material genético de los seres vivos? ¿O hay algo en la propia química que favorece de algún modo a esta sustancia, de manera que todas las formas de vida en el universo tengan que partir de sus reacciones, iguales en todas partes? A primera vista, parecería que este tipo de especulaciones de tan amplio calado serían más propias de la metafísica que de la bioquímica. Sin embargo, las aportaciones recientes a este tema han demostrado que una investigación exhaustiva de la química implicada en estos procesos puede arrojar respuestas concluyentes.

Hace cerca de tres décadas, los químicos Leslie Orgel y Gerald Joyce plantearon a la comunidad científica el reto de responder a los dilemas del mundo de ARN. Los primeros intentos de abordar esta cuestión pusieron de relieve, de un modo muy evidente, el problema que suponía tomar como punto de partida una mezcla caótica de sustancias, del tipo de las que se obtenían en los esfuerzos iniciales por imitar en el laboratorio la química prebiótica. Este escollo (la transición de un batiburrillo confuso a las reacciones homogéneas y bien reguladas observadas en las células) pareció insoluble durante muchos años, hasta que una serie de sorprendentes descubrimientos recientes sugirió que la solución podía ser bastante sencilla, casi trivial (en retrospectiva, por supuesto).

Resulta que una respuesta posible, al menos a este enigma crucial del motivo por el que el ácido ribonucleico desempeñó ese papel fundamental en los procesos vitales y no lo hizo otra sustancia, se puede condensar en una inesperada afirmación: *¡el ARN siempre gana!* Permítasenos explicarnos. Consideremos que nuestro punto de partida es un «caldo» caótico de productos inanimados, de los cuales solo algunos son el germen adecuado para producir ribonucleótidos. Imaginemos ahora que estas moléculas están disueltas en una acumulación de agua en la superficie de la Tierra primigenia y que allí se ven expuestas a la intensa radiación ultravioleta del joven Sol. De manera sorprendente (o tal vez inevitable, según el punto de vista), los experimentos han demostrado que los componentes básicos del ARN son los más resistentes a los rayos UV, que destruyen a muchos de los compuestos relacionados. Sin duda, este hecho ayuda a explicar el misterio, pero aún queda una mezcolanza bastante compleja. El siguiente paso en la síntesis del ácido ribonucleico requiere que sus integrantes se unan en cadenas (se *polimericen*), lo que en esencia produce fragmentos cortos y monocatenarios de material genético. Esta transición todavía no se ha estudiado lo suficiente, pero las observaciones preliminares sugieren que algunas moléculas completan el proceso con más rapidez que otras. El resultado es que las menos reactivas se quedan atrás. Por último, está la propia química de la replicación, por la que se reproducen los eslabones así formados y por la que las copias son copiadas de nuevo, para dar lugar a las descendientes de las anteriores. El equipo de Szostak ha empezado a analizar este proceso con detalle, mediante la comparación sistemática de los resultados obtenidos a partir de diferentes mezclas de partida. Hasta el momento, los resultados parecen indicar que el ARN siempre sale vencedor, es decir, sus nucleótidos reaccionan en todos los casos con mayor velocidad que sus competidores, de modo que tiende a aparecer este ácido. Por el contrario, las alternativas se generan con mayor lentitud o no lo hacen nunca, por lo que acaban por desaparecer. Es posible pensar en estas tres etapas (la primera, la resistencia a la radiación ultravioleta; la segunda, una polimerización más rápida, y la tercera, una replicación más eficaz) como en una serie de filtros purificadores. El batiburrillo inicial pasaría por estas fases y experimentaría una destilación progresiva, primero por los rayos UV, luego por el ensamblaje de cadenas y, en último lugar, por las características químicas del proceso de copiado. Al final, se obtiene un ácido ribonucleico homogéneo, puro y listo para cumplir su destino, que no es otro que dar a luz al mundo de ARN.

No queremos dar la impresión de que esta interpretación, que explica el modo en que el ARN pudo haber triunfado sobre sus rivales y surgido como el principal candidato para iniciar los procesos vitales y dominar su evolución, carece de críticas o de controversia. De hecho, existe un intenso debate sobre todos los aspectos de este relato. Si es verdadero o no y si es cierto que, de entre la miríada de posibilidades, solo el ARN posee las propiedades adecuadas para dar comienzo a los procesos vitales es una cuestión muy difícil de resolver y es probable que no se disponga de una respuesta concluyente hasta dentro de bastante tiempo. De lo que no cabe duda es de que una síntesis sistemática de las moléculas alternativas y su análisis posterior descartará buena parte de ellas. A pesar de todo, este método no despejará las dudas acerca de si hay alguna sustancia que sea tan adecuada como el ARN y que no se haya considerado todavía. ¿Qué podría producir esta certeza (al menos en teoría)? Lo más convincente, por supuesto, sería el descubrimiento de seres vivos en algún mundo lejano (de forma que se pudiera tener la seguridad de que hubieran surgido de manera independiente de los terrestres). No obstante, ni siquiera eso nos proporcionaría una respuesta directa. El primer paso para ello sería, en efecto, detectar indicios convincentes de vida en otros planetas. De producirse, ese hallazgo demostraría al menos que no es extremadamente difícil que aparezcan seres vivos, es decir, que no hay un cuello de botella infranqueable. En ese momento, se sabría de manera instantánea que existe una ruta relativamente sencilla que conecta la química con los principios de la biología y que cada una de sus etapas tiene una probabilidad razonablemente alta de completarse con éxito. Aun así, averiguar si los procesos vitales en ese exoplaneta empezaron también con el ARN sería un gran reto, a menos que esos seres vivos alienígenas incluyan criaturas inteligentes dispuestas a comunicarse con nosotros.

Una mirada al pasado desde los seres vivos actuales: el mundo de ARN

Al principio del capítulo, se describió el modo en que la confusa complejidad de los seres vivos actuales erigió una barrera conceptual, que durante muchos años obstaculizó el estudio razonado de la aparición de formas de vida. La aceptación de que los procesos vitales primigenios debieron de ser extremadamente sencillos y girar en torno al ARN, como medio de almacenamiento de la información genética (aunque no fuese tan fiable a este respecto como el ADN) y como base molecular de las primeras enzimas catalizadoras (aunque no cumpliese esta función tan bien como las proteínas), proporcionó a la investigación un nuevo punto de partida y permitió que se produjese un avance en la dirección de la simplificación. En efecto, a finales de la década de 1960, tres científicos se dieron cuenta antes que nadie del significado de lo que hoy en día se conoce como el mundo de ARN: Carl Woese, famoso en la actualidad por sus trabajos sobre los aspectos evolutivos del árbol de la vida; Francis Crick, más conocido por haber descubierto la estructura del ADN, y Leslie Orgel, verdadero pionero de la química prebiótica (como se ha mencionado en el capítulo anterior). Todos ellos supieron apreciar enseguida que la capacidad de las cadenas de ácido ribonucleico de plegarse en complicadas formas tridimensionales implicaba que podían actuar como enzimas (y catalizar reacciones químicas), del mismo modo que lo hacían las proteínas. Las implicaciones de esta idea eran asombrosas: si el ARN fuera capaz de facilitar y acelerar su propia síntesis, el origen de los seres vivos podía reducirse al de una cadena autorreplicante de esta molécula o al de una *ARN replicasa* (una enzima que cataliza la replicación del ácido ribonucleico a partir de una plantilla de este). Por desgracia, la atención de los expertos en la materia estaba centrada por aquel entonces en desentrañar los misterios de las proteínas y nadie se tomó en serio la idea de que el ARN pudiera desempeñar unas funciones similares. De este modo, una pista fundamental para descubrir el origen de los procesos vitales languideció en el olvido durante unos quince años.

La noción de que las moléculas de ácido ribonucleico podían facilitar y acelerar reacciones sacudió a la comunidad científica como un terremoto en 1982. Ese año, dos equipos independientes descubrieron enzimas basadas en ARN escondidas a plena vista, en aspectos muy diferentes de la biología actual. Tom Cech, bioquímico de la Universidad de Colorado, en Boulder, llevaba varios años dedicado a estudiar un proceso bastante intrigante llamado empalme de ARN. Este consiste en que las células copian la información almacenada en el ADN en largas cadenas de ácido ribonucleico, antes de cortar y desechar trozos de estas de manera misteriosa. Para ello, seccionan el conjunto dos veces por la mitad y vuelven a unir los extremos de los segmentos. A pesar de que es un fenómeno muy extendido en biología, a principios de la década de 1980 se desconocía la forma exacta en que se producía y muchos laboratorios participaban en la carrera por descubrir el mecanismo subyacente. Tom Cech decidió analizarlo en un microorganismo muy poco común, con el impronunciable nombre de *Tetrahymena thermophila*, una criatura unicelular ciliada que suele nadar en el agua de pequeños estanques. Este protozoo presentaba la ventaja de producir grandes cantidades de un tipo concreto de ARN, que empalmaba luego de manera muy simple, lo que hacía de él un caso ideal para investigar el funcionamiento de este proceso. En aquella época, la hipótesis más extendida era que estaba mediado por una serie de enzimas proteicas, del mismo modo que el resto de las reacciones conocidas en las células. De acuerdo con esta suposición, Cech se dispuso a purificar la sustancia de este tipo, o sustancias, responsable del fenómeno. Para ello, antes debía hacer lo mismo con el ARN previo al empalme, al que después añadió proteínas celulares, con la esperanza de estudiar el proceso mientras se producía. Sin embargo, para su frustración, fue incapaz de separar el mecanismo del propio ARN. Tras numerosos y arduos intentos infructuosos, se vio obligado a inferir que era el mismo ácido ribonucleico el que catalizaba su propio empalme.

No hace falta decir que estas conclusiones fueron recibidas con cierto escepticismo por la comunidad científica, que seguía aferrada a la idea de que toda enzima debía ser una proteína. Los críticos de la propuesta llegaron incluso a afirmar que Cech debía de haber fracasado a la hora de eliminar por completo el catalizador proteico en sus preparaciones. Sea como fuere, esta suspicaz recepción animó al investigador estadounidense a abordar la cuestión de otra manera. Ahora obtuvo ARN previo al empalme, no de células de *Tetrahymena*, ya que el proceso de extracción podía haber sido fuente de una contaminación inadvertida con la tan buscada enzima proteica, sino a partir de muestras fabricadas en un tubo de ensayo. Para ello, tomó ADN y un único catalizador bacteriano que transcribía estas hélices en cadenas de ácido ribonucleico. Lo que descubrió en esta ocasión fue asombroso. El ARN obtenido por este método no podía contener ninguna molécula responsable del empalme, ¡a pesar de lo cual este se producía igual! Dicho de otro modo, de esta manera indirecta, los intentos infructuosos de purificar una proteína, la cual resultó que ni siquiera existía, ofrecieron una ventana por la que vislumbrar un novedoso y apasionante campo de la biología: el descubrimiento de las enzimas basadas en el ARN, también conocidas como *ribozimas*.

No obstante, ese no fue el fin de la historia. En una de esas sorprendentes coincidencias que se producen «cuando las circunstancias son las adecuadas», al mismo tiempo que Cech intentaba sin éxito purificar la proteína responsable del empalme, el biólogo molecular Sidney Altman y sus colegas de la Universidad de Yale investigaban una enzima que procesa el ácido ribonucleico, llamada *ribonucleasa P* (abreviado a *ARNasa P*). Esta molécula secciona determinados ARN celulares de una forma muy característica y Altman había descubierto que estaba formada en parte por ARN y en parte por proteínas. Una vez más, la hipótesis de partida fue que este último componente era el encargado de llevar a cabo el proceso, mientras que el primero solo tenía un papel auxiliar, tal vez indicando las cadenas que cortar. Además, resultó que la sección proteica tenía una carga eléctrica positiva muy grande. Esto era lógico, ya que debía unirse al otro integrante de la ribonucleasa, que tenía una polaridad de signo opuesto muy marcada. A su vez, el conjunto debía unirse al sustrato de ARN que dividir, también negativo. El hallazgo (de esta enorme electricidad positiva) condujo a Altman a la idea poco ortodoxa de que a lo mejor la proteína no era más que un espectador pasivo, cuya única participación en el proceso era aportar estabilidad al ARN mediante la neutralización de la pronunciada carga negativa. De ser así, pensó, quizá este mismo efecto podría lograrse de una forma totalmente distinta. En efecto, Altman y su equipo descubrieron que la adición de suficientes iones de magnesio (cada uno de los cuales contiene dos cargas positivas) al componente ribonucleico de la ARNasa P les permitía reproducir la actividad enzimática sin la parte proteica. Como suele ocurrir en ciencia, este segundo ejemplo de ribozima fue seguido poco después por un auténtico aluvión de descubrimientos de pequeñas cadenas de ácido ribonucleico que se cortaban a sí mismas, lo que consolidó la noción de que este tipo de moléculas puede en realidad catalizar reacciones.

Estos avances revolucionaron por completo el pensamiento sobre el origen de los seres vivos y su relevancia fue reconocida con la concesión del premio Nobel de Química de 1989, otorgado a Cech y a Altman. De repente, las propuestas anteriores de Crick, Orgel y Woese acerca de la importancia del ARN parecieron cobrar sentido. Bastaba este planteamiento, con su efecto de simplificar la cuestión, para que ya no fuera necesario concebir un complicado proceso mediante el cual habrían surgido a la par el ácido ribonucleico y las proteínas. Por el contrario, se podían postular formas de vida anteriores y más sencillas, en las que esta molécula monocatenaria habría desempeñado la doble función de portar la información genética y catalizar las reacciones celulares más importantes. Estas ideas fueron popularizadas por un bioquímico de Harvard llamado Walter «Wally» Gilbert, que acuñó la pegadiza denominación del «mundo de ARN».

De todos los hipotéticos procesos de esta etapa primigenia, es probable que el más importante fuera la replicación del material genético celular. Cabe imaginarlo como la tarea de una presunta ribozima, denominada ARN replicasa en los renglones anteriores. Esta molécula casi mágica habría sido una secuencia específica de ácido ribonucleico capaz de hacer copias de sí misma, con lo que habría puesto en marcha la replicación exponencial que es una de las características distintivas de los seres vivos. Debido a este papel fundamental, laboratorios de todo el mundo han intentado sintetizarla en sus probetas.

El descubrimiento de las ribozimas fue crucial a la hora de formular la hipótesis del mundo de ARN. Sin embargo, otras pistas apuntaban en esa misma dirección. Una de ellas procedía de un desconcertante aspecto de la maquinaria celular. Durante mucho tiempo, esta característica se consideró un enigma, pero ahora pasó a constituir una evidencia fundamental acerca de la naturaleza de la vida primigenia. En la actualidad, las células utilizan sin excepción enzimas proteicas para catalizar (casi) todas las reacciones que constituyen su metabolismo. No obstante, cientos de estas sustancias necesitan ayuda para realizar su trabajo. En efecto, requieren la colaboración de otras moléculas de menor tamaño, llamadas *cofactores.* Lo interesante es que muchos de estos (no todos) están compuestos por dos partes diferenciables. Una de ellas es la que ayuda a acelerar la reacción, mientras que la otra es un nucleótido, uno de los componentes básicos del ARN. ¿Por qué tantos cofactores cuentan con un eslabón de ácido ribonucleico en su estructura? Este hecho fue imposible de interpretar hasta que la hipótesis del mundo de ARN ofreció una explicación plausible: se trataba de residuos, «fósiles» en cierto sentido, de una etapa anterior. Es posible que, en un momento en que las ribozimas se esforzaban por catalizar el metabolismo celular, los cofactores les otorgaran una ventaja, al diversificar su arsenal con grupos químicos adicionales. De haber formado parte de la cadena de ARN al principio o al final de esta, estos pequeños añadidos habrían estado convenientemente situados para ayudar con la catálisis. Más adelante en la evolución de los procesos vitales, cabe suponer que las ribozimas fueron sustituidas de forma gradual por enzimas proteicas, hasta que lo único que habría quedado de las moléculas iniciales fue lo que se observa en la actualidad: un cofactor de aspecto extraño, mitad catalizador y mitad ARN.

Las células actuales contienen otros indicios de su pasado y uno de ellos se considera hoy en día una demostración irrefutable de que el desaparecido mundo de ARN existió en realidad. Para entender este importante indicador, es necesario examinar la manera en que todos los seres vivos en la actualidad producen proteínas en el interior celular. El proceso en sí es bastante complicado, pero lo fundamental es no perderse en los detalles y captar el quid de la cuestión.

Para empezar, veamos la manera en que se transmiten y decodifican las instrucciones necesarias para la síntesis de una proteína concreta. La producción de esta comienza con la *transcripción* (del ADN al ARN) y continúa con la *traducción* (del ARN a la proteína). La información para el primer paso se almacena en una secuencia particular de bases nitrogenadas en el ácido desoxirribonucleico (en las células, algunos virus utilizan el ribonucleico), es decir, cada componente básico (nucleótido) del ADN contiene una de las cuatro bases nitrogenadas que entran en su composición y que se suelen denotar por la inicial de sus nombres completos: A, T, C y G. Las instrucciones genéticas necesarias para la fabricación de una determinada proteína están contenidas en el orden específico de esas cuatro letras en la secuencia. En la conocida estructura de doble hélice, C siempre se une (o enlaza) a G, mientras que A lo hace en todos los casos con T. De este modo, forman algo parecido a los peldaños de una escalera. El primer paso en la expresión de los genes es la transcripción de la información codificada en una molécula monocatenaria de ácido ribonucleico, denominada *ARN mensajero*, o *ARNm* (de paso, cabe recordar que este se hizo mundialmente famoso por ser el ingrediente principal de la vacuna contra la COVID-19). En este proceso, el ARNm recibe la secuencia de bases nitrogenadas que codifica la proteína, pero aún tiene que ser descifrado, de manera que pueda ser traducido en una sucesión de *aminoácidos* (los componentes básicos de las proteínas), que son los que integran el producto final. Por ejemplo, la combinación GCT en el ADN da lugar a una secuencia de ARNm que codifica la alanina, es decir, el código genético relaciona esas series de tres nucleótidos con uno de los veinte aminoácidos existentes. En todo el proceso intervienen otras formas de ácidos ribonucleicos (lo que por otra parte es en sí mismo un indicio del papel central del ARN, si se piensa en ello), las mayores de las cuales son las que forman parte de los *ribosomas*, la maquinaria molecular responsable de la síntesis de todas las proteínas codificadas en cada una de las células de todos los organismos del planeta. De hecho, estos son aparatos muy complejos, con una larguísima historia evolutiva, y sus estructuras son muy parecidas en todas las criaturas. Tanto es así que sus ácidos ribonucleicos ribosómicos guardan un estrecho parentesco en todos los casos, lo que apunta a un origen compartido.

No obstante, ¿por qué se encuentran aquí estas cadenas tan grandes de ARN? Durante muchos años, los ácidos ribonucleicos ribosómicos (abreviados ARNr) se consideraron una especie de andamiaje pasivo, cuya única función consistía en organizar y ubicar el gran número de proteínas que componen el resto de la estructura de los ribosomas (del mismo modo que la parte no proteica de la ARNasa P se consideraba en un primer momento una entidad carente de actividad propia que solo desempeñaba tareas de apoyo). Este punto de vista empezó a cambiar de manera gradual a medida que se lograban avances en la comprensión bioquímica y estructural de los ribosomas. A continuación, se indica la manera en que estos últimos decodifican la información del ARNm y la utilizan para gestionar la síntesis de una proteína. Un ribosoma tiene dos partes, una de menor tamaño y otra mayor, denominadas respectivamente subunidades pequeña y grande. La primera de ellas es la que realiza el proceso de decodificación propiamente dicho. Para ello, posiciona el ARNm de una forma particular, de manera que queda plegado justo entre la última unidad de código genético traducida y la que se va a traducir a continuación (cada uno de estos fragmentos se denomina *codón*). Este pliegue permite que los dos codones en cuestión sean identificados por dos pequeñas cadenas de ARN, conocidas como ARN de transferencia (ARNt). Estas actúan como unos adaptadores que enlazan las unidades con sus secuencias complementarias de nucleótidos. En última instancia, es este reconocimiento molecular el que une a los ARNt correctos en el orden adecuado. Mientras tanto, en una ubicación muy alejada, se hallan los aminoácidos, que se encuentran enlazados a los extremos de las cadenas de ARNt y que serán, a su debido tiempo, unidos entre sí. Estos se mantienen juntos y en la orientación adecuada para participar en la reacción en el centro de la subunidad grande del ribosoma. Esta es la verdadera «enzima», la que sintetiza las proteínas, y cabe destacar que está compuesta en su totalidad de ácido ribonucleico, es decir, en realidad es una enzima basada en ARN. En palabras del bioquímico Thomas Steitz, de la Universidad de Yale, «*El ribosoma es una ribozima*».

Esta jerga bioquímica sobre procesos poco conocidos puede resultar muy confusa. Sin embargo, el mensaje subyacente es muy sencillo: *los componentes ribonucleicos de los ribosomas no son meros convidados de piedra, sino que ¡son los catalizadores de la síntesis proteica en todos los casos!* Las implicaciones de estos sorprendentes descubrimientos son evidentes: puesto que los diferentes tipos de ARN fabrican las proteínas, deben ser anteriores a ellas. Esta es la prueba irrefutable que confirma la hipótesis del mundo de ARN, la cual postula una época anterior y más sencilla, previa a la aparición de los procesos vitales de la actualidad. Una época en que las enzimas eran ribozimas.

Otros dos aspectos del presente metabolismo celular apoyan estos planteamientos. Todas las células de la actualidad archivan la información de su genoma en el ADN. De modo sorprendente, y sin que haya ninguna razón aparente para ello, los componentes básicos del ácido desoxirribonucleico (*desoxirribonucleótidos*) se sintetizan en los seres vivos mediante la modificación de los *ribonucleótidos*, los componentes básicos del ácido ribonucleico. ¿Por qué se hace así? Una explicación interesante en este sentido podría ser que los organismos primigenios solo contuviesen ARN y, por tanto, no necesitasen fabricar más que los ingredientes de este. Más tarde, cuando evolucionaron y empezaron a emplear ADN, la manera más sencilla de producirlo podría ser transformar las moléculas disponibles en las necesarias.

Por último, la multitud de funciones que desempeña el ARN en todas las células actuales constituye en sí misma una prueba circunstancial de los orígenes remotos de dicha molécula y de su predominio inicial. Por ejemplo, cadenas de ácido ribonucleico llamadas *ribointerruptores* (*riboswitches*) regulan numerosos procesos metabólicos en las bacterias. Por su parte, en los eucariontes (organismos cuyas células contienen un núcleo y el dominio al que pertenecemos los seres humanos) son otros tipos de ARN no codificante los que rigen la expresión de los genes (el mecanismo por el que la información codificada en estos últimos es activada y se convierte en un rasgo fenotípico), es decir, las cadenas reguladoras de ARN tienen la capacidad de controlar los fragmentos del genoma que se expresan en una célula concreta, con lo que determinan a su vez lo que esta puede hacer. Para conseguirlo, regulan la estabilidad del ARNm y su capacidad de traducción. De nuevo, la explicación más sencilla de las múltiples funciones del ácido ribonucleico pasa por suponer que los seres vivos aparecieron con esta sustancia como su material genético, al mismo tiempo que se hacía cargo de la catálisis y de las actividades regulatorias. En épocas posteriores, a medida que las formas de vida evolucionaron, esa primera tarea fue asumida por el ADN, una molécula mucho más estable desde el punto de vista químico, cuya resistencia en este sentido la convierte en una mejor opción para almacenar información valiosa. Del mismo modo, el papel catalizador del ARN fue reemplazado en gran medida por las enzimas proteicas, que son más eficaces a este respecto, al poseer una mayor diversidad de grupos químicos.

Una vez que nos hemos dado cuenta de la importancia que tuvo el ácido ribonucleico en el origen de los procesos vitales y después de haber visto pruebas incontrovertibles que confirman la existencia real de un mundo de ARN, estamos preparados para dar el siguiente paso en nuestro intento de comprender la aparición de los seres vivos: explorar si existe alguna ruta natural para la producción de los componentes básicos del ARN.

3

El origen de la vida. De la química a la biología

Para plantear nuevas cuestiones, vislumbrar nuevas posibilidades y considerar viejos problemas desde puntos de vista nuevos que jalonan los avances positivos de la ciencia, se requiere una imaginación creadora.

ALBERT EINSTEIN y LEOPOLD INFELD,
La física, aventura del pensamiento

Lo divertido de la ciencia no es descubrir hechos, sino nuevas formas de considerarlos.

SIR LAWRENCE BRAGG, *A Short History of Science*

En estas cuestiones, ha sido necesario efectuar un cambio radical de paradigma y pasar de considerar la complejidad de los seres vivos actuales a pensar en la simplicidad de los procesos vitales primigenios, en los que el ARN era el único polímero de origen biológico. Sin embargo, aún queda por resolver la nada desdeñable cuestión del paso de un conjunto caótico de productos inanimados en la superficie de la joven Tierra a la organizada estructura de las primeras células vivas. Ni siquiera es obvio que se trate de un dilema que se pueda resolver. De hecho, hay quien afirma que este no es un objetivo válido adecuado para una investigación científica, ya que no es posible volver atrás en el tiempo para observar lo que ocurrió en realidad. Por lo tanto, no habría manera alguna de verificar de modo fehaciente las hipótesis formuladas. Sin embargo, estas objeciones pecan de un pesimismo exagerado. No cabe duda de que se pueden plantear escenarios hipotéticos susceptibles de comprobación, en el sentido de que cualquier vía propuesta debe ser realista desde un punto de vista químico, viable en condiciones geológicas razonables y consistente en su proceder, que debe avanzar paso a paso a partir de sustancias y fuentes de energía abundantes para llegar a las complejas moléculas necesarias para construir una célula sencilla. De este modo, pueden descartarse las rutas y los procesos que dan lugar a mezclas caóticas de millones de compuestos o que generan polímeros inútiles o de una complejidad intratable (tales como la brea o el querógeno). No es necesario prestarles atención. Dada la relativa complejidad de las estructuras y reacciones orgánicas, los siguientes párrafos incluirán una pequeña cantidad de diagramas, con la esperanza de que sean útiles a la hora de visualizar las modificaciones moleculares y los procesos implicados. Al final de este capítulo, se ha añadido un apéndice para explicar el modo en que se deben interpretar estos diagramas.

La cuestión crucial es si se pueden trazar los contornos de vías que lleven de manera eficaz de unas sencillas sustancias iniciales a los compuestos fundamentales de la biología. Para empezar, es necesario identificar los productos y las fuentes de energía de partida, pero no basta con esto. En efecto, también hay que conocer el destino final de la ruta, es decir, lo imprescindible para poner en marcha los procesos vitales. En este sentido, las moléculas determinantes de la vida en la Tierra se componen en su mayor parte de carbono, nitrógeno, oxígeno e hidrógeno, con cantidades menores de fósforo y azufre. Dado que el hidrógeno es omnipresente en el universo y en la química, no es necesario preocuparse de manera explícita por él en las consideraciones siguientes (de hecho, en los diagramas ni siquiera se muestran la mayoría de sus átomos. Véase el apéndice).

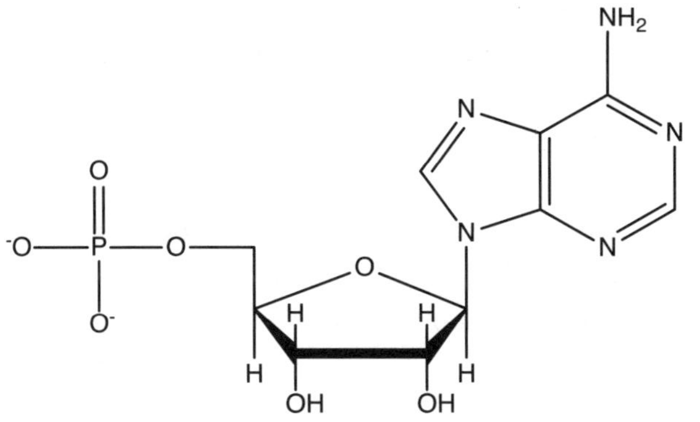

El nucleótido adenosín 5'-monofosfato, con la base nitrogenada adenina a la derecha, el azúcar ribosa en el centro y el grupo fosfato a la izquierda.

Para producir ácido ribonucleico, el cual, como se ha dicho, era irreemplazable para las primeras células, hay que sintetizar antes sus componentes básicos (los nucleótidos), que son en sí mismos unas moléculas bastante complejas. Constan de tres partes: una base nitrogenada (la unidad que contiene la información), un azúcar (ribosa en el caso del ARN) y un grupo fosfato (que une cada eslabón de la cadena).

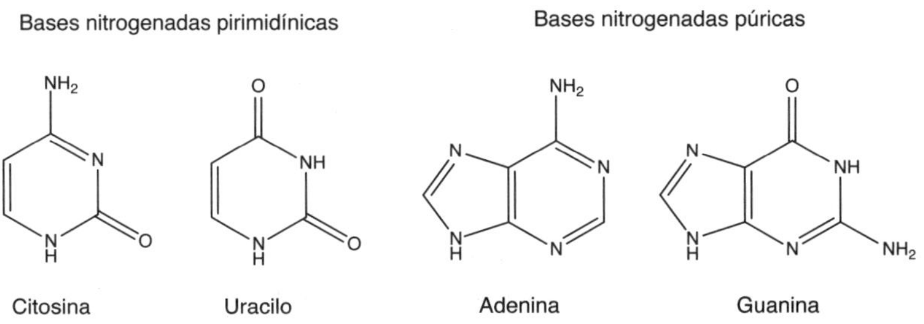

Hay cuatro bases nitrogenadas en el ácido ribonucleico, denotadas por las iniciales de sus nombres completos (A, G, C y U) y compuestas por carbono, nitrógeno y oxígeno (como ya se ha visto, la T del ADN se sustituye por la U en el ARN). El azúcar cuenta con átomos de carbono y oxígeno y el grupo fosfato, de fósforo y oxígeno. Para sintetizar las bases nitrogenadas, lo ideal sería contar con una materia prima que contuviese tanto carbono como nitrógeno. De hecho, hace más de cincuenta años que se sabe que la *adenina* (abreviada por la A) no es más que cinco moléculas de ácido cianhídrico, una sustancia extremadamente venenosa e inflamable de fórmula HCN, unidas de una manera muy concreta. En una serie de experimentos ya clásicos realizados durante el período 1959-1962, el bioquímico Joan Oró, de la Universidad de Houston, llevó a ebullición (¡con mucho cuidado!) una solución de HCN y obtuvo adenina, entre otros compuestos.

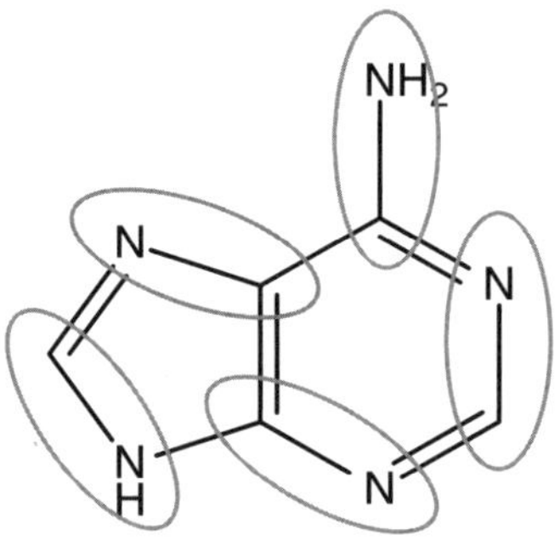

La figura anterior representa la estructura de la adenina y en ella se han marcado con óvalos las parejas de átomos de carbono y de nitrógeno. Cada una de ellas constituye una unidad de cianuro. Los experimentos mencionados en las líneas precedentes dieron pie a la optimista impresión de que pronto se podrían hallar vías sencillas para obtener el resto de las bases nitrogenadas y sus correspondientes nucleótidos. Por desgracia, no fue así. Se realizaron ensayos para producir a la vez A y G (las denominadas *bases púricas*), pero solo se obtuvieron trazas de esta última, junto con muchas otras sustancias relacionadas, que no forman parte del ARN. Por el contrario, parecía que las dos restantes, U y C, serían mucho más sencillas de conseguir, sobre todo porque la primera de ellas es el resultado de la reacción de la otra con el agua. A su vez, C era el producto de la combinación de dos compuestos más sencillos, los cuales cabe suponer que estarían disponibles en concentraciones razonablemente elevadas en el entorno local de la Tierra primigenia. Uno de ellos es la urea, un metabolito habitual en la biología contemporánea, famoso por ser la primera molécula orgánica sintetizada en el laboratorio. En efecto, como ya se dijo antes, el químico alemán Friedrich Wöhler la obtuvo a finales de la década de 1820 con solo calentar cianato de amonio (derivado a su vez del cianuro). Cabe destacar que la urea es también el resultado de la reacción del agua con otra sustancia obtenida a partir del cianuro, llamada cianamida, que puede generarse de muchas maneras diferentes. Por ejemplo, puede producirse en atmósferas reductoras (aquellas carentes de oxígeno y otros gases oxidantes), ricas en hidrógeno y expuestas a la radiación ultravioleta. La cianamida se ha detectado también en la atmósfera de Titán, un satélite de Saturno, que, como se verá en el capítulo 8, es uno de los objetivos prioritarios de la búsqueda de posibles formas de vida extraterrestre. La otra materia prima necesaria para la síntesis de C tiene un nombre más complicado. Se trata del *cianoacetaldehído*, resultante de la reacción del *cianoacetileno* (un compuesto orgánico que también se ha encontrado en la atmósfera de Titán) con el agua. En condiciones adecuadas en el laboratorio, concentraciones elevadas de cianoacetaldehído se combinan de manera muy eficaz con cantidades similares de urea para producir C, tal y como demostraron Leslie Orgel y Stanley Miller en la década de 1970 (aunque estos dos químicos se enzarzaron en una discusión muy enconada acerca de lo plausible que resultaba dicha síntesis).

Llegados a este punto, las perspectivas para la investigación del origen de los seres vivos eran muy halagüeñas, ya que parecía que las bases nitrogenadas imprescindibles para la biología eran (relativamente) fáciles de producir en condiciones prebióticas. Por desgracia, un examen más detenido de las etapas posteriores reveló obstáculos inesperados. El escollo más importante consistía en que disponer de las bases no era suficiente, ya que estas debían enlazarse a la ribosa para construir el ARN, y resultó que esta reacción no tenía lugar en absoluto. En los procesos vitales, esta combinación es catalizada por enzimas y se emplea ese azúcar unido a los grupos fosfato en ubicaciones específicas. Sin embargo, ninguno de estos requisitos es verosímil en la química prebiótica conocida. De hecho, incluso la propia obtención de la ribosa supone una seria dificultad.

A primera vista, producir esta sustancia parecía sencillo. Bastaba con calentar formaldehído (un compuesto orgánico simple de fórmula CH_2O que se cree debía de ser muy abundante en la atmósfera de la Tierra primigenia) en agua con un poco de hidróxido de calcio (a menudo llamado cal hidratada).

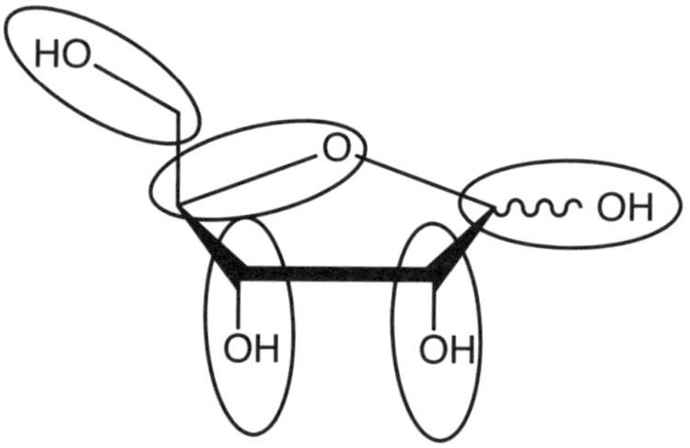

Molécula de ribosa, representada como cinco unidades de formaldehído unidas entre sí.

De este modo, se desencadena un complicado conjunto de procesos denominado reacción de la *formosa*, que en esencia convierte el formaldehído, que es venenoso, en azúcares, que tienen un sabor dulce. Resulta curioso que, al igual que la adenina puede sintetizarse a partir de cinco moléculas de cianuro, la ribosa conste del mismo número de unidades de formaldehído, engarzadas en un anillo. En la figura anterior, cada óvalo encierra una pareja de átomos de carbono y oxígeno, enlazados entre sí y derivados de una de dichas unidades. Todo esto parece muy prometedor, hasta que se repara en que la ribosa, necesaria para la fabricación de ARN, representa menos de un 1 por ciento de la compleja mezcla de azúcares resultante. Es más, procesos posteriores dan lugar a una multitud de productos variopintos y en última instancia todo se vuelve un alquitrán que no vale para nada. Sea como fuere, la reacción de la formosa, dada su simplicidad y sobre todo su naturaleza autocatalítica (es decir, que es catalizada por uno de sus productos), se sigue estudiando como una manera sencilla de obtener azúcares a partir de una materia prima abundante. Se han explorado varios métodos para «domesticarla», como por ejemplo reproducirla en presencia de sales de borato. Estas forman parte de minerales comunes en algunos entornos geológicos, pero no hay certeza alguna acerca de su relevancia en contextos prebióticos. Por otro lado, aunque es cierto que este añadido reduce el número de productos en la mezcla resultante, también lo es que la cadena de reacciones sigue siendo compleja y que genera muchos azúcares diferentes. Esto ha dado pie a interesantes y novedosos enfoques y se han empezado a realizar experimentos en los que se lleva a cabo la reacción de la formosa en presencia de otras materias primas probables, tales como el cianuro y la cianamida. Sin embargo, por el momento, se puede dejar a un lado esta cadena de procesos. Bastará con tener presente que es una potencial fuente de azúcares.

Como ya se ha visto unas cuantas veces en otros contextos, encontrar una solución a la espinosa cuestión de la síntesis de los nucleótidos requirió de un profundo cambio de paradigma. En este caso en concreto, hicieron falta varios de ellos. El principal obstáculo psicológico que impedía avanzar en este asunto residía en nuestra percepción instintiva de la estructura de estas moléculas. En efecto, resulta tentador separarla mentalmente en tres partes diferenciadas: una base nitrogenada por un lado (carbono y nitrógeno), un azúcar por otro (carbono y oxígeno) y, por último, un fosfato (fósforo y oxígeno). Por consiguiente, era habitual que los químicos dieran por sentado que estos tres componentes se habían originado por separado y que luego se habían combinado paso a paso. Así, se habría generado primero un *nucleósido* (la base más la ribosa) y más tarde el nucleótido definitivo (con la adición final del grupo fosfato). En la práctica, la química del cianuro en presencia de formaldehído resulta de manera inmediata en la síntesis de un producto llamado *cianohidrina* (resultante de la rápida combinación de ambas sustancias iniciales). Durante mucho tiempo, se pensó que esta no era más que una molécula inútil que no conducía a nada. Pues bien, esta combinación de suposiciones intuitivas, por un lado, y de química correcta pero mal interpretada, por otro, impidió todo avance en este frente durante décadas.

El primer intento de superar este obstáculo fue extremadamente imaginativo, a pesar de que en un primer momento no pareció ser muy prometedor. La idea consistió en abandonar el paradigma según el cual la base nitrogenada y el azúcar debían producirse por separado (antes de combinarse para formar un nucleósido). En vez de ello, el nuevo planteamiento consistía en generar una sustancia intermedia previa que pudiera transformarse a continuación en el preciado nucleósido. Un minúsculo y pionero paso en esta dirección fue dado por Orgel, quien demostró que la ribosa se combinaba de forma muy concisa con la cianamida, un pariente cercano del cianuro que ya apareció como posible precursor de la citosina, la base nitrogenada C. Esta reacción producía hermosos cristales de un compuesto con el impronunciable nombre de *ribosa aminooxazolina*, a la que nos referiremos como *RAO* para abreviar. El hecho de que esta sustancia cristalice y precipite para abandonar la mezcla constituye una enorme ventaja para este planteamiento, ya que es posible suponer que poco a poco, con el paso del tiempo, se acumularía y formaría depósitos, mientras que el resto de los productos secundarios serían arrastrados por el agua, en lo que equivaldría a un mecanismo natural de purificación. Este modelo, que pasa por la creación de reservas de un compuesto intermedio libre de impurezas, reduce en gran medida la evidente dificultad de generar algo tan complicado como un nucleótido, que de otro modo exigiría que se produjesen una serie de reacciones en un orden muy preciso. Como se verá más adelante, este tipo de procesos ocurren una y otra vez en la química anterior a la vida y constituyen algunos de los principales motivos a favor de la plausibilidad de la síntesis prebiótica de los componentes básicos de la biología.

Dejando de lado por el momento los aspectos más problemáticos de la fabricación de RAO a partir de la ribosa, la cuestión ahora es la transición desde esta sustancia intermediaria al nucleósido deseado. Resulta que solo nos separan dos sencillos pasos de este objetivo, en el caso de la citosina. Sin embargo, persiste un inconveniente: la versión así obtenida no es exactamente igual a la utilizada en biología. En efecto, en el nucleósido obtenido a partir de la RAO, la base nitrogenada C apunta hacia abajo con respecto al azúcar, no hacia arriba. Desde el punto de vista técnico, la forma de los procesos vitales se denomina anómero β (una clase de isómero, una molécula con los mismos átomos que otra, pero con diferente estructura), mientras que la resultante de la otra ruta es el anómero α. ¿Hay alguna manera de evitar esta complicación adicional? La exposición a la radiación ultravioleta causa una leve y tentadora modificación en la dirección deseada, pero el rendimiento de este proceso es muy bajo, de apenas el 4 por ciento aproximadamente. Llegados a este punto, es posible identificar al menos dos grandes obstáculos en esta hipotética vía hacia la producción de C. En primer lugar, iniciar la síntesis de la RAO a partir de ribosa pura no es realista, a falta de una manera plausible de purificar y almacenar este inestable azúcar. Después, lo que se obtiene es el anómero incorrecto, sin que haya manera de pasar del uno al otro. Así estuvieron las cosas durante unos veinte años, hasta que a principios de la década de 1990 el químico británico John Sutherland decidió replantearse todo el asunto.

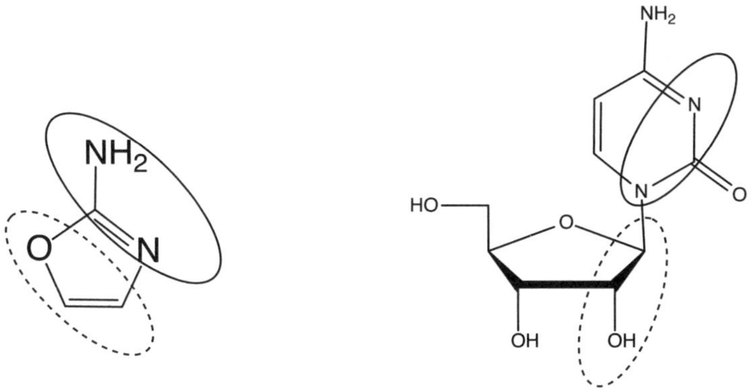

Relación entre el 2AO (a la izquierda) y el nucleósido C o citidina (a la derecha). Los átomos de 2AO que pasan a formar parte de la ribosa se muestran dentro del óvalo discontinuo. Los átomos de 2AO que pasan a formar parte de la base nitrogenada se muestran dentro del óvalo continuo.

En una serie de artículos publicados a lo largo de quince años, Sutherland y su equipo se acercaron de manera lenta y progresiva a una solución. Su trabajo de 2009 supuso la culminación de este esfuerzo y marcó un auténtico punto de inflexión en el campo de la química prebiótica.

Para empezar, Sutherland hizo retroceder el inicio de la síntesis, lo que le permitió utilizar materias primas más sencillas que la ribosa.

En consecuencia, su punto de partida fue el azúcar más simple que hay (el *glicolaldehído*, que solo tiene dos átomos de carbono). Hizo reaccionar a este con la cianamida (la misma sustancia relacionada con el cianuro que se había utilizado con anterioridad para sintetizar la RAO), para obtener una molécula bastante sencilla en forma de anillo, llamada *2-aminooxazol*, que aquí se denominará *2AO* para abreviar. La principal ventaja de este paso era que se creaba un nuevo enlace carbono-nitrógeno, que era precisamente el que ligaba, al final de la vía, al azúcar con la base nitrogenada (y producía el deseado nucleósido). Lo importante era que esta unión no se formaba en la reacción directa entre la ribosa y la base, pero ahora se introducía al principio de la vía, donde aparecía con facilidad. Lo cierto es que el 2AO era un compuesto muy conocido, por lo que cabe preguntarse por los motivos por los que no se hubiese considerado antes como un intermediario adecuado en este proceso. La explicación se encuentra en las tradiciones de la química orgánica. En esta, las reacciones tienden (o tendían, porque se ha cambiado mucho en este sentido) a estudiarse de manera independiente, aisladas de las demás. De este modo, cuando se mezclaban glicolaldehído y cianamida y se les permitía actuar uno sobre otro por sí solos, se obtenía muy poco 2AO. El resultado final era en su mayor parte un caos alquitranado. Sin embargo, Sutherland se planteó con detalle el mecanismo de la reacción y llegó a la conclusión de que este problema podía mitigarse mediante la presencia de un tampón de pH que mantuviese más o menos constante la acidez de la mezcla y de un catalizador común que contribuyera a la movilidad de los protones. Resulta que los fosfatos son bastante buenos en ambas tareas y además se sabe que debían de estar disponibles en ese momento para la química prebiótica, ya que forman parte de la estructura de los nucleótidos y del ARN. Por todo ello, el grupo de Sutherland añadió estas sustancias a su preparación y, para su sorpresa, un proceso que antes solo producía trazas del producto deseado se convirtió de pronto en otro, muy específico y eficaz. Este pequeño detalle, la adición de unos compuestos a una reacción, aunque no formen parte del producto final, llegó a ser uno de los ejemplos canónicos de la *química de sistemas*: la idea era emplear moléculas que tenían que estar presentes por necesidad (como es el caso de los fosfatos, que debían de encontrarse disponibles en el medio, ya que forman parte de los nucleótidos y del ARN). Sea como fuere, hay que insistir en que ese desarrollo no era evidente en absoluto, ya que en la época se pensaba que los fosfatos solo habrían sido utilizables en cantidades residuales, ya que precipitan en presencia de calcio en la forma de un mineral llamado *apatito*. De este modo, emplear concentraciones elevadas de fosfatos era un salto al vacío que en sí mismo acarreó otro dilema: el denominado «problema del fosfato». No obstante, dejando a un lado esta cuestión por el momento, todavía hay que lidiar con el hecho de que 2AO es una molécula muy pequeña y simple, muy alejada a primera vista del nucleósido C, que es, en última instancia, el objetivo de esta investigación.

En efecto, pasar del primer intermediario, 2AO, al siguiente, RAO, es sencillo, por un lado, pero problemático por otro. La buena noticia es que el 2AO reacciona enseguida con un azúcar de tres carbonos (*gliceraldehído*) y produce RAO, la cual, como ya se dijo antes, cristaliza y abandona la mezcla, en un proceso natural de purificación. Al mismo tiempo, se genera un producto secundario muy importante denominado AAO, que permanece en la solución. La mala es que este paso exige otro salto al vacío, ya que con él aparecía el nuevo obstáculo de la síntesis del gliceraldehído y el más insuperable aún del motivo por el que la primera reacción empleaba un azúcar de dos carbonos (y *solo* este), mientras que la segunda utilizaba uno de tres (y *solo* este). Para colmo de males, este último es inestable y degenera con relativa rapidez a una configuración atómica (un isómero) que no produce RAO. Por último, el proceso se queda atascado de nuevo en la etapa final, ya que, como se ha dicho con anterioridad, lo que se obtiene es la forma errónea (no biológica) del nucleósido.

¿Se había llegado entonces a un callejón sin salida como en anteriores ocasiones? No del todo, porque Sutherland tenía otro as en la manga. Dirigió su atención a la otra molécula resultante de la reacción del 2AO con el gliceraldehído, es decir, al producto secundario AAO. En el pasado, se había descartado esta sustancia porque contenía un azúcar que es un pariente cercano de la ribosa, pero que es lo bastante diferente de esta como para no poder formar polímeros genéticos como el ARN. Se trata de la arabinosa y la diferencia consiste en que el átomo de oxígeno unido al carbono 2' se encuentra encima del anillo del azúcar y no por debajo. En vista de este contratiempo, ¿qué impulsó a Sutherland en ese momento a decidirse por la AAO en vez de la RAO? Resulta sorprendente que fueran los fosfatos los que de nuevo acudieron al rescate. Tras la reacción de la AAO con el cianoacetileno (el paso que produce la base nitrogenada C), Sutherland fue capaz de unir un grupo fosfato al azúcar de tal forma que este añadido pudiese actuar sobre el átomo de carbono adyacente y, como por arte de magia, generar el nucleósido adecuado (en la sección 6 del apéndice a este capítulo se muestra un diagrama de esta reacción). El principio que subyace a este paso crítico es el de la *reactividad intramolecular*, una forma elegante de decir que la probabilidad de que dos grupos químicos reaccionen entre sí es mayor cuando ambos se encuentran muy próximos.

Sea como fuere, el caso es que hay tres conceptos fundamentales en juego, de un modo fascinante, en el seminal artículo de 2009 de Sutherland y sus colaboradores: en primer lugar, la *química de sistemas* (en el uso de los fosfatos para obtener 2AO); después, la *reactividad intramolecular* (en el ataque del grupo fosfato al átomo contiguo), y, por último, pero no por ello menos importante, la *juiciosa capacidad de postergar las cuestiones sin solución a una etapa posterior* (por ejemplo, a la hora de determinar la fuente del gliceraldehído y el momento en que añadirlo). A continuación, se recapitulará la más bien extensa lista de problemas pospuestos y se verá la forma en que se ha simplificado de manera gradual la ruta hacia los principales componentes básicos del ARN desde la aparición de ese artículo pionero. Al hacerlo así, se podrá percibir la lenta aparición de un escenario plausible que describe el modo en que esta intrincada serie de reacciones químicas pudo haberse producido en la realidad de la Tierra primigenia.

Del laboratorio a la naturaleza

El obstáculo fundamental al que se enfrentaban los investigadores era, y es, el de conseguir que una cadena de reacciones pase de ser un proceso viable en el tubo de ensayo a convertirse en una hipótesis plausible en las condiciones de la Tierra primigenia. En el primer caso, los pasos involucrados suelen considerarse de uno en uno y los intermediarios se purifican antes de pasar a la siguiente etapa. Hay métodos muy sofisticados para eliminar en el laboratorio las impurezas de un producto, pero la cuestión es si existe algo análogo en el medio natural. Por suerte, basta un momento de reflexión para darse cuenta de que sí lo hay. En efecto, la precipitación o cristalización de minerales libres de contaminantes es algo habitual, incluso universal, en geología. De hecho, cualquier museo de historia natural del mundo alberga una hermosa colección de ejemplos de este mecanismo, desde cuarzo común hasta especímenes raros y exóticos. En la actualidad, en nuestro planeta, las formaciones cristalinas de compuestos orgánicos son extremadamente escasas. Al menos en parte, ello se debe a que estas sustancias sirven de alimento a muchos microorganismos y tienden a ser consumidas con rapidez por bacterias y hongos. Además, los procesos químicos del medio natural contemporáneo son diferentes por completo de los que debieron de existir en la joven Tierra. No hay más que pensar en nuestra atmósfera, tan rica en oxígeno, y compararla con las condiciones prevalentes en el planeta primigenio, cuando este gas estaba ausente. Entonces, ¿es posible postular mecanismos por los que ciertos compuestos fundamentales podrían precipitar (adoptar un estado sólido) o cristalizarse, hasta formar depósitos de sustancias purificadas, que podrían acumularse con el paso del tiempo, o incluso ser purificados al filtrarse el agua subterránea en la estructura cristalina y arrastrar las impurezas? Así es, hay bastantes compuestos relevantes que podrían comportarse precisamente de este modo. A continuación, se considerarán estas sustancias, desde la más sencilla de todas (cianuro) hasta la más compleja (RAO).

Dado que durante mucho tiempo se ha tenido al cianuro como uno de los puntos de partida más probables para la síntesis prebiótica de moléculas biológicas, se verá aquí con más detalle el modo en que este pudo haberse producido y después almacenado en forma concentrada, adecuada para este tipo de reacciones. Una de las características que lo hacen tan potente en este sentido es que el triple enlace que une sus átomos de carbono y nitrógeno encierra una considerable cantidad de energía. Eso quiere decir que, en cierto modo, está predispuesto a reaccionar con otras moléculas y que estas transformaciones pueden realizarse de forma descendente desde el punto de vista energético. Esto evita la dificultad añadida de tener que inyectar más energía en el sistema para poner en marcha las reacciones deseadas. No obstante, esa misma propiedad supone una desventaja, porque el cianuro también reacciona (aunque lo haga con lentitud) con el agua. Este proceso se denomina hidrólisis (la descomposición química de un compuesto por el agua) y degrada la preciada sustancia a otra menos reactiva llamada *formamida*. Esta es interesante en sí misma (se mantiene líquida a temperaturas moderadas y es un disolvente extraordinario de algunas moléculas que son casi insolubles en soluciones acuosas), pero su utilidad como intermediario es menor. Es más, también se descompone lentamente mediante hidrólisis, en esta ocasión, para dar lugar a amoníaco y a ácido fórmico. La cuestión, entonces, es cómo impedir que el cianuro sea destruido de esta manera, en apariencia inevitable. Este es un inconveniente realmente serio, porque lo más probable es que el cianuro se formase en la atmósfera, en la que su concentración habría sido más bien baja, antes de caer a la superficie disuelto en gotas de lluvia. Esto quiere decir que se habría presentado en forma de solución acuosa muy diluida. Durante muchos años se pensó que este hecho suponía un callejón sin salida, pues conducía de forma inevitable a la hidrólisis de la materia prima.

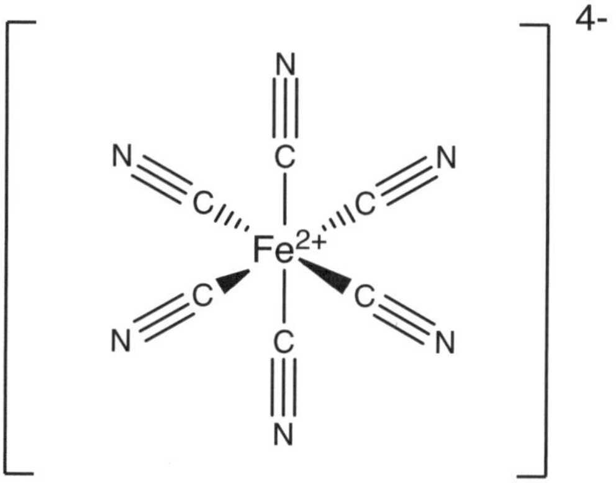

Como ocurre a menudo, la solución potencial a este problema era de dominio público en el campo de la química, pero nadie había aplicado ese conocimiento a resolver tan trascendental cuestión prebiótica.

En efecto, la manera de conseguir concentraciones más elevadas de cianuro se basa en las extremadamente rápidas y vigorosas interacciones de las soluciones acuosas de esta sustancia con ciertos iones metálicos. A este respecto, cabe destacar el hecho de que los cationes ferrosos (en los que el átomo de hierro ha perdido dos electrones de su capa externa) disueltos se combinan con seis cianuros para formar una molécula en la que estos rodean un ion. Este complejo, conocido como *ferrocianuro*, es bastante estable y, lo que es más importante, puede precipitar y abandonar la disolución bajo ciertas condiciones. Por ejemplo, el azul de Prusia es un material que guarda una estrecha relación con él y que consiste en un compuesto muy insoluble de cianuro y hierro, que podría formarse y depositarse con facilidad. También las sales de ferrocianuro muestran este comportamiento, por ejemplo, en aquellas soluciones que aumentan su concentración por efecto de la evaporación. Los científicos planetarios Jonathan Toner y David Catling, de la Universidad de Washington, realizaron cálculos detallados que sugieren que las sales de ferrocianuro podrían acumularse y precipitar en cuerpos de agua alcalinos y carbonatados, similares a algunos de los que se encuentran en la Tierra en la actualidad, como los lagos Mono en California y Last Chance en Canadá. Por otro lado, el origen de este hierro disuelto ha dejado de ser un misterio. En regiones volcánicas o en los alrededores de cráteres de meteoritos, hay agua caliente que fluye a través de grietas y fracturas en la roca de la corteza terrestre, de donde absorbe iones metálicos, incluidos los ferrosos. Cuando estas corrientes subterráneas aumentan su temperatura, por ejemplo, por el magma subyacente, se elevan, afloran y liberan los solutos que transportan en lagunas y charcas. Aquí, el hierro de la corteza terrestre puede unirse al cianuro de la atmósfera y formar moléculas de ferrocianuro, que se acumulan a lo largo de milenios. Por encima de una cierta concentración, las sales de este último compuesto comienzan a precipitar y a abandonar la solución. También puede ocurrir que haya lagos poco profundos que se sequen a menudo. Ambos procesos darían lugar a una capa de sedimentos mezclada con sales de ferrocianuro. De este modo, podrían acumularse y conservarse durante mucho tiempo grandes depósitos de complejos de cianuro e iones de hierro, formados en regiones con actividad geotérmica, que debieron de ser muy habituales en la superficie de la Tierra primigenia.

Aun así, subsiste la duda del modo en que un grueso lecho de ferrocianuro desecado mezclado con lodo pudo convertirse en el espeso caldo de reactivos necesario para poner en marcha la síntesis de los componentes básicos de la biología. Una vez más, hay una respuesta inmediata a este interrogante que reside en uno de los procesos geológicos más habituales: la modificación de un material bajo presiones y temperaturas elevadas. Este tipo de transformaciones metamórficas son las que convierten, por ejemplo, las capas de endebles sedimentos de carbonato cálcico en una hermosa sustancia pétrea que es la favorita de los escultores: el mármol. ¿Qué procesos tuvieron que darse para convertir estos depósitos de inerte ferrocianuro en la reactiva materia prima que se necesita? Hay dos posibilidades evidentes en este sentido, que son los flujos de lava, casi inevitables en zonas con actividad volcánica, y los impactos de asteroides, de nuevo, ineludibles en la Tierra primigenia. Si los primeros hubieran cubierto un lecho de sedimentos ricos en ferrocianuro, estos habrían resultado calcinados, quemados y hervidos al vapor, hasta dejar escapar el valioso cianuro del férreo enlace que lo retenía en el compuesto. Una parte de las moléculas así liberadas se transformaría a su vez en otras sustancias reactivas derivadas, tales como la cianamida. Del mismo modo, el impacto de un asteroide de tamaño moderado podría ejercer la presión y proporcionar el calor que se necesitan para las transformaciones de este tipo. Digamos, de paso, que la mayor parte de la literatura científica sobre las modificaciones térmicas de las sales de ferrocianuro ¡se publicó hace más de cien años! Lo que ocurre es que la potencial relevancia de estos compuestos en la química prebiótica no fue reconocida hasta hace poco. Más adelante en el proceso, después de que la lava se hubiera solidificado y enfriado, el agua subterránea habría empezado a filtrarse a través de los sedimentos subyacentes a las nuevas rocas y a llevarse consigo una mezcla muy concentrada de cianuro, de cianamida y de otras sustancias derivadas del primero.

Para resumir el escenario que empieza a dibujarse, se detallan ahora los pasos que contemplamos. Primero, cae cianuro de la atmósfera, diluido en la lluvia. A continuación, es capturado en moléculas de ferrocianuro por el hierro que llega a la superficie en el agua que fluye a través de fracturas en la roca. Esta sustancia se acumula en lechos sedimentarios. En algún momento posterior, estas capas ricas en cianuro sufren el procesamiento térmico de flujos de lava o de impactos de meteoritos y de este modo surge una mezcla concentrada de materias primas reactivas y del ferrocianuro sobrante. Por último, esta mezcolanza es liberada y transportada por corrientes de agua subterránea.

Para entender lo que sucedió a continuación, hay que considerar una vez más el contexto planetario en el que tuvo lugar toda esta química prebiótica. Cuando el agua subterránea, con su abundante carga de compuestos reactivos de carbono y nitrógeno, emergió de la oscuridad telúrica del interior terrestre, a través de manantiales y arroyos, para fluir hasta lagos y charcas de poca profundidad, quedó expuesta por primera vez a los rayos del Sol. La radiación solar incidente sobre la Tierra primigenia debió de ser una prodigiosa fuente de energía, lo bastante potente como para poner en marcha una amplia gama de procesos químicos. Algunos de ellos fueron sencillos, otros complejos, beneficiosos o nocivos. ¿Hay forma de saber si la radiación ultravioleta fue perjudicial o provechosa? ¿Si dio pie a síntesis fructíferas o si por el contrario destruyó todo lo que era útil? Averiguar esto no es nada sencillo y para ello se requiere una combinación de cuidadosas mediciones empíricas y de modelos teóricos detallados. En este sentido, no es sorprendente que se trate de una investigación en curso, en la que participan muchos equipos de científicos. Aun así, los resultados obtenidos hasta la fecha permiten extraer algunas conclusiones y lecciones importantes. Es posible que la propiedad más relevante en este aspecto sea la energía de los fotones. La radiación ultravioleta más energética (aquella de menor longitud de onda, cercana a los rayos X) es también la más dañina, porque cada uno de sus integrantes tiene fuerza suficiente para dividir las moléculas en trozos más pequeños. Por el contrario, la menos energética (mayor longitud de onda, próxima al visible) no es capaz de romper los enlaces químicos, por lo que su efecto a este nivel es menor. Es hacia la mitad de este rango de frecuencias donde las cosas se ponen interesantes. Aquí, los fotones pueden deshacer algunas uniones entre átomos, pero no todas. El resultado es que algunos compuestos son destruidos, otros modificados y unos terceros resultan indemnes. Esto se produce de manera compleja y en cierta medida impredecible y depende de la frecuencia precisa de la radiación, de su intensidad y de los detalles del medio químico. En vista de estas consideraciones, hay que ser muy cuidadoso a la hora de determinar cómo (o incluso si) la potencia de los rayos UV podría haber puesto en marcha la síntesis de compuestos útiles en la Tierra primigenia.

Una de las consecuencias más simples y fructíferas de este fenómeno es un proceso muy conocido, en el que un fotón en este rango del espectro es absorbido por un complejo de ferrocianuro. El resultado es que el átomo de hierro en su centro es excitado y pasa a un estado de mayor energía, en el que expulsa uno de sus electrones. En un primer momento, esta partícula se desplaza a gran velocidad, pero colisiona con varias moléculas de agua que lo frenan y, en última instancia —en realidad, al cabo de unos pocos nanosegundos (esta unidad de tiempo es la milmillonésima parte de un segundo)—, se ve rodeado por una envoltura de moléculas del disolvente acuoso. Este «electrón solvatado» es relativamente estable, lo que quiere decir que suele durar varias millonésimas de segundo, antes de ser capturado por algún átomo en un compuesto. Si hay presente cianuro disuelto, el electrón puede unirse a él, lo que pone en marcha una serie de reacciones que finalmente producen formaldehído y amoníaco. Es curioso observar que, por razones que aún no están del todo claras, los procesos prebióticos parecen estar dominados por sustancias que hoy en día son nocivas y venenosas. Sea como fuere, el formaldehído generado por el proceso fotoquímico inicial reacciona a gran velocidad con una molécula cercana de cianuro y produce una sencilla cianohidrina. Durante décadas se creyó que este producto era un inútil callejón sin salida, ya que es relativamente estable e inerte. Por ello, se pensaba que había que evitar su aparición a toda costa, para no malgastar el valioso cianuro convirtiéndolo en algo improductivo.

Sin embargo, el grupo de Sutherland realizó otro cambio de paradigma y demostró que, al igual que ocurría en el caso del cianuro, el grupo CN presente en la cianohidrina tenía la capacidad de capturar el electrón solvatado. Tras esto, se producía una serie de reacciones análoga a la anterior, pero esta vez la molécula se convertía en el azúcar más sencillo que hay, el glicolaldehído, de dos átomos de carbono, que ya apareció antes al intentar producir 2AO. En resumen, el aldehído (los aldehídos son compuestos orgánicos en los que un carbono comparte un doble enlace con un oxígeno) más simple de todos, el famoso y venenoso formaldehído, se transformaba en un azúcar de dos carbonos. En sí misma, esta dulce sustancia resulta ser un componente básico muy útil a la hora de sintetizar otras moléculas más complejas, incluidos algunos azúcares más grandes. De hecho, puede repetirse una serie de reacciones similar a la anterior hasta obtener el gliceraldehído, que antes contribuyó a la conversión del 2AO en la RAO.

Sin embargo, no permitamos que nos distraigan los complicados nombres de estos compuestos. Lo importante es que las reacciones descritas constituyen hallazgos realmente sorprendentes por varias razones. En primer lugar, este último azúcar mencionado, con sus tres átomos de carbono, es un metabolito fundamental en la biología contemporánea, ya que es una de las moléculas básicas en el metabolismo de la glucosa, que reduce esta a fragmentos más pequeños y proporciona la energía necesaria para otros procesos celulares. Después, el gliceraldehído (también con tres C) y su precursor más pequeño, el glicolaldehído (con dos), son las materias primas necesarias para poner en marcha la fabricación de nucleótidos, con su azúcar de cinco carbonos: la ribosa. Lo más interesante a este respecto es que el proceso por el que el cianuro da lugar a estos azúcares simples puede hacerse todavía más eficaz a través de una especie de química del «reciclaje». En efecto, cuando un complejo de ferrocianuro es excitado por la radiación ultravioleta y emite un electrón, se convierte en una forma oxidada de sí mismo, llamada ferricianuro. Este último puede regresar a su estado inicial, pero, si no tiene manera de hacerlo, la generación de electrones solvatados se detiene por completo una vez que se agota el ferrocianuro. No obstante, el agua también disuelve SO_2 (dióxido de azufre), un gas sulfuroso que en solución acuosa se descompone para producir sulfitos y bisulfitos. Estos tienen la capacidad de reciclar el ferricianuro y devolverlo a su estado inicial. ¿De dónde procede este SO_2? Esta cuestión recuerda de nuevo lo importante que es tener presente el contexto geológico en el que tienen lugar estos procesos. Basta considerar que el medio más probable en este sentido debió de ser escenario de una actividad volcánica prodigiosa para darse cuenta de manera inmediata de que la emanación de gases en las erupciones pudo causar la emisión de cantidades enormes de esta sustancia. Este fenómeno, la liberación de vapores disueltos en la roca fundida a presiones muy elevadas, puede tener lugar de manera bastante brusca, al acercarse el magma a la superficie y disminuir la presión. No hay más que recordar la explosión del Pinatubo en 1991, la cual emitió tal cantidad de dióxido de azufre que causó una neblina en la atmósfera terrestre y el consecuente enfriamiento del planeta, que fue observable durante dos años. Las propiedades del azufre han resultado ser imprescindibles para el funcionamiento eficaz de la conversión prebiótica del cianuro en azúcares sencillos. Por ello, el conjunto se denomina en la actualidad *química fotorreductora cianosulfídica*, para destacar la importancia de la sinergia entre esas dos sustancias y la radiación ultravioleta.

La construcción de los nucleótidos

A pesar de todo lo anterior, un análisis más detallado permite sacar a la luz una multitud de dificultades que hay que abordar, antes de poder llegar a la conclusión de que se dispone de una ruta realista para la producción de nucleótidos. Como ejemplo de estos obstáculos, se consideran a continuación dos de ellos. En primer lugar, esos azúcares de dos y tres átomos de carbono no son inertes. En este sentido, el gliceraldehído supone un problema en especial, ya que experimenta de manera espontánea una reorganización de sus constituyentes (lo que se denomina una isomerización) y pasa de ser un *aldehído* (donde el grupo C=O está en un extremo de la cadena) a ser una *cetona* (donde ese mismo enlace doble se halla en el centro de la molécula). El enervante resultado de esta modificación es que más del 99,9 por ciento del gliceraldehído en solución se isomeriza de este modo y se convierte en un producto que no participa en la síntesis del fundamental intermediario que son los cristales de RAO. Por lo tanto, los investigadores tenían que descubrir alguna manera de estabilizar los azúcares de dos y tres carbonos, de modo que pudieran acumularse y alcanzar elevadas concentraciones sin formar productos secundarios indeseables. Por suerte, resultó que hay al menos dos formas de conseguirlo y que la primera de ellas es de una sencillez pasmosa. El dióxido de azufre atmosférico es soluble en agua, sobre todo si esta es ligeramente alcalina, y forma bisulfitos en ella. Estos acuden al rescate del proceso y reaccionan con los aldehídos (incluidos los aquí mencionados) para crear complejos estables. Es más, esta combinación es reversible, lo que quiere decir que los productos resultantes se pueden acumular, pero que se desprende azúcar libre lentamente, lo que permite que la reacción deseada siga adelante.

Existe otra manera de estabilizar los azúcares para que puedan acumularse en depósitos duraderos, aunque esta segunda forma es más complicada. Este método fue descubierto en el laboratorio del químico Matthew Powner en el University College de Londres y también implica al azufre. En este caso, la molécula crucial es el análogo sulfurado del 2AO (el precursor de los nucleótidos), a la que nos podemos referir como 2AT. Resulta que esta sustancia reacciona con los azúcares simples aquí considerados para formar complejos estables que dan lugar a hermosos cristales. Así, cuando hay una mezcla de dichos productos, el 2AT se combina con el de dos carbonos, es decir, con el glicolaldehído, antes que con ningún otro, de modo que forman un aducto cuyos cristales precipitan y abandonan la solución. Entonces, el 2AT reacciona con el gliceraldehído a menor velocidad y produce una segunda capa de sedimentos cristalinos. Incluso es capaz de recuperar la indeseada cetona, porque este isómero vuelve con lentitud al anterior gliceraldehído y este abandona la disolución como el precipitado de su aducto con 2AT. ¿Cuál de estos dos métodos de estabilizar los azúcares es el «auténtico» y el que podría haber tenido lugar en la Tierra primigenia? Ambos tienen ciertas ventajas: el proceso del bisulfito es más sencillo, pero el otro acarrea el beneficio añadido de proporcionar, en potencia, una forma de separar físicamente los depósitos de los productos resultantes de las reacciones con los azúcares de dos y tres átomos de carbono. No obstante, está por ver que esta segregación sea necesaria.

Una vez que se ha encontrado la manera de estabilizar los azúcares, ya sea disueltos o como depósitos cristalinos, cabe preguntarse por lo que pudo ocurrir a continuación. Como se ha señalado con anterioridad, el glicolaldehído reacciona con la cianamida, un compuesto rico en nitrógeno, y produce la sustancia intermedia que hemos denominado 2AO para abreviar. Esta es razonablemente estable y puede combinarse con otra molécula de glicolaldehído o con una de gliceraldehído. El resultado en ambos casos añade un poco más de confusión al asunto, porque en el primero se generan dos sustancias adicionales, mientras que del segundo surgen otras cuatro, y solo una de estas es nuestra intermediaria favorita, la RAO. De los seis productos en total, es este el que cristaliza y abandona la solución, lo que permite que los demás sean arrastrados por el agua mientras se acumula un depósito de RAO pura. Ya de paso, diremos que las circunstancias que rodean esta precipitación son relevantes por una razón completamente diferente. En efecto, hay un giro del guion (¡casi de manera literal!) que afecta a la formación de estructuras cristalinas sobre superficies magnéticas. Esto podría explicar incluso el motivo por el que los seres vivos conocidos solo emplean una de las dos posibles imágenes especulares (izquierda o derecha) de los nucleótidos.

La principal dificultad en este momento es describir el modo en que este hermoso y puro depósito de RAO cristalina pudo transformarse en lo que necesitaban en realidad los procesos vitales, que son los componentes básicos del ARN. Ya se vio con anterioridad que la RAO reacciona de manera muy eficaz con un compuesto muy reactivo, el cianoacetileno, que básicamente es una molécula de acetileno unida a otra de cianuro. El producto de ese proceso es, en efecto, un nucleósido, un precursor de C con un tentador parecido a la versión de este que forma parte del ácido ribonucleico, pero que no es correcta del todo. Se volverá a considerar este obstáculo en concreto dentro de un momento, pero antes cabe preguntarse por el origen del cianoacetileno. La respuesta es que este podría formarse en una atmósfera reductora rica en metano, hidrógeno y amoníaco, además de cianuro (como tal, esta molécula también es abundante en las nubes de Titán, el satélite de Saturno). Sin embargo, su reactividad intrínseca hizo siempre que su posible combinación con la RAO fuera un tanto dudosa, porque no estaba claro cómo podía acumularse bastante cianoacetileno en el lugar y el momento adecuados para contribuir a la síntesis de nucleótidos. Sin embargo, recientemente, el equipo de Sutherland encontró una solución inesperada a este problema en las propiedades químicas del mismísimo cianuro. Este, en concentraciones elevadas y disuelto en su forma hidrolizada, la formamida, produce al calentarse con suavidad una cantidad notablemente alta de adenina (abreviada por su inicial A). Como ya se ha dicho con anterioridad, esta molécula es uno de los componentes básicos del ARN y del ADN y no es más que cinco cianuros unidos de cierta manera. No obstante, este no es el único producto resultante de dicha síntesis. El otro compuesto destacado consta de cuatro cianuros enlazados que forman un anillo plano del que se proyectan dos grupos CN. Esta sustancia se denota como DCI, para abreviar. Todo lo anterior no es sino un rodeo para alcanzar la solución al problema del cianoacetileno. Para sorpresa del equipo de Sutherland, los investigadores descubrieron que el DCI reaccionaba con rapidez con este último y formaban un aducto estable que, para simplificar, se denominará aquí CV-DCI. Este es un compuesto con propiedades muy interesantes que se precipita y abandona la mezcla inicial en forma de hermosos cristales planos (de nuevo, un depósito duradero de un reactivo crucial). No obstante, lo más importante es que este producto no es tan estable como para que su preciado contenido de cianoacetileno quede atrapado en una molécula inerte. Al contrario, el CV-DCI lo libera poco a poco en la disolución, donde puede reaccionar con la RAO para constituir el precursor incorrecto de C.

Llegados a este punto, parece que se han superado varios obstáculos importantes. No obstante, eso no quiere decir que se hayan acabado los problemas, porque todavía no se ha obtenido C propiamente dicha, sino una forma deshidratada de la misma, denominada anhidro-nucleósido. Para colmo de males, la base nitrogenada en esta molécula se halla por debajo del anillo del azúcar (el denominado anómero α), en lugar de estar por encima de este, como ocurre en el anómero β, que es el que se observa de manera universal en biología. De este modo, su hidratación produciría una forma incorrecta de C. Este es el mismo problema que hizo fracasar todo el empeño unos sesenta años antes, cuando el químico Leslie Orgel y sus colegas descubrieron que la radiación ultravioleta podía convertir una fracción muy pequeña de la variante errónea a la adecuada. Este resultado era muy decepcionante, porque no parecía haber manera de rescatar la RAO del callejón sin salida de la transformación en alfa-ribocitidina, pero a la vez era muy prometedor.

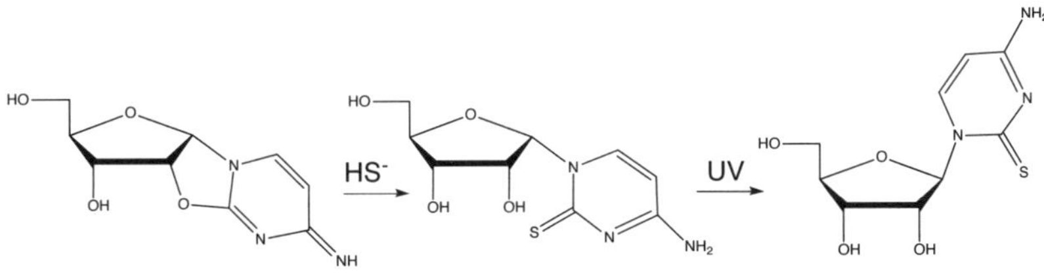

α-anhidro-citidina α-2-tiocitidina β-2-tiocitidina

La solución a este dilema permitió utilizar la propensión de la RAO a eliminar sus impurezas mediante la cristalización y vino una vez más del contexto geológico de la química prebiótica.

Ya se han mencionado algunos de los posibles cometidos del dióxido de azufre. Sin embargo, hay otro gas volcánico sulfuroso que no pasa desapercibido en las zonas con erupciones activas. Se trata del ácido sulfhídrico, de fórmula H_2S. Este es el responsable de que los huevos podridos tengan ese penetrante olor y es una de las sustancias más reconocibles y peligrosas de las liberadas por la lava o por el magma subterráneo. De hecho, uno de nosotros (Szostak) estuvo en una ocasión de vacaciones en la isla caribeña de Dominica y quiso visitar el famoso lago Boiling, en la caldera de un volcán activo. No obstante, el fuerte olor del ácido sulfhídrico era insoportable mucho antes de que el agua estuviera a la vista y se vio obligado a dar media vuelta. Aunque parezca mentira, el otro (Livio) tuvo una experiencia muy parecida en la isla de Vulcano, cerca de Sicilia. Sea como fuere, el caso es que esta sustancia, al igual que su pariente el dióxido de azufre, es soluble en agua, sobre todo si esta es algo alcalina. De este modo, las corrientes que circulan por la corteza y que entran en contacto con los gases liberados por el magma pueden cargarse del ácido, el cual puede llevar a cabo muchos procesos interesantes. Por ejemplo, es capaz de reaccionar con iones metálicos, tales como cationes ferrosos, y precipitarlos en forma de los correspondientes sulfuros (en el caso del hierro, es la pirita, de color dorado). No obstante, pueden ocurrir cosas todavía más interesantes si parte de esas sales de azufre permanece en el agua que llega a la superficie. Lo cual lleva de nuevo al punto muerto que se había alcanzado con la RAO. Como se dijo antes, esta sustancia se combina con el cianoacetileno (procedente de su lenta liberación del depósito de CV-DCI) y produce una forma incorrecta, aunque por poco, del anhidro de C. Esta presenta el problema de que el anillo de la base nitrogenada se encuentra abajo con respecto al del azúcar y no arriba, como ocurre en la versión de la biología. El caso es que, al hidrolizar este compuesto, se obtiene el anómero α de C y no hay una manera eficaz de convertirlo en la variante β, mediante el traslado de la citosina de un extremo de la molécula al otro. Pues bien, los investigadores descubrieron que los sulfuros podían atacar el precursor anhidro y generar un producto en el que uno de los átomos de oxígeno de la base nitrogenada es sustituido por uno de azufre. Podría parecer que esto constituye un retroceso, porque ahora hay dos problemas en vez de uno: el anillo sigue en la posición incorrecta y además ha sido alterado con esta nueva adición. Sin embargo, de forma casi increíble, es este átomo de azufre el que sale al rescate del proceso. Basta que incida en el conjunto una leve radiación ultravioleta para excitar a la molécula y hacer que el anillo cambie a la deseada posición superior de forma muy eficaz. Posteriormente, la continuada exposición a los rayos UV en condiciones ligeramente alcalinas provoca la eliminación del azufre, con lo que se obtiene con exactitud la forma natural del ribonucleósido. Es más, estas mismas condiciones y un proceso similar llevan a C a convertirse en U, ¡con lo que se obtienen dos de los cuatro componentes básicos y canónicos del ARN!

Para recapitular brevemente, se ha visto la manera en que el cianuro puede convertirse en azúcares simples de dos y tres carbonos, sustancias que son estabilizadas después mediante reacciones con bisulfitos (provenientes del dióxido de azufre volcánico) o con 2AT. A continuación, la cianamida reacciona con estos azúcares para formar una mezcla compleja de productos, de los cuales un isómero, RAO, cristaliza de forma espontánea y precipita de la solución, antes de acumularse en depósitos del material purificado. Una vez creados estos, reaccionan primero con el cianoacetileno (procedente de otro sedimento cristalino, en esta ocasión, de CV-DCI) y después con el ácido sulfhídrico, para formar un nucleósido con un átomo de azufre. Este se transforma y modifica su estructura (anómero) por efecto de la radiación ultravioleta. Por último, la exposición continuada a la misma en entornos acuáticos alcalinos produce una mezcla de C, correcta desde un punto de vista biológico, y U. El esquema general de esta vía se resume en la figura anterior.

Quizá el aspecto más importante de esta serie de reacciones demostradas de manera empírica sea que la investigación puntera ha propiciado la sustitución del anticuado concepto de «sopa prebiótica» por una sucesión de pasos en los que se estabilizan las sustancias intermediarias en la disolución, antes de purificarlas mediante la cristalización. Estos productos, que en esencia son minerales orgánicos, pueden acumularse con el tiempo, hasta que son destruidos o consumidos en reacciones en las siguientes etapas de la vía química.

No obstante, surge un interrogante obvio. ¿Cuál es la probabilidad de que estos pasos se produzcan en el orden correcto en la naturaleza, dadas las condiciones adecuadas, de modo que

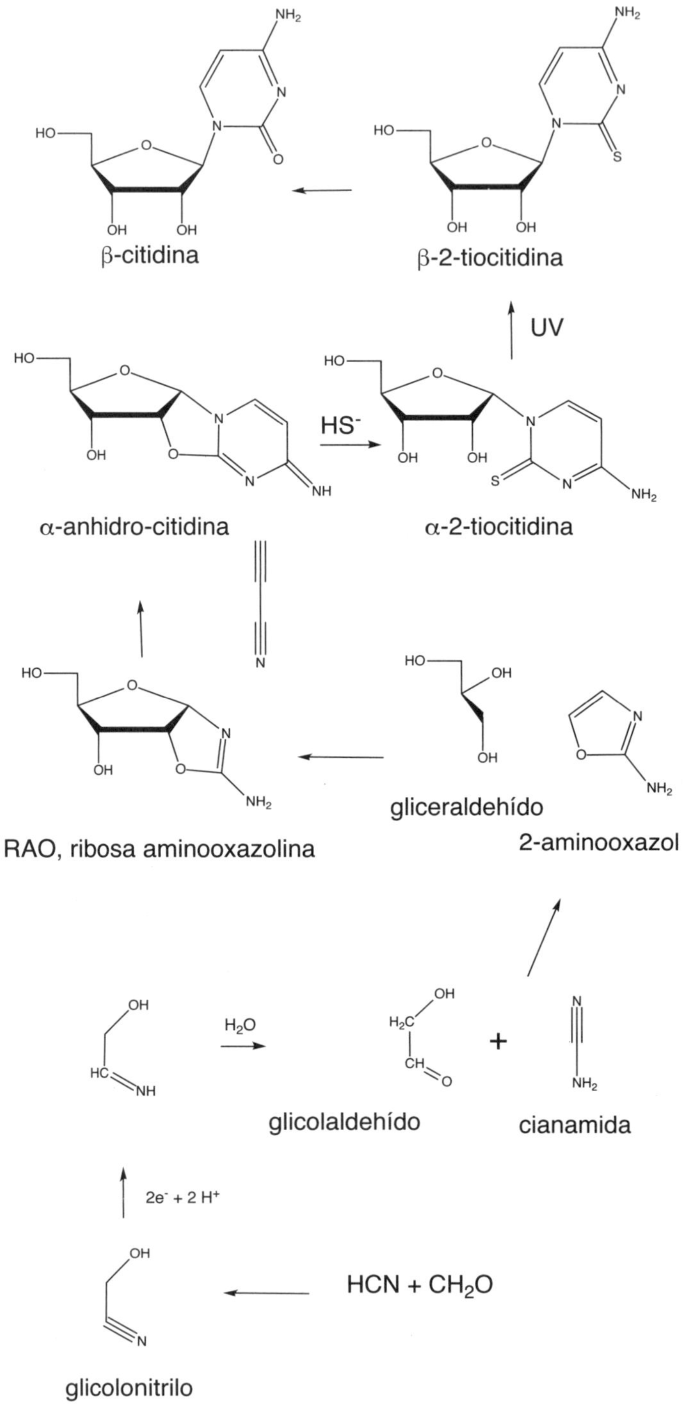
β-citidina
β-2-tiocitidina
UV
HS⁻
α-anhidro-citidina
α-2-tiocitidina
RAO, ribosa aminooxazolina
gliceraldehído
2-aminooxazol
H_2O
glicolaldehído
+
cianamida
$2e^- + 2\ H^+$
HCN + CH_2O
glicolonitrilo

aparezcan los componentes básicos de la biología? Esta cuestión es muy difícil (si no imposible) de responder solo a partir de la química. Es posible que el aspecto más complicado (es decir, en el que el progreso es más lento) de toda esta cuestión sea reunir los ingredientes necesarios para los procesos vitales en el orden correcto, una vez que estos se han sintetizado y acumulado en depósitos. A la hora de responder a esta pregunta, la búsqueda astronómica de formas de vida extraterrestre podría aportar algunas claves, por ejemplo, si se lograse demostrar que este tipo de fenómenos son habituales en la galaxia.

Sintetizar dos de los cuatro nucleósidos del ARN no es lo único necesario para la formación de una protocélula viva, ni mucho menos. El éxito a la hora de producir C y U (los nucleósidos de las *bases pirimidínicas*) lleva a preguntarse por sus equivalentes *púricos*, A y G. A este respecto, se han explorado muchas ideas novedosas, pero aún no se vislumbra una respuesta clara. Otro aspecto crucial es la unión de los fosfatos a los nucleósidos, para generar los nucleótidos que constituyen los verdaderos eslabones de la cadena de ácido ribonucleico. Este es otro frente en el que parece que los avances están al caer. El principal problema en este asunto es la adición del fosfato al nucleósido (un proceso que se denomina fosforilación) en el lugar adecuado. Ello se debe a la presencia de tres grupos hidroxilo (OH) en la ribosa y al hecho de que en teoría cualquiera de ellos podría fosforilarse. La mayoría de los mecanismos para producir este efecto son demasiado burdos y poco específicos, lo que significa que añaden el fosfato en cualquiera de estas posiciones o incluso en todas ellas. De este modo, el resultado es una mezcla de compuestos. Por el contrario, los nucleótidos que forman el ARN y el ADN en la biología siempre utilizan un hidroxilo concreto (el que sobresale por encima del azúcar y queda más lejos de este). Para colmo de males, parece que lo más sencillo desde el punto de vista químico es recurrir a cualquiera de las otras dos posibilidades. En este caso, se dice que el añadido provoca una ciclización y que genera un fosfato cíclico. Resulta bastante enigmático que este sea el mismo compuesto obtenido de la hidrólisis del ácido ribonucleico. Una posibilidad es que los nucleótidos, o cadenas cortas de estos, con un fosfato cíclico en su extremo sean los verdaderos componentes básicos del ARN primordial y que la peculiar fosforilación que se observa hoy en día en la biología sea una «creación» posterior de la evolución. Una propuesta así sería consistente con el hecho de que tales fragmentos puedan unirse conforme a una plantilla (en la que una cadena sirve de modelo para otra) para generar trozos más largos.

Por otro lado, la lentitud con la que se producen estas reacciones de ensamblaje y su bajo rendimiento podrían interpretarse también como pruebas de que el proceso es irrelevante de cara a la síntesis del ARN. No cabe duda de que la copia según una plantilla por parte de nucleótidos (o cadenas cortas) es mucho más rápida y eficaz si estos cuentan con un fosfato activo en la ubicación correcta. Un intento temprano de forzar a la fosforilación a producirse en la localización adecuada implicaba la presencia de un borato (una sal del ácido bórico), el cual formaba un complejo con los otros dos hidroxilos y evitaba así que el fosfato se dirigiera a ellos. Este mecanismo funcionaba razonablemente bien, pero la posibilidad de que hubiera suficiente borato en el entorno natural de la Tierra primigenia, en el que surgieron los nucleótidos, fue objeto de controversias. A día de hoy, no se sabe si se hallará otro mecanismo para que todo esto se produzca de forma menos tosca y más específica. Sin embargo, no cabe duda de que la búsqueda de una vía así es una prioridad en este campo.

Como se ha visto, la producción de los componentes básicos del ARN en el laboratorio se enfrentó a muchos retos. No obstante, la reflexión cuidadosa e imaginativa, unida a una investigación empírica exhaustiva, lograron superar muchos de esos obstáculos (no todos). Pero estos avances son solo el principio. Hay que lograr la síntesis experimental de muchos otros componentes celulares antes de poder decir que se comprende la aparición de la vida.

Apéndice

Estructuras y reacciones químicas

Este apéndice consiste en una serie de diagramas que ilustran el modo en que los componentes básicos del ARN pueden sintetizarse a partir de materias primas más sencillas, tal y como se describe en el texto.

Cómo «leer» los diagramas de la química orgánica

Por convención, la estructura de las moléculas orgánicas se dibuja en un formato esquemático que puede resultar confuso al principio. Sin embargo, las reglas de este sistema son bastante sencillas. Cada línea representa una unión entre partículas adyacentes: un solo trazo para un enlace simple, dos para uno doble y tres para uno triple. Esto es bastante obvio. Un poco menos evidente es la norma según la cual los átomos de carbono no se suelen indicar de manera explícita mediante una C. En vez de esto, se supone que hay uno en todos los puntos en los que convergen dos rectas. Por lo que respecta a los de hidrógeno, el sistema ni siquiera se molesta en señalarlos. No obstante, eso no constituye un problema, porque es posible deducir su posición con solo saber que el carbono siempre forma cuatro enlaces. Por ejemplo, el vértice entre una raya simple y una doble representa un átomo de carbono con las tres uniones dibujadas, mientras que la cuarta, faltante, correspondería a un hidrógeno implícito. En ocasiones, este método puede tener dificultades añadidas, como ocurre con la estructura del cianoacetileno, ilustrada en la primera figura. Esta molécula se muestra con una forma lineal, porque es así en realidad. Se pueden observar dos enlaces triples: el primero de ellos está en el extremo superior y corresponde a la parte «ciano», un carbono unido a un nitrógeno, mientras que el otro se halla en el inferior y constituye el «acetileno», con dos carbonos. Ambas mitades están ligadas por una línea simple. De este modo, los dos átomos de C del centro de la molécula no se representan de manera explícita, sino que se deducen a partir de la convergencia de trazos triples y simples.

1. Síntesis de la base nitrogenada C, o citosina

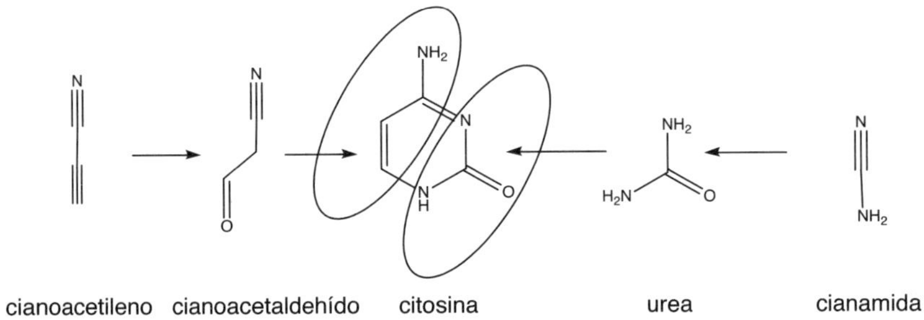

Las dos moléculas de partida, una de cianoacetileno y otra de cianamida, aparecen representadas a izquierda y derecha respectivamente y están compuestas de carbono, nitrógeno e hidrógeno. Ambas reaccionan con agua para formar derivados hidratados: cianoacetaldehído a la izquierda y urea a la derecha. Estas dos sustancias pueden unirse a su vez y formar citosina, la citidina correspondiente a la base nitrogenada. En este sentido, el óvalo superior izquierdo rodea los átomos procedentes del cianoacetaldehído, mientras que el otro lo hace con los de la urea.

2. Síntesis de la RAO

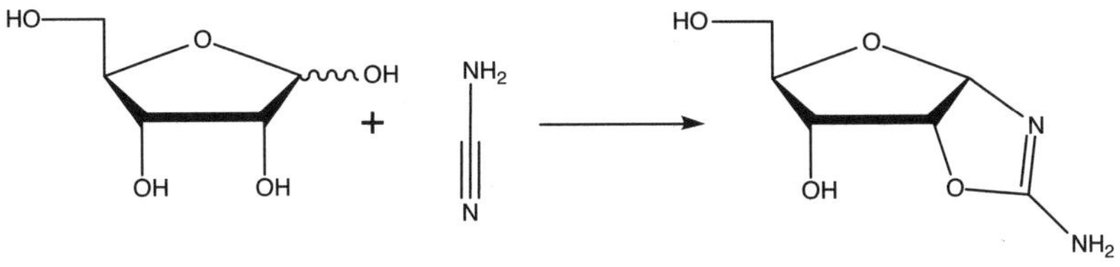

El azúcar ribosa reacciona con la cianamida para formar un intermediario fundamental en la síntesis de nucleótidos: la RAO, o ribosa aminooxazolina.

3. Síntesis de la alfa-citidina

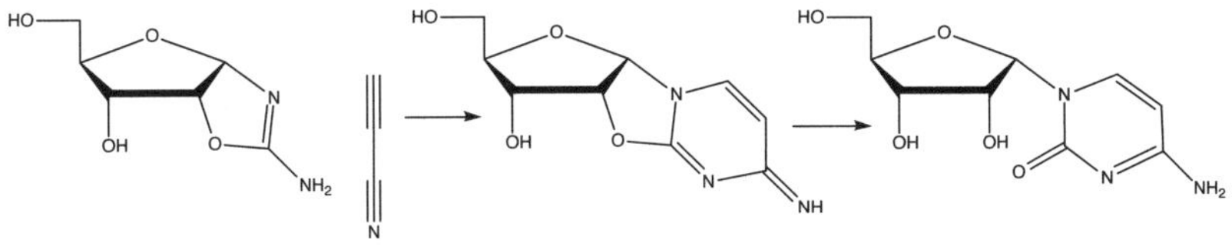

La RAO (extremo izquierdo) reacciona con el cianoacetileno (a su derecha) para producir alfa-anhidro-citidina (centro), la cual se hidroliza y forma el anómero α de la citidina (extremo derecho).

4. Síntesis del 2-aminooxazol

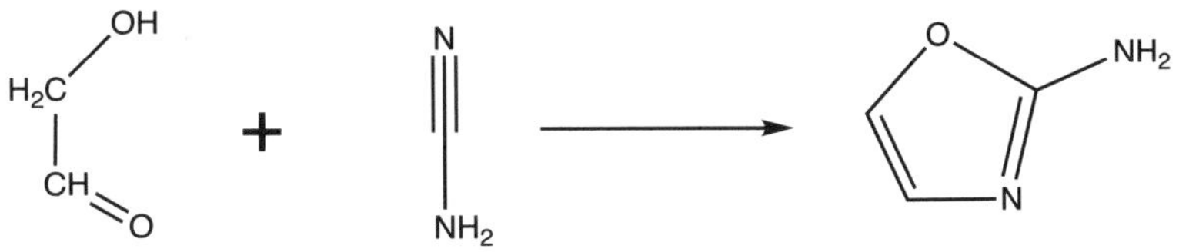

Glicolaldehído + cianamida producen 2-aminooxazol

5. Una manera diferente de sintetizar RAO

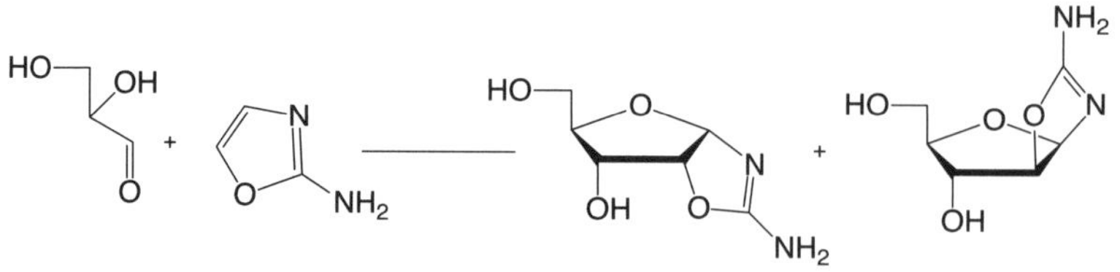

Gliceraldehído + 2AO producen RAO y AAO, junto con otros isómeros que no se muestran.

6. Una manera de obtener ribocitidina a partir de aracitidina

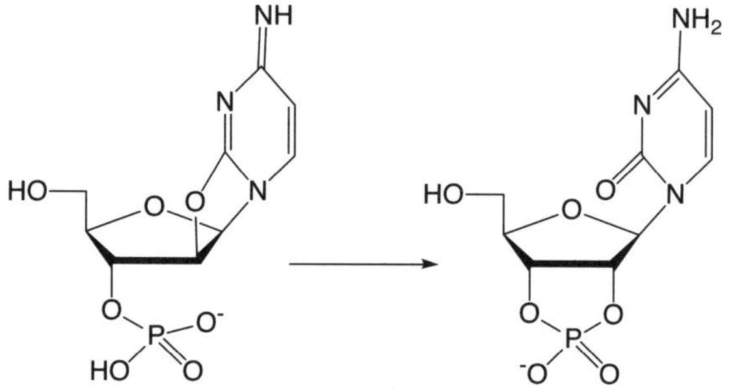

La forma anhidro de la aracitidina, con un fosfato en 3'-OH, se transforma en ribocitidina con un fosfato cíclico en 2' y 3'.

7. Síntesis del glicolonitrilo

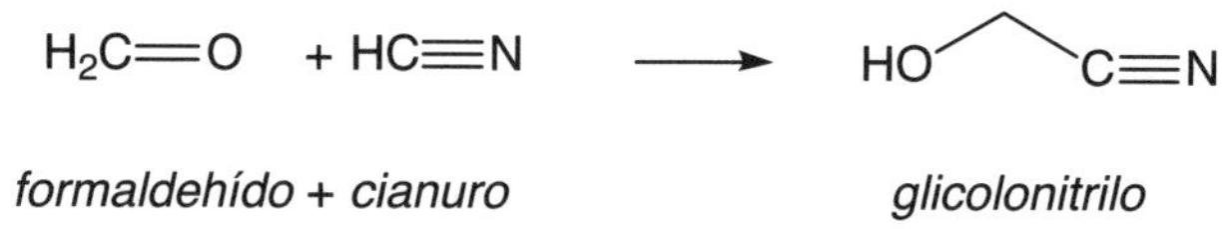

Dos moléculas iniciales, una de formaldehído y otra de cianuro, reaccionan entre sí para formar glicolonitrilo. Durante muchos años se pensó que esta sustancia, que es relativamente inerte, conducía a un callejón sin salida, por lo que había que evitar su aparición a toda costa.

8. Transformación del glicolonitrilo en el azúcar más simple que existe, el glicolaldehído

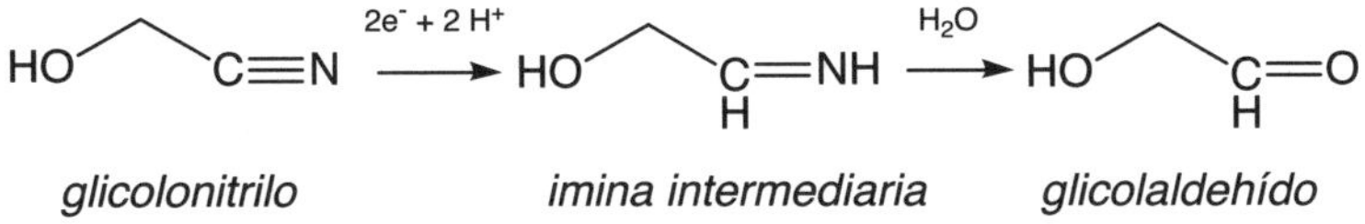

9. Isomerización del gliceraldehído en dihidroxiacetona

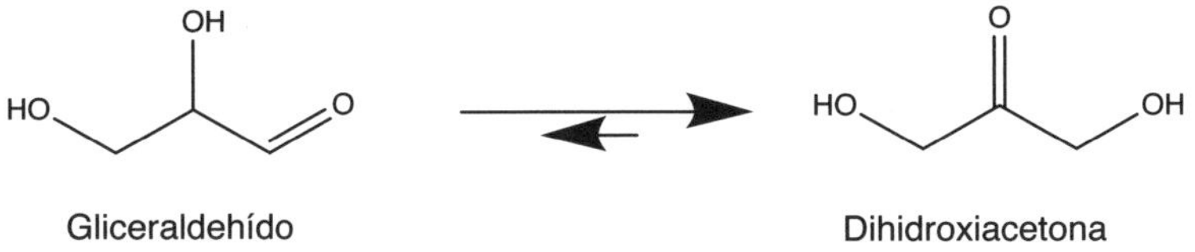

10. 2AO y sus parientes más próximos, 2AT y 2AI

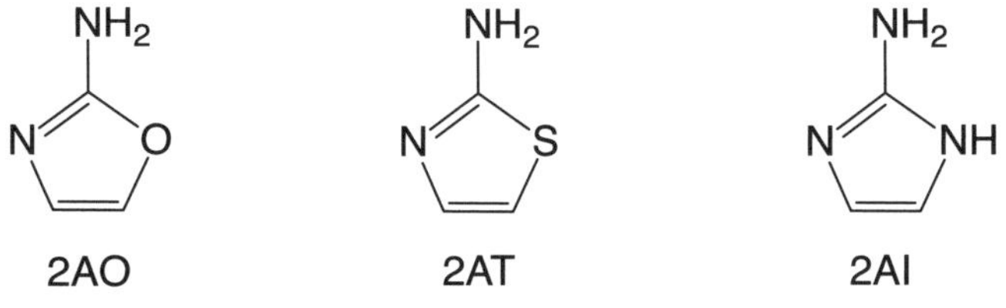

2AO es 2-aminooxazol. Un azol es un anillo de cinco átomos, uno de los cuales es un nitrógeno (la raíz *aza* se refiere a este elemento).

De manera análoga, oxazol indica una estructura cíclica similar que contiene nitrógeno y un oxígeno, de ahí el nombre.

2AT es 2-aminotiazol, donde esta última palabra señala que el anillo incluye un átomo de nitrógeno y uno de azufre (*thia*), de ahí el nombre.

11. Síntesis de CV-DCI

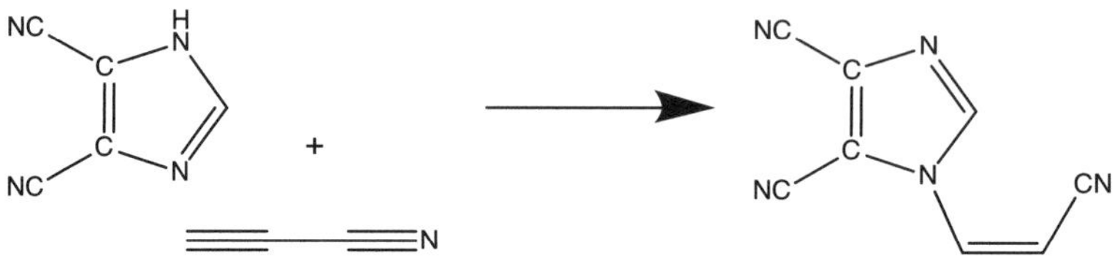

El dicianoimidazol y el cianoacetileno se unen y forman el aducto CV-DCI, también conocido como cianovinilo-dicianoimidazol. Este cristaliza en forma de láminas planas y se puede considerar que constituye un depósito estable de cianoacetileno.

4

El origen de la vida. Aminoácidos y péptidos

> Una de las generalizaciones más llamativas de la bioquímica (que, de manera sorprendente, apenas se menciona en los libros de texto de esta materia) es que los veinte aminoácidos y las cuatro bases nitrogenadas sean, salvo pequeñas excepciones, los mismos en toda la naturaleza.
>
> FRANCIS CRICK, Conferencia de aceptación del premio Nobel

Todo intento de desentrañar el origen de los seres vivos en la Tierra pasa por identificar una vía química que resulte en la síntesis de proteínas. Las propiedades enzimáticas de este tipo de moléculas sirven para catalizar la gran variedad de procesos metabólicos necesarios para la construcción de los distintos constituyentes de las nuevas células. Por otro lado, la forma de estas y otros aspectos dinámicos del funcionamiento celular, como el movimiento y la reproducción, están controlados por sustancias de esta clase, unidas para formar fibras. Todas las proteínas son el resultado del complejo mecanismo de la *traducción*, en el que un dispositivo llamado ribosoma convierte la información que le llega a través del ARN mensajero, que consiste en cadenas muy largas de nucleótidos, en series ordenadas de aminoácidos. En esta tarea interviene el código genético, que relaciona la secuencia de los codones del ácido ribonucleico con el ordenamiento de los componentes básicos proteicos. El proceso es demasiado complicado como para haber funcionado así durante las primeras etapas de la vida, pero sus semillas deben de haber dejado alguna huella en la síntesis de los aminoácidos, en las reacciones que dan lugar a la producción de péptidos (cadenas cortas de estos) y, en última instancia, en la deslumbrante química que los une a las diferentes formas de ARN. Regresemos, pues, al principio para considerar las rutas que podrían conducir a estas moléculas.

Para empezar, analicemos un famoso e innovador experimento, de cuyos detalles se puede extraer mucha información acerca de vías realistas para la síntesis de aminoácidos en la Tierra primigenia. En 1952, el químico Stanley Miller (que por aquel entonces cursaba la carrera), bajo la supervisión del nobel Harold Urey, diseñó un experimento en la Universidad de Chicago con la intención de investigar las condiciones que se creían imperantes en nuestro planeta cuando este era joven. En su ensayo, hacía pasar una chispa eléctrica a través de una «atmósfera» artificial de hidrógeno, metano, amoníaco y agua y, al hacerlo así, obtuvo dos aminoácidos. Este descubrimiento fue considerado revolucionario en su momento. El hecho de que unos compuestos tan cruciales para todos los seres vivos (pues constituyen los componentes básicos fundamentales de las proteínas) pudieran fabricarse de una forma tan sencilla supuso una enorme sorpresa para el mundo de la química y dio pie a décadas de investigación posterior. Por cierto, Urey tuvo la generosidad de ceder a Miller todo el mérito del experimento. Se suele decir que la investigación de Miller-Urey constituye una demostración de la síntesis de aminoácidos, pero eso no es del todo correcto. En realidad, los productos generados en este caso fueron los denominados alfa-aminonitrilos, unos parientes cercanos de los alfa-aminoácidos (de los que difieren solo en que tienen lo que se conoce como un nitrilo unido al átomo de carbono central, en lugar del grupo carboxilo, de carácter ácido). En sí mismo, esto no es problema, ya que los primeros se hidrolizan lentamente en presencia de agua y se transforman en carboxilatos (compuestos con un carboxilo). Este proceso se ve acelerado en gran medida por ácidos fuertes, que es lo que Miller utilizó para obtener los aminoácidos a partir de sus precursores nitrilos. También los iones sulfuro, muy abundantes en zonas volcánicas, tienen este efecto, mediante un intermediario más reactivo. Esto significa que la conversión de alfa-aminonitrilos en los componentes básicos de las proteínas es algo que cabe esperar en la Tierra primigenia, a un ritmo u otro, dependiendo del entorno en concreto.

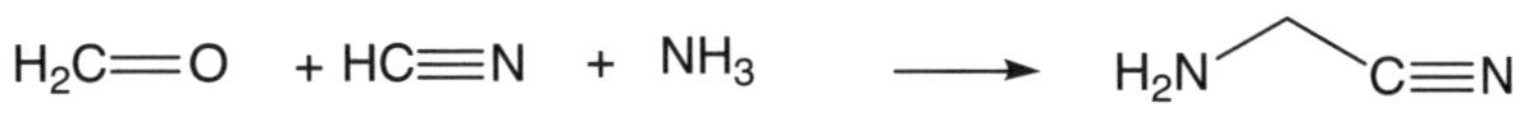

formaldehído + cianuro + ammonia *nitrilo de glicina*

La conclusión de todo esto es que si se quiere entender la manera en que se pueden sintetizar los aminoácidos, lo que hay que comprender en realidad es el modo de producir alfa-aminonitrilos y la forma más sencilla de hacerlo fue descubierta a mediados del siglo XIX por el químico alemán Adolph Strecker. Este demostró que al mezclar aldehídos (moléculas con un grupo C=O) con cianuro y amoníaco se obtienen las sustancias buscadas. Este procedimiento, más conocido como síntesis de Strecker, es bastante habitual y se emplea a menudo. Lo importante a este respecto es que enseguida se puede reconocer un vínculo entre la producción de los precursores de los aminoácidos y la de los nucleótidos, ya que ambos procesos implican combinaciones de aldehídos con cianuro.

Como se ha visto con anterioridad, cuando este último ataca a un aldehído en un medio acuoso se obtiene una cianohidrina. Después, la reducción del grupo -CN (por ejemplo, mediante electrones solvatados) a otro aldehído genera un azúcar, los más simples de los cuales pueden dar pie a la síntesis de nucleótidos. Por otro lado, hay una variante de este mecanismo en la cual la primera reacción se produce en presencia de amoníaco. De este modo, resulta un alfa-aminonitrilo, cuya hidrólisis desemboca en un aminoácido. Más concretamente, la mezcla de formaldehído, cianuro y amoníaco genera nitrilo de glicina, correspondiente a la *glicina*, uno de los integrantes de las proteínas. La sorprendente conexión entre las síntesis de nucleótidos y de aminoácidos es una prueba de gran importancia de que los componentes básicos de la biología ¡pudieron aparecer todos a la vez, en entornos similares y tal vez cercanos!

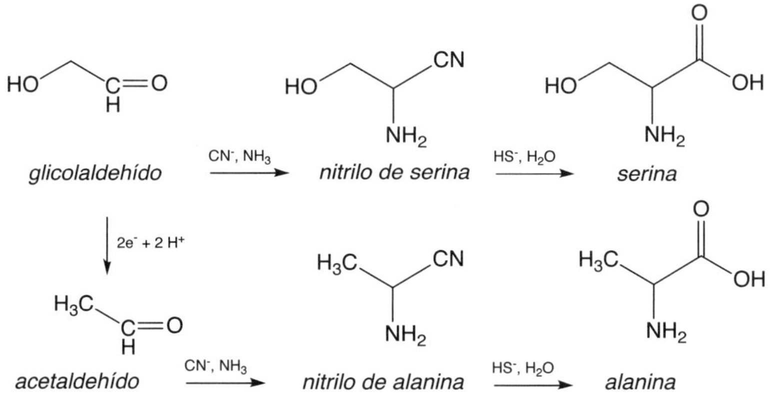

Una vez que se han podido trazar los orígenes químicos de los aminoácidos, pasando por los alfa-aminonitrilos hasta llegar a los aldehídos, es posible reformular la búsqueda de rutas prebióticas que desemboquen en los componentes de las proteínas y sustituirlas por la de sus correspondientes materias primas. En los casos más sencillos, esto es bastante fácil de hacer. Por ejemplo, el aldehído que se genera con más facilidad (y, por tanto, el que tiene mayor probabilidad de ser el más abundante) es el que cuenta con un solo átomo de carbono, el formaldehído. Como ya se ha visto antes, este reacciona con el cianuro y da lugar a la cianohidrina menos compleja de todas, el glicolonitrilo. En presencia de amoníaco, se forma nitrilo de glicina, el cual a su vez se hidroliza y da lugar al más sencillo de los aminoácidos, la glicina.

Como nota etimológica significativa, cabe destacar que el prefijo gli- en todas estas palabras compuestas procede del término griego *glykos*, que significa dulce, y se refiere al sabor de la glicina. Dado que esta molécula es el aminoácido más sencillo, cabría esperar que también fuera el más abundante en el medio prebiótico. No obstante, por sí sola no es suficiente para dar lugar a los péptidos más relevantes. En este sentido, es fácil ver el modo en que surgieron los siguientes aminoácidos en orden de complejidad, la *serina* y la *alanina*. La primera es un derivado directo del glicolaldehído, el azúcar de dos átomos de carbono que ya apareció en el capítulo anterior, mediante la misma síntesis de Strecker, es decir, una reacción con cianuro y amoníaco, seguida de la hidrólisis del nitrilo a un grupo de ácido carboxílico. La alanina requiere un paso adicional, ya que implica la reducción del glicolaldehído a acetaldehído. Esta etapa implica la sustitución del grupo hidroxilo (compuesto por un átomo de oxígeno unido a otro de hidrógeno) en la sustancia original por un H. Cabe destacar que esta reacción está regida exactamente por la misma química que la transformación de un nitrilo en un aldehído. En ambos casos, los electrones solvatados resultantes de la incidencia de la radiación ultravioleta sobre el ferrocianuro (tal y como se explicó en el capítulo anterior) actúan como potentes agentes reductores y ponen en marcha procesos análogos. Sea como fuere, una vez que se ha obtenido acetaldehído de esta forma, la misma síntesis de Strecker resulta en la producción de la alanina, un aminoácido muy habitual.

Hasta el momento, se ha considerado el modo en que los tres componentes más sencillos de las proteínas pueden obtenerse a partir de los mismos compuestos que generan los nucleótidos. Ha llegado el momento de pasar a los dos siguientes, que son ligeramente más grandes y complejos: la *treonina* y la *valina*. Para llegar a estas sustancias y a otros aminoácidos de estructura más enrevesada, es necesario realizar en repetidas ocasiones los mismos pequeños conjuntos de reacciones. El gran número de compuestos con nombres impronunciables puede resultar intimidante, pero no hay que perder de vista que los principios involucrados son muy simples. El comienzo de la vía implica siempre el ataque del cianuro sobre un aldehído en un medio acuoso, para generar una cianohidrina, una molécula de mayor tamaño. Si este mismo proceso se realiza en presencia de amoníaco, el resultado es un alfa-aminonitrilo.

El segundo conjunto de reacciones consiste en las reducciones que realizan los electrones solvatados, incluida la de un nitrilo -CN a un aldehído (a través de un intermediario) y la de un grupo -OH a un -H. La tercera tanda pasa por la actuación de un ion de ácido sulfhídrico (HS-) sobre un grupo nitrilo para dar lugar a una parte de la molécula que puede hidrolizarse y producir un carboxilato o reducirse de nuevo y generar un aldehído. Con estos tres tipos de reacciones, que son procesos muy básicos, es posible generar con facilidad tanto treonina como valina. Para llegar a la primera, se puede partir del mismo acetaldehído empleado para obtener alanina mediante la síntesis de Strecker, con la única salvedad de que en esta ocasión se permite que el acetaldehído reaccione con el cianuro para producir una nueva cianohidrina, cuyo nitrilo se reduce y forma un nuevo aldehído. A continuación, es posible repetir el ciclo con cianuro y, si se hace en presencia de amoníaco, se genera un nuevo alfa-aminonitrilo, que es el precursor directo de la treonina.

La valina puede obtenerse de una manera muy similar, pero con una diferencia muy interesante. En este caso, se parte del gliceraldehído, el azúcar de tres átomos de carbono que es un ingrediente crucial en la síntesis de nucleótidos. Cabe recordar que esta sustancia es inestable y se isomeriza de manera espontánea en una cetona, en la que el átomo de carbono que tiene un doble enlace con un oxígeno se sitúa en el centro de la molécula y no en su extremo. Para poder usar este producto en la fabricación de los eslabones de ARN, había que evitar ese proceso de isomerización o revertirlo en caso de suceder. Pues bien, a la hora de producir valina, es fundamental que tenga lugar esta transformación. En efecto, el isómero en cuestión tiene dos grupos hidroxilo, uno en cada carbono en los extremos de la cadena. Estos pueden ser sustituidos por átomos de hidrógeno, con lo que se genera *acetona* (un compuesto que suele emplearse como disolvente en el quitaesmalte). Esta sustancia es la que puede utilizarse para generar valina, ya que su reacción inicial con cianuro da lugar a una nueva cianohidrina, seguida por la reducción del hidroxilo a hidrógeno y por otra del nitrilo a otro aldehído, que es el precursor directo del aminoácido en cuestión mediante la síntesis de Strecker.

Al considerar la formación de aminoácidos cada vez más grandes y complejos, se percibe cada vez más la conexión existente entre estos y los nucleótidos. Un ejemplo especialmente llamativo de ello se encuentra en las vías que conducen a la *asparagina*, a la *glutamina* y a los *ácidos aspártico y glutámico.*

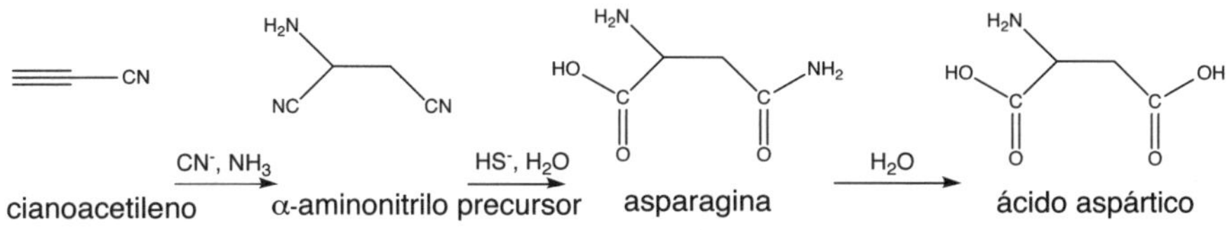

Estos cuatro aminoácidos pueden generarse a partir del cianoacetileno, que es precisamente la misma materia prima inicial empleada en la síntesis de las bases nitrogenadas correspondientes a los nucleósidos C y U. En ese caso, esta sustancia se liberaba poco a poco de los depósitos cristalinos de CV-DCI y reaccionaba con la RAO para generar una forma anhidra del objetivo final de la vía. No obstante, en un medio rico en cianuro y amoníaco, el cianoacetileno puede formar el alfa-aminonitrilo precursor de la asparagina y del ácido aspártico. Este intermediario contiene dos grupos nitrilo. Uno de ellos se halla junto al amino, que se hidroliza para dar un carboxilato, mientras que el otro está ubicado en el extremo opuesto de la molécula. Si este experimenta una hidrólisis parcial, se obtiene asparagina, mientras que una hidratación adicional, para dar un segundo carboxilato, genera el ácido aspártico. Es más, la estructura de átomos de carbono subyacente puede ampliarse mediante la reducción de un nitrilo a un aldehído, seguida de la ya habitual reacción con el cianuro. De este modo, se obtiene el precursor de la glutamina, que tiene un carbono más. A partir de este, y tras la correspondiente hidrólisis, se produce ácido glutámico.

Si la síntesis de estos dos últimos aminoácidos no era ya bastante complicada de por sí, existen otras dos vías similares, pero más largas, que llevan a otros dos compuestos de la familia: la *prolina* y la *arginina*. Estas sustancias son interesantes porque desempeñan papeles importantes y muy diferentes en la estructura de péptidos y proteínas. Además, la primera de ellas es el único aminoácido biológico que tiene forma de anillo.

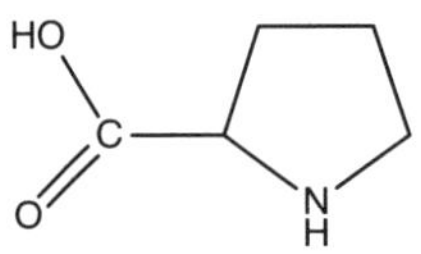

prolina

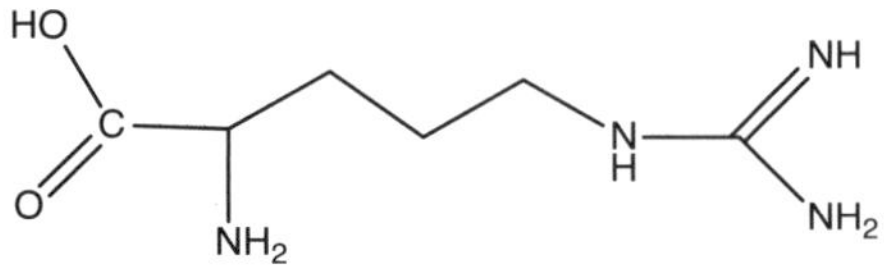

arginina

Por ello, produce una curvatura o un pliegue en la estructura de los péptidos e interrumpe la serie de formas canónicas que se observa en las proteínas, como en el caso de la famosa hélice alfa, descubierta por el nobel de Química Linus Pauling. En cambio, la arginina presenta una carga positiva en su cadena lateral, por lo que puede interactuar con fuerza con moléculas de polaridad negativa, como el ARN. A primera vista, la prolina y la arginina tienen aspectos muy diferentes. Sin embargo, comparten un precursor en el inicio de las vías por las que son sintetizadas y su temprana divergencia de las rutas que conducen a los aminoácidos con carga negativa o ácidos. El cianuro y el acetileno se pueden unir para dar cianoacetileno, pero también pueden hacerlo de forma diferente, para generar un compuesto llamado *acrilonitrilo* (en términos técnicos, uno es un proceso oxidativo y el otro reductivo). Por lo general, la transformación de esta última sustancia en prolina y arginina sigue el mismo patrón que los procesos descritos en el caso de los otros aminoácidos. No obstante, ambas rutas incluyen algunos pasos singulares, tales como la reacción que da lugar al grupo de carga positiva en la cadena que se convertirá en última instancia en la arginina. Por el contrario, en el caso de la prolina, la vía implica la generación temprana de su anillo, seguida por una serie de reacciones más habituales.

Hasta el momento, se ha visto que es posible generar once de los veinte aminoácidos que emplean los seres vivos terrestres a partir de la misma serie de reacciones que producen al menos dos de los cuatro nucleótidos constituyentes del ARN (la denominada química fotorreductora cianosulfídica). Es natural preguntarse por lo que ocurre con los restantes nueve. Se cree que algunos de ellos, como los aminoácidos aromáticos (la *fenilalanina*, la *tirosina* y el *triptófano*), son adiciones tardías al código genético, en cierta medida porque no existe una ruta prebiótica obvia para su formación. En este sentido, es posible que estas moléculas surgieran durante la evolución del metabolismo celular y que luego fueran aprovechadas para la síntesis de proteínas. Sin embargo, es posible que este punto de vista cambie en el futuro, con el descubrimiento de nuevos procesos prebióticos. Por ejemplo, la *cisteína*, un aminoácido relativamente inestable, carecía de vías prebióticas plausibles para su síntesis hasta hace poco, cuando se descubrió que era posible obtenerla a partir de un alfa-aminonitrilo precursor de otro aminoácido relacionado con ella, llamado *serina*, mediante tres pasos adicionales.

Para resumir brevemente lo esencial de todo lo descrito en los tres últimos capítulos: en primer lugar, se ha visto que una serie de cambios de paradigma, motivados en gran medida por la reflexión acerca del medio geológico en la Tierra primigenia, condujeron al descubrimiento de vías químicas adecuadas para la producción de muchos (aunque no todos) de los componentes básicos cruciales de la biología. Cabe destacar que estas rutas producían grandes cantidades de un conjunto limitado de productos relevantes, a diferencia de propuestas anteriores, que daban lugar a numerosos compuestos, pero a volúmenes insignificantes de las materias primas necesarias para la biología. No obstante, ni siquiera estas «nuevas» cadenas de reacciones, relativamente eficaces, eran capaces de generar moléculas complejas, como los nucleótidos, a partir de una única sopa prebiótica. En efecto, el anticuado concepto de caldo primigenio ha sido abandonado y sustituido por la repetida acumulación de intermediarios, que precipitan o cristalizan, y por secuencias breves de reacciones que llevan de uno a otro. Lo más importante es que ha quedado demostrado que tanto la formación de estos depósitos como las etapas que conectan las moléculas intermediarias son procesos que pudieron tener lugar en la superficie de la Tierra primigenia. *Parece que el paso más difícil y, por lo tanto, lento, a la hora de sintetizar los componentes básicos de los procesos vitales no se encuentra en la química en sí, sino en la aparentemente baja probabilidad de que se produzcan las condiciones medioambientales necesarias, en el lugar y en el momento oportunos. Solo de este modo pueden formarse los depósitos imprescindibles para este mecanismo sin ser destruidos, antes de poder dar paso a la siguiente transformación, hasta que por fin se ha dispuesto el escenario para la aparición de las primeras células.*

5

El origen de la vida. La senda hacia la protocélula

La célula se considera el verdadero átomo biológico.

GEORGE HENRY LEWES,
La fisiología de la vida común

Todos los seres vivos en la Tierra están hechos de células. Los organismos de mayor tamaño, como los seres humanos, constamos de billones de ellas, mientras que los más pequeños, como las bacterias o las levaduras, tienen solo una o un conjunto muy reducido. En cierto sentido, ellas son los átomos de la vida, ya que esta última se propaga a través de su crecimiento y su posterior división. Por lo tanto, al echar la vista atrás, debe de haber existido un primer ejemplar de las mismas y cabe preguntarse por su aspecto, su estructura y su composición química. Para comprender su aparición, es necesario saber el modo en que surgió esta primera célula a partir de los productos inanimados presentes en la superficie de la Tierra primigenia, así como el tipo de entorno en que se produjo este acontecimiento y con qué fuentes de energía. Puede resultar sorprendente que este problema del autoensamblaje sea en sí mismo bastante sencillo y que el verdadero reto resida en entender la manera en que este primer organismo, de una sencillez pasmosa, carente de la maquinaria bioquímica resultante de la evolución, pudo crecer y multiplicarse para dar lugar a una progenie cada vez más numerosa. No obstante, antes de pasar a considerar estas cuestiones, hay que preguntarse la razón por la que la biología empezó con la formación de una simple célula. En otras palabras, es necesario identificar con claridad las características de la organización celular que hacen que esta sea tan importante.

En este sentido, un aspecto esencial de su estructura es que constituye un compartimento cerrado, un conjunto físicamente localizado de moléculas separadas de algún modo del entorno. Desde un principio, es fácil ver el motivo por el que esto resulta fundamental. Al fin y al cabo, nosotros mismos somos individuos y no querríamos que nuestras partes constituyentes se dispersaran y se alejaran flotando por el medio ambiente. Lo mismo ocurre con los organismos unicelulares, como las bacterias y las primeras criaturas vivas, para las que era imprescindible evitar una disgregación de este tipo. Sin embargo, la importancia de la célula en tanto que átomo biológico responde a una razón más sutil y fundamental y es que *la localización espacial es un requisito para la evolución darwiniana*, es decir, para el desarrollo de todas las formas de vida que hay a nuestro alrededor. Para comprobar que este es el caso, basta considerar una molécula de ARN primordial, dotada, en virtud de la secuencia de sus componentes, de la capacidad de catalizar algún tipo de proceso metabólico. Por ejemplo, supongamos que esta actividad consiste en la síntesis de nucleótidos, imprescindibles para hacer copias del ácido ribonucleico inicial. Supongamos además que durante esta replicación se produce algún error, de modo que la descendencia de esa primera cadena es una versión mutante del original. Estas variaciones podrían catalizar el proceso anterior con más eficacia que la ribozima de partida. Si todo esto sucediese en moléculas que flotan con libertad en el entorno, el resultado de esta sucesión de acontecimientos se diseminaría en el medio y es posible que ayudase a otras secuencias de ARN, necesitadas de nucleótidos para su propia replicación. En última instancia, la cadena mutada no saldría beneficiada de su superior capacidad catalítica. Supongamos ahora la situación opuesta, en la cual el punto de partida reside en el interior de algún tipo de compartimento cerrado, mientras que hay otras secuencias de ácido ribonucleico en sus respectivos espacios separados. En una situación así, una mutación como la indicada sí podría sacar partido a la modificación, ya que sus productos, nucleótidos en este caso, permanecerían dentro del mismo recinto. De este modo, podrían contribuir a la replicación de la nueva versión del ARN, pero no de las otras, lo que otorga a la primera una ventaja competitiva respecto a estas.

Este argumento a favor de la compartimentación es válido para casi todas las mutaciones. Otro ejemplo puede ser una molécula de ácido ribonucleico que actúe como una ARN polimerasa y que ayude a replicar su propia secuencia. Esto no es tan descabellado como puede parecer a primera vista, ya que se han desarrollado instancias así en experimentos de laboratorio. Como ya se observó en el capítulo 2, una sustancia con esta capacidad se denomina ARN replicasa y se cree que fue fundamental en la evolución primordial de los seres vivos. Además, en este caso hay que tener en cuenta que el ARN debe plegarse de una manera concreta en tres dimensiones para poder actuar como un catalizador, al igual que las proteínas. A la inversa, a la hora de replicarse tiene que poder desplegarse, de modo que la sustancia que realiza el duplicado pueda recorrer su secuencia lineal durante el proceso, es decir, para que el ARN se reproduzca, es necesario que haya dos cadenas idénticas (o complementarias). Una de ellas debe desplegarse para actuar como plantilla de la copia, mientras que la otra permanece plegada y sirve como enzima del proceso. De manera inmediata, este requisito pone de manifiesto la necesidad de la compartimentación, ya que de no existir esta de alguna forma, las dos moléculas de ácido ribonucleico se alejarían la una de la otra y la duplicación sería un fenómeno muy infrecuente o inexistente por completo. Imaginemos ahora una ARN polimerasa que flota libremente en una solución, rodeada por una multitud de cadenas de material genético primigenio que no guardan relación alguna con ella. Es de suponer que haría duplicados sin parar de estas secuencias aleatorias. Peor aún, cualquier mutación en las copias podría dar lugar a una ribozima ARN polimerasa con una capacidad mayor de ejercer sus funciones, pero ella misma no derivaría beneficio alguno de este aumento en su actividad. Por otro lado, en el caso de una célula, cualquier variación que supusiese una ventaja en este proceso redundaría en su beneficio, ya que solo haría copias de sí misma o, al menos, de moléculas emparentadas con ella a través de un ancestro común.

Existe un tercer argumento a favor de la estructura celular de los seres vivos. Se trata de algo con un extenso fundamento empírico: la resistencia ante los parásitos. En efecto, entre los primeros ejemplos de evolución molecular experimental, se hallan los brillantes trabajos realizados en la década de 1960 por el biólogo Sol Spiegelman y su equipo de la Universidad de Illinois en Urbana-Champaign. En ellos, se utilizó una enzima proteica para replicar el genoma de ARN de un virus de las bacterias, conocido por el extraño nombre de Qβ. Este conserva la extensión completa de su material genético a lo largo de múltiples generaciones nacidas en el interior de sus huéspedes, es decir, cuando hace copias de sí mismo en compartimentos cerrados. Sin embargo, Spiegelman observó en varios ensayos que la propagación del genoma viral, que solo consta de ARN, en una solución conducía a la rápida aparición de fragmentos parasitarios de una extensión mucho menor. Como estos son más cortos que la secuencia completa, se replican a mayor velocidad que esta y en poco tiempo son dominantes en la población. El origen de estas variantes se encuentra en la reproducción del virus, cuando la enzima polimerasa omite por accidente una parte de la cadena original, con lo que da lugar a una mutación por deleción. Esto es algo que también ocurre cuando la copia se hace en el interior celular, pero en este caso las variaciones no se propagan, ya que son defectuosas. Puede parecer extraño que un virus sirva como argumento a favor del papel de la compartimentación en la defensa frente a parásitos. Sin embargo, la conclusión es evidente: la replicación del ARN en solución (es decir, no confinado en un compartimento cerrado) provoca el colapso de la población en su conjunto, a medida que los fragmentos defectuosos de la secuencia inicial, más pequeños y de replicación más rápida, sustituyen a esta. Por el contrario, las mutaciones por deleción (los parásitos en este ejemplo) que ocurren dentro de la bacteria no pueden hacerse dominantes.

Una vez que ha quedado establecida la necesidad del origen celular de los seres vivos, cabe preguntarse por el *tipo* de barreras físicas que serían adecuadas para los organismos primigenios, que aquí se denominarán protocélulas. Antes que nada, consideremos la posibilidad de utilizar la solución de la biología actual a esta cuestión como base a una respuesta prebiótica y dejemos para más adelante la identificación de posibles alternativas. En los capítulos anteriores, nos hemos centrado en el descubrimiento de vías químicas cada vez más realistas para la síntesis de nucleótidos, imprescindibles para producir el material genético de las primeras formas de vida, y de los aminoácidos más sencillos, los cuales tienen la capacidad de desempeñar funciones muy variadas. Además de estos ingredientes, otro componente fundamental de la protocélula, según el modelo de la biología actual, debió de ser la *membrana*. Hoy en día, esta consta de varias moléculas con la propiedad común de ser «anfipáticas», lo que quiere decir que un extremo se siente atraído por el agua y es hidrófilo, mientras que el opuesto es *repelido* por ella y es hidrófobo. Esta característica da lugar a la formación espontánea de bicapas, compuestas por una doble hilera de lípidos (compuestos grasos). En estas, el lado hidrófilo se orienta hacia fuera, de cara al agua circundante, mientras que el hidrófobo lo hace hacia la parte intermedia de la membrana y está aislado del medio acuoso. En la actualidad, estas sustancias son generadas en procesos metabólicos de la célula, pero ¿cómo pudieron surgir moléculas capaces de dar lugar a este tipo de barreras en la Tierra primigenia? De hecho, este es uno de los asuntos más espinosos que quedan por resolver en el campo de la química prebiótica. La clase más sencilla de sustancias que pueden formar bicapas de este tipo son los ácidos grasos, que son en esencia cadenas hidrófobas de hidrocarburos rematadas por un grupo carboxilo (un átomo de carbono unido a dos de oxígeno) de naturaleza hidrófila. Son muy sencillos desde el punto de vista estructural, pero averiguar la manera en que pudieron surgir en entornos plausibles en la Tierra primigenia es todo un reto. Los modelos considerados con mayor frecuencia en este sentido (desde su formación durante impactos de meteoritos hasta su síntesis en las profundidades del joven planeta) se han mostrado incapaces de describir un proceso que genere las elevadas concentraciones necesarias para la fabricación de membranas. En la actualidad, se investigan nuevas rutas al respecto, pero aún queda mucho por hacer para resolver este misterio.

Dado que carecemos de una respuesta clara a una pregunta tan sencilla como esta, cabe dudar de nuestra capacidad de averiguar cómo surgieron las protocélulas. Sin embargo, es posible empezar al menos con la observación de los seres vivos actuales, en los que se constata que los lípidos más comunes son un tipo de moléculas conocidas como fosfolípidos. Estos constan de dos ácidos grasos unidos a un glicerol (un alcohol que se da de forma natural) en una posición central. Este último hace gala a su vez de un fosfato, que puede enlazarse a otras sustancias orgánicas hidrófilas. Esta estructura sugiere un desarrollo evolutivo, desde las membranas primigenias, compuestas en exclusiva de ácidos grasos, y las etapas intermedias, en los que estos incorporaron un glicerol y un fosfato, hasta la configuración definitiva de fosfolípidos que se observa en la actualidad. Este paradigma conduce por lógica a un enfoque empírico que se ha demostrado muy fructífero, según el cual se generan pequeñas estructuras llenas de líquido, conocidas como vesículas, compuestas de diversos tipos de lípidos, y después se investigan sus propiedades, para ver si son adecuadas de cara a los requisitos de una protocélula, carente de toda maquinaria resultante de procesos evolutivos.

En este sentido, una de las principales diferencias entre las células actuales y sus ancestros primigenios, en tanto que compartimentos cerrados rodeados por una membrana, es que aquellas disponen de un enorme arsenal de conductos proteicos muy desarrollados que se encuentran en la propia barrera. Esto les permite transportar todo tipo de sustancias, desde agua e iones hasta nutrientes y desechos, a través de su pared externa y controlar su tránsito. Las encargadas de esta tarea son proteínas complejas, resultado de un largo proceso evolutivo, y, por lo tanto, es de suponer que no debieron de existir en los albores de la vida. En ausencia de estos canales y bombas, una bicapa de fosfolípidos constituye un obstáculo infranqueable, que dificulta el intercambio de moléculas entre el interior de la protocélula y el medio. En consecuencia, parece evidente que las barreras primigenias no pudieron tener una composición parecida a la actual, ni siquiera aunque sus ingredientes mayoritarios hubieran estado disponibles en la química prebiótica. Cabe destacar que las protocélulas, por definición, no contenían catalizadores desarrollados, como enzimas o ribozimas, por lo que no podían producir sus propios componentes básicos, como los nucleótidos, mediante procesos metabólicos internos. Este es un asunto crucial, porque implica que los constituyentes de las cadenas de ARN debieron de encontrar alguna manera de pasar del medio externo, en el que habrían sido sintetizados, al interior del organismo primigenio, donde se los necesitaba para la replicación del ácido ribonucleico. Dada la impermeabilidad de las membranas de fosfolípidos, se debe concluir que las primeras barreras tuvieron que ser muy diferentes. En este sentido, habrían permitido el paso, sin ayuda de ninguna maquinaria evolucionada, de moléculas grandes, con polaridad muy marcada e incluso carga eléctrica, como es el caso de los nucleótidos.

Es sorprendente, pero resulta que los ácidos grasos en presencia de agua pueden organizarse de manera espontánea para constituir las clásicas bicapas y, en efecto, así lo hacen. Además, esta formación tiene exactamente las características de permeabilidad adecuadas. La existencia de este proceso se demostró por primera vez hace más de cincuenta años y puede producirse hasta de dos maneras distintas. Si se hace disminuir lentamente la cantidad de agua en una disolución de ácidos grasos, se forma una delgada película transparente, compuesta por muchas láminas de bicapas, unas sobre otras, como en un milhojas. Hidratar esta configuración hace que el líquido se cuele entre las membranas, de modo que el conjunto se hincha y las capas individuales se separan, se desprenden del resto y, en última instancia, se enrollan sobre sí mismas y forman vesículas. La alternativa es añadir ácido a una solución alcalina de ácidos grasos. Si se hace así, empiezan a formarse bicapas de manera espontánea, en un primer momento como pequeñas láminas que aumentan de tamaño y que luego se curvan sobre sí mismas en vesículas esféricas con apariencia de células. Estas estructuras pueden almacenar en su interior moléculas grandes, como cadenas de ARN, de manera indefinida, lo que asegura que el material del genoma no escape del compartimento definido por esta pared. Por ello, las formaciones esféricas de ácidos grasos que contienen ARN encapsulado se consideran modelos de protocélulas. Cabe destacar que las barreras construidas a partir de estas sustancias son mucho más permeables que las hechas de fosfolípidos y que hasta los nucleótidos pueden atravesarlas sin ayuda de mecanismos proteicos resultantes de la evolución. Esta sorprendente propiedad es la que hace que estas estructuras primigenias sean modelos tan adecuados para el estudio en el laboratorio de las protocélulas. Como se verá un poco más adelante, las membranas de ácidos grasos tienen otras características igualmente llamativas que debieron de permitir el crecimiento y la división de los primeros organismos.

Compartimentación primordial

Los argumentos a favor de una membrana protocelular compuesta por ácidos grasos distan mucho de ser concluyentes. Esto se debe a dos motivos principales. En primer lugar, como ya se ha señalado, aún no se sabe bien cómo pudieron generarse en la Tierra primigenia concentraciones lo bastante elevadas de estas sustancias como para permitir la creación de tales barreras. Por el momento, es posible atribuir este desconocimiento a una falta de investigación en este tema y abrigar la esperanza de que se halle una solución en un futuro cercano. La segunda dificultad consiste en que parece existir una incompatibilidad fundamental entre este tipo de estructuras y la replicación del ARN. Este factor es el resultado de la elevada sensibilidad de las primeras a la presencia de iones metálicos comunes, como los de magnesio y calcio. De hecho, bastan cantidades relativamente pequeñas de estos últimos, que están presentes en muchos entornos habituales, para destruir las membranas por completo. Por el contrario, la replicación del ácido ribonucleico requiere su intervención, sobre todo del magnesio, ya que actúan como catalizadores del proceso. Esta paradoja representa una laguna más en nuestra comprensión de la aparición de los seres vivos. Por suerte, hay varias maneras de abordar esta cuestión. En todo caso, encontrar una solución realista desde el punto de vista de la química prebiótica es un tema que está en el candelero de la investigación actual. Más adelante en este capítulo, se discutirán algunas de las opciones que se barajan a este respecto.

Sea como fuere, estos dos obstáculos hacen surgir la cuestión del abandono por completo de la hipótesis según la cual las protocélulas contaron con algún tipo de membrana. Dicho de otro modo, ¿no sería todo más sencillo si se las postulase sin esta barrera? Este planteamiento no es nuevo y el bioquímico ruso Alexander Oparin ya propuso hace más de un siglo que la base de los organismos primigenios eran los denominados *coacervados*. Estos son agregados de polímeros y por lo general constan de uno con carga positiva (por ejemplo, una cadena corta de aminoácidos rica en arginina) y de otro con carga negativa (como el ARN). Estas moléculas con signos opuestos se atraen electrostáticamente y pueden formar pequeñas gotas de aspecto líquido que se agrupan de manera espontánea en el agua. Dichas formaciones recuerdan a las células y además tienen la capacidad de absorber y emitir sustancias del entorno con facilidad. La propuesta es interesante por su simplicidad química, pero adolece de dos problemas importantes. Primero, las gotitas tienden a unirse entre sí y dar lugar a estructuras cada vez más grandes, en vez de conservar su naturaleza individual. Después, las moléculas de ARN en su interior tienden a pasar con rapidez de unos coacervados a otros. Este intercambio da al traste con lo que se pretendía conseguir al postular compartimentos definidos, ya que no se retiene (al menos, no durante mucho tiempo) la identidad diferenciada basada en el hecho de contener una secuencia concreta de ácido ribonucleico. A pesar de estas dificultades, este campo es objeto de investigación y puede que se demuestre que los coacervados cumplieron alguna función en los organismos primigenios, si bien no logren sustituir a la protocélula por completo.

Otra hipótesis alternativa y bastante llamativa a este respecto es la colonización de la superficie de partículas minerales por parte de moléculas replicantes de ARN. Según este modelo, cadenas de ácido ribonucleico, activas desde un punto de vista catalítico, se habrían adherido a la cara externa de la roca y extendido por esta, al hacer copias de sí mismas. De este modo, no se propone que fueron las partículas de mineral las que crecieron y se multiplicaron como células, sino que el ARN habría saltado en ocasiones entre ellas y las habría colonizado, mientras se extendía y evolucionaba. La propuesta es remotamente atractiva gracias a su aparente simplicidad, a que garantiza el fácil acceso de las moléculas ancladas de este modo a los nutrientes en suspensión y a la observación empírica de que los nucleótidos activos son capaces de polimerizarse en gránulos de arcilla. No obstante, parece ser que las cadenas de ácido ribonucleico adheridas a una superficie mineral se ven deformadas por las mismas fuerzas que las unieron a la roca en primer lugar. Este cambio en la forma física es un obstáculo a la replicación y a la capacidad de adoptar pliegues tridimensionales funcionales.

Ninguno de los modelos considerados es perfecto, en el sentido en que no han podido ser corroborados a la vez por la teoría y los experimentos. Sin embargo, de aquí en adelante se explorará con más detalle la propuesta de la membrana por dos motivos principales. En primer lugar, cuenta con un desarrollo empírico mucho mayor que cualquiera de sus alternativas. Después, ofrece un vínculo directo e ininterrumpido con la biología actual. En efecto, cualquier otra propuesta implica un salto evolutivo a un sistema basado en la presencia de una barrera, lo que podría ser muy difícil de conseguir, de haberse adaptado las cadenas funcionales de ácido ribonucleico a una situación muy diferente.

Aparición del genoma

Como se ha visto, la membrana de una protocélula surge de manera fácil y espontánea a partir de las moléculas que entran en su composición. Sin embargo, es necesario que también haya un genoma. A primera vista, adquirir un código genético parece más complicado, porque la construcción de cadenas de ARN a partir de nucleótidos requiere un mecanismo químico que permita la unión de estos entre sí. Además, este proceso involucra reacciones de deshidratación, en el sentido de que se genera una molécula de agua cada vez que se enlazan dos nucleótidos. Por lo tanto, el ensamblaje de largas secuencias de ácido ribonucleico produce mucho líquido y es un proceso extremadamente desfavorable (lo que quiere decir que hace falta un aporte de energía para que ocurra) en disolución acuosa. Por el contrario, la reacción inversa, en la que se hidroliza el ARN y se separa en sus constituyentes, es mucho más ventajosa en este sentido. Este es uno de los motivos por los que el ácido ribonucleico es tan delicado y se degrada con tanta facilidad. Entonces, ¿de qué manera puede llevarse a cabo la síntesis de cadenas largas, algo que requiere energía, mediante un mecanismo prebiótico plausible? Puede resultar sorprendente, pero existen varias rutas diferentes para lograr esta tarea en apariencia tan difícil.

Un método que se ha considerado consiste en poco más que reducir por secado la cantidad de disolvente en una solución de nucleótidos, para lo que basta con dejar que el agua se evapore, aunque también se puede contribuir al proceso y calentar el conjunto con suavidad. Si los solutos que se usan en el experimento contienen un 5'-fosfato (es decir, un grupo fosfato en el átomo de carbono que ocupa la quinta posición en un azúcar con cinco de ellos), no ocurre prácticamente nada en condiciones moderadas. En cambio, si se realiza el ensayo en presencia de dióxido de carbono (CO_2) a temperatura elevada que se sopla sobre la solución y evapora el agua, sí es posible observar una cierta polimerización. Ello se debe a que parte del gas se disuelve en el líquido y forma ácido carbónico. Por desgracia, el pH tiene que ser bastante bajo para que se produzca la condensación de los nucleótidos y el ARN que se obtiene en estas condiciones presenta deficiencias a varios niveles. Lo más habitual es que se rompa el enlace entre la base nitrogenada y el azúcar, lo que hace que falte aquella en algunos tramos de la cadena. También puede ocurrir que la columna vertebral de la hebra, compuesta de ribosa y fosfato, contenga varias uniones irregulares. En consecuencia, las moléculas de ácido ribonucleico obtenidas mediante este proceso, sencillo y plausible, pero bastante tosco, son poco regulares, difíciles de analizar y distan mucho de ser puntos de partida ideales para el genoma de una protocélula.

Otro posible mecanismo para la formación primigenia de oligómeros (fragmentos cortos de ARN que cuentan solo con unos pocos componentes) es partir de nucleótidos en los que un grupo fosfato enlaza los hidroxilos (-OH) 2' y 3' de la ribosa. Las moléculas que presentan esta disposición se denominan nucleótidos cíclicos y son un resultado natural de la degradación del ácido ribonucleico en el agua. También se pueden obtener a través de una vía sintética, desarrollada hace bastante tiempo en el laboratorio del químico John Sutherland. En efecto, hace mucho que se sabe que las moléculas de este tipo se condensan (se unen entre sí) en cadenas cortas de ARN durante los experimentos de secado y que esto se produce a una acidez moderada, la cual permite reducir los efectos perjudiciales de un pH muy reducido. Este comportamiento es más favorable desde un punto de vista químico porque no se libera agua durante la condensación, sino que tan solo se produce una reubicación del fosfato, que ahora sirve de puente entre los dos nucleótidos enlazados. Este mecanismo parece también sencillo y plausible, pero tiene algunos inconvenientes importantes. Sobre todo, las secuencias resultantes contienen muchas uniones incorrectas y siempre acaban con una estructura particular conocida como 2', 3'-fosfato cíclico. Que esto sea solo cuestión de mala suerte o una característica del proceso depende del punto de vista que se adopte. Sea como fuere, no sería malo si se pudiera copiar el ARN sobre una plantilla mediante la unión de fragmentos acabados en fosfatos cíclicos. En cambio, para una serie de reacciones que dependen de un extremo 3' libre (es decir, no modificado), es un gran problema. Esta dificultad no sería tan grande si los nucleótidos fuesen sintetizados mediante un proceso muy poco específico, que añadiera los fosfatos de manera aleatoria a cualquiera de los hidroxilos de la ribosa, de modo que en algunos casos se obtuviera una molécula con un 5'-fosfato y 2' y 3' libres, en otros fuera un 2', 3'-fosfato cíclico y en otras instancias no hubiera añadidos de ningún tipo. Con un mecanismo así, se tendría lo mejor de ambos escenarios posibles, porque se producirían los deseados oligómeros de ARN acabados en un extremo 3' sin modificaciones.

Por último, existe un tercer método para la producción inicial de secuencias cortas de ácido ribonucleico, basado en nucleótidos con un 5'-fosfato y procesos químicos específicos que «activan» ese grupo y lo hacen mucho más reactivo. A lo largo de las décadas, se han analizado muchas versiones de estas reacciones de activación, como se las conoce, y el punto de partida fue el trabajo pionero de Leslie Orgel. Este y su equipo descubrieron que, si enlazaban un determinado tipo de compuesto orgánico (un grupo imidazol) al 5'-fosfato de un nucleótido, era posible observar la condensación de estos en el agua. Esto funciona porque dichas moléculas, activadas de esta manera, se desprenden del imidazol cuando se unen entre sí. En este sentido, la sustancia añadida es un buen *grupo saliente* (un conjunto de átomos que se separa del sustrato durante la reacción), mucho mejor que el agua en este caso, lo que significa que la unión de los solutos entre sí (la condensación) se produce de manera espontánea. Estos nucleótidos fueron desarrollados para intervenir en la replicación del ARN, pero luego resultó que también podían acelerar la unión de toda clase de moléculas de ese tipo en soluciones acuosas. Dado que las reacciones se producen con más rapidez cuanto más próximos entre sí se hallan los reactivos, este tipo de procesos, que se efectúan sin disponer de una plantilla que dirija los enlaces y en una disolución, es muy lento. Por ello, no es sorprendente que los experimentos de secado con nucleótidos activados den lugar a una síntesis de ácido ribonucleico mucho más abundante. Pero, su rendimiento está limitado por un mecanismo opuesto, a saber, la combinación con la propia agua del disolvente, la cual es contraria al proceso de activación y genera de nuevo el nucleótido en su estado inicial e imidazol libre. No obstante, existe un mecanismo físico muy sencillo que permite ralentizar esta hidrólisis y de manera simultánea aumentar el rendimiento de la condensación: la *congelación.* El fenómeno es contraintuitivo en extremo, pero lo cierto es que si se mete en el congelador una solución de nucleótidos activados, la misma que antes se hidrolizaba de manera espontánea cuando se la abandonaba a sus propios medios, ¡se obtiene una cantidad mayor de ARN! ¿Por qué ocurre esto? Al descender la temperatura del agua disolvente por debajo de los 0 grados centígrados, empiezan a formarse cristales de hielo puro. Estos, al crecer, expulsan al soluto de su estructura, de modo que este se acumula entre ellos. El resultado es que los compuestos disueltos se concentran en finas capas líquidas y, debido a este efecto, unas moléculas que en condiciones normales no reaccionarían entre sí ahora empiezan a hacerlo. Este modo de sintetizar ácido ribonucleico tiene las limitaciones de la química de activación, pero a la vez es justo lo que se necesita para la reproducción de las cadenas. Por lo tanto, se llega a una situación en que un entorno que hace posible este mecanismo propicia también la síntesis del ARN a partir de nucleótidos y la copia y la potencial replicación de sus secuencias, todo ello como resultado de un mismo proceso químico.

Llegados a este punto, se ha constatado que procesos físicos sencillos pueden conducir a la formación de compartimentos limitados por membranas o vesículas. También se ha descubierto que una serie de reacciones relativamente simples, unidas a fenómenos físicos cíclicos, como las alternancias seco-húmedo y congelación-deshielo, pueden llevar a la producción de cadenas cortas de ARN. Si todo esto sucediese a la vez, al mismo tiempo y en el mismo lugar, el resultado sería la aparición de vesículas lipídicas con ácido ribonucleico encerrado en su interior. De hecho, esta es una forma rutinaria de fabricar las protocélulas que se usan como modelo en los estudios de laboratorio. La cuestión entonces es saber si algo parecido pudo ocurrir en el medio natural en la superficie de la Tierra primigenia. Es imposible saberlo con certeza, pero se han propuesto al menos dos entornos plausibles, desde el punto de vista de la geología, favorables a este suceso. El primero son las regiones con fuentes termales, muy extendidas y habituales hoy en día en regiones con actividad volcánica. Estas zonas debieron de ser aún más abundantes cuando nuestro planeta era joven, ya que este presentaba un gran dinamismo geológico. Por otro lado, los cráteres de los impactos de asteroides reúnen condiciones similares. En ambos casos, el agua circula a través de grietas en rocas calientes y sale a la superficie cargada de iones y gases muy reactivos. Además, en estas dos situaciones se producen con facilidad ciclos de períodos secos y húmedos, como se observa en la actualidad en géiseres y ollas de lodo en lugares como Yellowstone, en el oeste de Estados Unidos. También pueden tener lugar ciclos estacionales de congelación y deshielo, que incluso se pueden dar en combinación con los anteriores. Por lo tanto, es muy posible que estos entornos geológicos tan dinámicos crearan las condiciones necesarias para la aparición de las primeras protocélulas.

Más recientemente, se ha propuesto un entorno geológico muy diferente de los anteriores, que podría haber sido también un medio favorable para estos fenómenos. En efecto, los lagos de agua alcalina y carbonatada (en ocasiones, denominados «lagos de soda») no son muy habituales en la actualidad, pero todavía se encuentran por todo el planeta. Suelen darse en regiones áridas y en cuencas fluviales sin salida al mar, donde reciben corrientes subterráneas filtradas a través de rocas volcánicas. Este aporte contiene iones extraídos de la piedra y los vierte en el lago, en el que la evaporación hace que las sales disueltas se concentren y precipiten. El proceso causa un marcado enriquecimiento en fosfatos, integrantes imprescindibles de todos los ácidos nucleicos, como el ARN y el ADN, e ingredientes destacados de los fosfolípidos. Durante décadas, se creyó que el «problema del fosfato» era un obstáculo insalvable para la aparición de los seres vivos, ya que este tipo de sustancias solo se encuentra en libertad en las aguas superficiales en cantidades extremadamente pequeñas. Esto se debe a que precipita en forma de minerales insolubles de fosfato cálcico, como la apatita. No obstante, este problema no se plantea en entornos con una concentración muy elevada de carbonatos, ya que el calcio genera carbonato cálcico (en forma de calizas y otros minerales, como la dolomita) y abandona la disolución, mientras que los iones fosfato permanecen en ella. Por lo tanto, es posible que los lagos alcalinos ofrecieran un entorno adecuado en la Tierra primigenia para la síntesis de nucleótidos y, en consecuencia, de ARN. Por otro lado, estos mismos cuerpos de agua constituyen un medio susceptible de fluctuaciones, tales como los ciclos entre épocas secas y húmedas, resultantes de la evaporación seguida por el aumento del disolvente tras la temporada de lluvias, así como los períodos de congelación y deshielo durante el invierno. Dado que los carbonatos también causan la precipitación de otros cationes divalentes, como el magnesio y el hierro, resulta que pueden formarse vesículas de ácidos grasos a pesar de la elevada salinidad del medio. Además, estas sustancias logran constituir dichas estructuras incluso cuando las aguas del lago están más diluidas (como ocurre tras una temporada de precipitaciones) y consiguen sobrevivir durante las etapas de sequía, en que la evaporación induce la concentración de los compuestos, al reunirse en agregados.

Fuentes termales y lagos alcalinos no son mutuamente excluyentes. Una región con actividad hidrotermal que contuviese ambos tipos de formaciones geológicas, una cerca de la otra, disfrutaría de las ventajas respectivas de ambos entornos: derivados reactivos del cianuro, procedentes del calentamiento de sales de ferrocianuro por la lava, habrían sido adyacentes a los imprescindibles gases sulfurosos, tales como el dióxido de azufre y el ácido sulfhídrico, emitidos por los volcanes, así como a los fosfatos libres de los lagos alcalinos. Disponer de todas estas materias primas en un solo lugar podría haber sentado las bases para la aparición del ARN y posiblemente de los ácidos grasos y para la correspondiente formación de una membrana.

Aún quedan muchos detalles por perfilar, pero la propuesta en su conjunto cobra forma poco a poco. El hecho de que nos hayamos dado cuenta de que estos entornos geológicos son no solo plausibles sino probables y de que reúnen las condiciones necesarias para los procesos que llevaron a la aparición de los primeros seres vivos, ha suscitado un creciente entusiasmo en la disciplina. La sinergia entre la geología y la química ha dado alas a los avances a la hora de dar respuesta a las incógnitas restantes.

Replicación sin enzimas del ARN

Ahora se dispone al menos de las líneas generales del escenario en el que pudieron aparecer las primeras protocélulas, con su apariencia de versiones simplificadas de sus equivalentes actuales, es decir, como recintos confinados por una membrana con ácidos nucleicos en su interior. Llegados a este punto, nos hallamos preparados para abordar el reto más difícil de todos: desentrañar el modo en que estos sencillos organismos, carentes de toda maquinaria desarrollada, pudieron empezar a crecer, multiplicarse, hacer réplicas de su ARN y evolucionar. Como siempre que nos enfrentamos a una cuestión tan amplia y abrumadora como esta, se debe empezar por descomponerla en partes más sencillas y manejables, a las que se pueda dar respuesta de forma más o menos independiente. Una vez que se haya logrado una mejor comprensión del dilema mediante este clásico método reduccionista, se estará en condiciones de invertir el proceso y proponer una solución general del fenómeno. En consecuencia, empecemos por deconstruir la manera en que la química y la física pudieron impulsar por sí mismas la replicación del material genético, sin ayuda de enzimas o ribozimas resultantes del desarrollo evolutivo.

En este sentido, la característica más importante del ARN no es su composición química, sino la secuencia de sus nucleótidos. Es la sucesión de las letras A, U, G y C la que codifica la información y por ello debe conservarse durante la replicación. Este proceso puede dividirse conceptualmente en dos fases. En la primera, hay que hacer una copia de la cadena de ácido ribonucleico y generar una secuencia complementaria, mientras que en la segunda se debe reproducir esta última para obtener un duplicado de la original. El fundamento de este mecanismo se halla en el emparejamiento de bases nitrogenadas de Watson-Crick-Franklin (así llamado en honor a sus descubridores, James Watson, Francis Crick y Rosalind Franklin). Según este sistema, U siempre se enlaza con A y G lo hace con C. Por lo tanto, para realizar una copia complementaria de una cadena de ARN, basta con unir a los nucleótidos correspondientes en el orden correcto. Esto es precisamente lo que ocurre en todos los casos en la biología actual: las polimerasas se desplazan a lo largo de una plantilla y añaden un eslabón tras otro de la serie complementaria, que crece sin parar. Las enzimas aceleran mucho este proceso y hacen que sea más preciso, pero es posible llegar a un resultado parecido sin ellas. Leslie Orgel, junto con sus colegas y estudiantes, descubrió los aspectos básicos del proceso de replicación no enzimática del ARN en una investigación que se prolongó desde finales de la década de 1960 hasta principios de la de 2000. Su idea principal fue que los sustratos empleados por los seres vivos actuales para copiar y fabricar ARN y ADN (es decir, los trifosfatos de nucleósidos, NTP, por sus siglas en inglés, que son nucleósidos que contienen una base nitrogenada unida a un azúcar de cinco carbonos y este a su vez a tres grupos fosfato) son perfectos para una síntesis catalizada por enzimas, pero totalmente inadecuados en ausencia de estas. Ello se debe a que los NTP son relativamente inertes por sí solos y necesitan ayuda para acelerar la replicación. Por lo tanto, hacen falta moléculas mucho más reactivas si se quiere copiar una plantilla de ácido ribonucleico sin tener que recurrir a la ayuda de las enzimas. Orgel probó con una amplia gama de posibilidades y acabó por centrar sus esfuerzos en los nucleótidos activados mediante la adición de un grupo imidazol (que cuenta con tres átomos de carbono, dos de nitrógeno y cuatro de hidrógeno) en el 5'-fosfato. Estos compuestos son lo bastante reactivos como para empezar a formar una cadena complementaria tras ser alineados en la plantilla por el emparejamiento de bases. Este descubrimiento supuso un adelanto espectacular a principios de la década de 1970 e hizo cundir el optimismo y la esperanza de que pronto se lograría resolver el misterio de la replicación del ARN primordial. Sin embargo, no fue así. Pronto se pusieron de manifiesto las limitaciones de la propuesta: solo podían duplicarse de forma eficiente las cadenas que contuviesen muchas letras C en su secuencia, mientras que el mecanismo no funcionaba en absoluto si estaban presentes las cuatro bases nitrogenadas. Además, hacían falta concentraciones muy elevadas de nucleótidos activados por la adición del grupo imidazol para que se produjese alguna copia en absoluto, lo que se consideraba poco realista desde un punto de vista prebiótico. Por último, los sustratos reactivos se hidrolizaban con relativa rapidez y no se conocía por aquel entonces ningún método plausible en un entorno anterior a la aparición de la vida para devolverlos a su estado original. Al llegar el cambio de milenio, los avances se habían estancado hasta el punto en que el propio Orgel y la mayoría de los demás investigadores en este terreno llegaron a la conclusión de que el problema era tan difícil de resolver que no había esperanza alguna de encontrar una solución. Este desánimo llevó al planteamiento de una hipótesis alternativa, según la cual el ARN habría sido precedido por alguna sustancia precursora, un material genético más sencillo y por ende más fácil de replicar, el cual fue sustituido de algún modo por el ácido ribonucleico en una etapa posterior en la historia evolutiva de los seres vivos. Durante la mayor parte de la década de 1990 y principios de la de 2000, esta propuesta dominó los planteamientos de la comunidad científica dedicada a estos temas. No obstante, en última instancia, a pesar del derroche de investigación creativa e innovadora que suscitó la hipótesis, no se pudo encontrar nada que funcionara mejor que el ARN. Entonces, justo cuando la desesperación ante estos fracasos empezaba a hacerse insoportable, se produjo un logro notable.

A menudo se dice que los accidentes no se deben casi nunca a una sola causa, sino que son consecuencia de una serie de errores. Lo contrario también es cierto. En este caso, el descubrimiento de una vía química hacia una replicación más eficaz y genérica del ARN fue fruto de la convergencia de dos avances independientes. El primero de ellos fue más bien evidente y tuvo que ver con la naturaleza del grupo empleado para activar los nucleótidos. A principios de la década de 1980, el equipo de Orgel descubrió que una sustancia concreta, denominada *2-metilimidazol*, era más eficiente en este sentido que el imidazol sin más. No había razón alguna para pensar que este compuesto fuera especialmente relevante en un entorno prebiótico, pero constituía un buen modelo. No obstante, no se llevó a cabo ninguna otra investigación al respecto durante los siguientes treinta y cinco años. En 2016, Li Li, una bioquímica del laboratorio de Szostak, emprendió una evaluación sistemática de los efectos de las variaciones en la estructura del agente activador y descubrió que sustituir el grupo metilo por otro amino conducía a mejoras drásticas en la rapidez y eficacia del proceso. Trabajos posteriores demostraron que el *2-aminoimidazol* (*2AI*) podía obtenerse mediante dos procedimientos diferentes, plausibles desde el punto de vista de la química prebiótica. Es más, esta sustancia es resultado de la misma mezcla de reactivos que el 2AO, con el que está emparentado de forma muy estrecha y que, como ya se ha señalado con anterioridad, es un precursor de los nucleótidos. Por lo tanto, parece que se había identificado un candidato razonable para el papel de agente activador.

El segundo avance en este campo fue todavía más sorprendente que el anterior, porque la manera en que se produce la replicación no enzimática del ARN es fundamentalmente diferente a lo que sucede hoy en día en los procesos biológicos. En este sentido, el mayor obstáculo para lograr una comprensión adecuada del mecanismo correcto era de naturaleza conceptual. En efecto, el paradigma según el cual la química de la duplicación debía de ser parecida a lo que se observa en la actualidad estaba tan arraigado que era difícil concebir una alternativa. Sin embargo, al echar la vista atrás, es posible detectar pistas que apuntaban a una divergencia entre las vías química y biológica, indicios que ya estaban presentes en las publicaciones del equipo de Orgel a finales de la década de 1980. En concreto, estos realizaron una serie de perspicaces experimentos que planearon con mucho cuidado, gracias a los cuales demostraron que, si hay un único nucleótido activado unido a una plantilla en una ubicación cercana al ARN cebador (un ácido nucleico corto monocatenario), de modo que esté listo para intervenir en la reacción, esta se produce de manera muy lenta. Ahora bien, cuando otra molécula similar a la primera se une a la plantilla, por debajo de la posición que ocupa aquella, esta reacciona con el cebador a una velocidad mucho mayor. En otras palabras, el segundo nucleótido cataliza el proceso en el escalón superior. Orgel tomó buena nota de este misterioso efecto, pero parece ser que nunca se estudió de nuevo.

Unas décadas más tarde, fue redescubierto por Noam Prywes, del equipo de Szostak. Como dice el refrán, varios meses de trabajo en el laboratorio pueden ahorrarte unas cuantas horas en la biblioteca. Una vez que se comprobó más allá de toda duda la existencia de este efecto catalítico, se hizo evidente que comprenderlo podía encerrar la clave para acceder a un mecanismo rápido y eficaz de replicación del ARN. No obstante, encontrar las razones por las que sucedía esto requirió un tiempo y un esfuerzo considerables. De nuevo, esta lentitud se debía a la necesidad de superar una idea preconcebida. Se había dado por sentado desde el principio que el efecto catalítico se debía a la interacción física entre los dos nucleótidos, la cual orientaba de forma adecuada al primero para facilitar su reacción con el cebador. Además, dado que ambos debían ser previamente activados para que se produjera el aumento en la velocidad del proceso, se dio por sentado que la interacción se producía entre los grupos responsables de esta activación. Sin embargo, simulaciones de dinámica molecular demostraron que los agentes activadores podían entrar en contacto entre sí de varias maneras, pero no de un modo que estimulara de forma evidente la reacción de extensión del cebador. Del mismo modo, la cristalografía no consiguió demostrar una interacción estabilizadora entre los dos agentes activadores. En última instancia, Travis Walton, un nuevo estudiante del laboratorio de Szostak, realizó un experimento crucial con el que obtuvo una pista determinante. Descubrió que, al mezclar dos nucleótidos en presencia del complejo formado por cebador y plantilla, el efecto catalítico tardaba casi media hora en producirse. Un lapso tan largo parecía indicar que los dos componentes del ARN interactuaban entre sí, pero que lo hacían a través de la formación de un intermediario que requería ese tiempo para aumentar su concentración. Poco después de este hallazgo, una caracterización química rigurosa permitió identificar la sustancia que mediaba en el proceso. Resultó ser un tipo de dinucleótido inusual, nunca antes visto, es decir, se trataba de un nuevo compuesto, cuya estructura constaba de dos nucleótidos, unidos mediante uno de los grupos activadores de imidazol. Aquí nos referiremos a esta sustancia como sustrato enlazado.

En un primer momento, el papel desempeñado por este tipo de moléculas en la replicación del ARN fue objeto de controversia. Una de las objeciones que se plantearon se refería a la capacidad de una sustancia así para unirse siquiera a la plantilla mediante dos parejas de bases nitrogenadas. Hacerlo requeriría que el enlace actuara como una bisagra, de modo que los dos nucleótidos pudieran estar uno al lado del otro y al mismo tiempo colocarse en el ángulo correcto para emparejarse con sus complementarios. Hubo que recurrir a estudios estructurales para resolver por completo esta cuestión, pero imágenes de alta resolución de la estructura cristalina demostraron que los sustratos enlazados podían unirse de manera efectiva a la plantilla de ARN mediante dos pares de bases nitrogenadas de Watson-Crick-Franklin. En un auténtico logro en ese frente, más estudios cristalográficos revelaron todos los pasos del proceso de extensión no enzimática del cebador que se producía en el interior de los cristales. En una primera etapa, los monómeros activados se unían a la plantilla, junto al cebador. Después de algún tiempo, ambos componentes reaccionaban entre sí para formar el intermediario. Por último, este sustrato enlazado se unía al cebador, el cual se extendía en un nucleótido, mientras que la mitad inferior era descartada. La capacidad de «ver», casi en un sentido literal, los pasos del mecanismo de replicación permitieron realizar tres deducciones relevantes acerca de la importancia de la sustancia intermediaria. La primera de ellas fue que la unión con la plantilla mediante dos pares de bases nitrogenadas en lugar de uno explicaba el motivo por el que la extensión del cebador requería una cantidad mucho menor del sustrato enlazado: al usar un dinucleótido y no monómeros separados se necesitaban menos para saturar la plantilla. Después, el propio puente estaba perfectamente alineado en el espacio tridimensional para facilitar la reacción con el cebador, lo que explicaba la mayor velocidad del proceso. Por último, el nuevo grupo activador tenía un efecto estabilizador en la estructura del sustrato enlazado, lo que permitía que se acumulase en concentraciones más elevadas, a la par que contribuía, con toda probabilidad, a la rigidez de su estructura. Una vez que se dispuso de esta información, los avances en el campo se produjeron a un ritmo más elevado. Uno de estos descubrimientos se logró a raíz de la observación de sustratos enlazados en los que un nucleótido está unido a un oligonucleótido (en lugar de otra molécula del mismo tipo que el suyo) en la mitad inferior. De este modo, se podían obtener emparejamientos adicionales, de tal forma que el duplicado pudiera tener lugar con concentraciones más bajas y a velocidades mayores. Por otro lado, la competencia entre las diferentes moléculas enlazadas para unirse a la plantilla parece redundar en un proceso más lento. Encontrar un compromiso óptimo entre factores opuestos, tales como fuerza del enlace, competencia y reactividad, es un área de intensa investigación en la actualidad. El objetivo es aumentar la velocidad y la precisión de la replicación del ARN en condiciones realistas desde el punto de vista prebiótico.

Replicación

Los logros resumidos en los párrafos anteriores han permitido enfocar con más claridad el siguiente problema. Se trata de la cuestión de ir más allá del mero duplicado de una plantilla para abordar lo que de verdad importa: ciclos repetidos de *replicaciones*. Este asunto (por ejemplo, hacer copias de las copias) es de una complejidad sorprendente y comprende una larga serie de avances, retrocesos y ocasionales puntos muertos. Basta con echar un vistazo al funcionamiento de este proceso en la biología actual para hacerse una idea de la dificultad que supone lograr algo parecido sin enzimas. En todos los casos, la replicación implica hoy en día una maquinaria molecular compleja, producto de la evolución, que opera en varios pasos. Lo habitual es que se empiece en un punto definido de la cadena, que es identificado mediante proteínas especializadas. A continuación, unas polimerasas muy activas catalizan el duplicado de largos fragmentos de ADN (o de ARN, en los virus que solo contienen este ácido). Es importante tener en cuenta que el material genético que se replica en las células actuales es bicatenario (lo que se denomina un dúplex de ADN) y que se generan dos copias con esta característica. El proceso se inicia con la separación de las dos hebras del original en un punto llamado horquilla de replicación. Para ello, se emplean enzimas específicas (*helicasa*), que utilizan la energía suministrada por una molécula conocida como ATP (el caballo de batalla energético de los organismos actuales) y rompen el emparejamiento de las bases nitrogenadas que mantiene a las hebras unidas. Cabe destacar que este ATP es el mismo que usan las células hoy en día, junto con el GTP, el CTP y el UTP, en la síntesis del ARN. A medida que avanza la horquilla de replicación, se realizan copias de las hebras separadas, con las que se reconstruye el conjunto del ADN bicatenario. Por último, la replicación se detiene en ubicaciones concretas del genoma, en las que otras proteínas adicionales atan todos los cabos sueltos y desmontan el entramado empleado en el proceso. Este mecanismo está orquestado de manera muy cuidadosa y es muy avanzado desde el punto de vista evolutivo. Es evidente que se desarrolló paso a paso a partir de sistemas primigenios menos complejos. ¿Cómo se pueden vislumbrar modos de replicación más sencillos que aporten indicios sobre la manera en que se pudo realizar este proceso en las protocélulas? Para empezar, se puede tener en cuenta el mecanismo empleado por los virus, sobre todo los más primitivos, que solo tienen ARN en su genoma e infectan las bacterias. Se ha estudiado estas criaturas con gran atención, pero lo cierto es que, a pesar de su relativa simplicidad, comparten muchas características con la maquinaria celular: polimerasas muy eficaces que copian tramos enteros de las cadenas a gran velocidad, moléculas especiales para iniciar y finalizar el proceso en ubicaciones concretas y helicasas para separar las hebras. Ninguno de estos recursos debía de estar disponible en el momento en el que aparecieron los seres vivos, ya que son el resultado de la evolución, de modo que la replicación primigenia debió de ser muy diferente y mucho más sencilla.

A la hora de buscar un método menos complicado para llevar a cabo la replicación, viene a la mente enseguida la *reacción en cadena de la polimerasa, RCP*. Esta es una técnica muy fiable que se emplea a menudo hoy en día para multiplicar las trazas de ADN hasta niveles detectables y que ha encontrado aplicaciones en todo tipo de campos, desde las investigaciones criminales hasta la reconstrucción de las migraciones prehistóricas. Tanto es así que ha sido merecedora del premio Nobel y ha ganado una notable celebridad debido a su uso en las pruebas de la COVID-19. Sus ingredientes básicos son sencillos: una polimerasa eficaz y estable a altas temperaturas y cebadores de ADN específicos que definen las ubicaciones de inicio del proceso. Además, hacen falta ciclos térmicos, de modo que el calor separe las hebras de la doble hélice, mientras que la enzima realiza las copias cuando el termómetro está más bajo. ¿Es posible que este tipo de fluctuaciones desempeñara un papel en la replicación primordial? Después de todo, tiene sentido emplear variaciones de temperatura para la separación de las hebras, en lugar de recurrir para ello a complicadas enzimas que son producto de la evolución. Cambios térmicos lo bastante bruscos como para poner en marcha la RCP podrían obtenerse por convección, del mismo modo que ocurre cuando se calienta en el fogón una olla con agua: el líquido circula desde la parte inferior y más caliente del recipiente hasta la superficie externa, más fría y en contacto con el aire. No obstante, la cuestión de los cebadores, que determinan la ubicación en que la polimerasa empieza a copiar el ADN, sigue sin respuesta. Dado que no es realista, desde el punto de vista prebiótico, que exista una fuente de secuencias de este tipo, se puede descartar la replicación de un genoma lineal de ARN. La única opción lógica es que este sea circular, ya que una circunferencia no tiene principio ni fin y, por tanto, el lugar en el que empieza y termina la copia carece de importancia. Volviendo ahora a la biología actual en busca de un modelo, hay ciertos parásitos de los virus de ARN, llamados viroides, que utilizan un mecanismo de círculo rodante para su replicación. En este, una polimerasa empieza a hacer copias de una plantilla circular y sigue dando vueltas y más vueltas a la misma, hasta que se forma una larga cadena complementaria que contiene repeticiones de la secuencia inicial. A continuación, la actividad intrínseca de una ribozima corta el multímero (una serie compuesta de varias unidades idénticas) en fragmentos de la longitud adecuada y después une los trozos lineales en círculos, tras lo cual puede repetirse el proceso. Este parece bastante sencillo, pero requiere una polimerasa muy activa, capaz de llevar a cabo la denominada síntesis por «desplazamiento catenario», y una ribozima que pueda cortar y enlazar los fragmentos. Esto es pedir demasiado en los albores de la replicación, mucho antes incluso de que aparecieran las polimerasas.

Dada la dificultad de encontrar una manera de replicar un genoma de ARN sin emplear enzimas u otras moléculas de existencia improbable, tales como cebadores específicos o ribozimas, cabe preguntarse, debe preguntarse, si hay algún método todavía más sencillo. Recientemente, uno de nosotros (Szostak) propuso un nuevo modelo del mecanismo que *podría* haber seguido la replicación primordial. Ya de paso, diremos que esta propuesta surgió a raíz de las conversaciones mantenidas por internet durante la pandemia de la COVID-19, en un momento en que los laboratorios estaban cerrados y el trabajo experimental era imposible. Durante una temporada no tuvimos nada más que hacer que darle vueltas a la cabeza, de modo que surgió la oportunidad de deshacernos de algunos de los prejuicios biológicos que habían lastrado los enfoques anteriores. Szostak y sus colegas se hicieron eco del famoso dicho de Sherlock Holmes, según el cual «Cuando se ha eliminado lo imposible, lo que queda, por improbable que sea, debe ser la verdad», y se propusieron recopilar todos los procesos físicos y químicos que consideraban razonables. Su objetivo era identificar una ruta hacia la replicación que no necesitara de requisitos previos inverosímiles (o muy improbables). El resultado fue un modelo que denominaron (al igual que nosotros aquí) *genoma circular virtual, GCV.* Esta propuesta recoge las ventajas derivadas de tener un material genético en forma de circunferencia y, por tanto, sin principio ni fin, de modo que no es necesario postular la existencia de herramientas específicas para empezar el proceso en una ubicación determinada y detenerlo en otra. En lugar de esto, se puede comenzar y terminar en cualquier punto. En cambio, ahora el genoma es virtual, en el sentido de que no tiene por qué haber moléculas realmente circulares. En vez de eso, el anillo está representado por un conjunto de fragmentos de la secuencia original, que se solapan. A partir de aquí, se utiliza la muy conocida química de la replicación mediante una plantilla, la extensión del cebador y la adición de nucleótidos. Dado que el material genético de la protocélula estaría formado por cadenas cortas de ARN, derivadas a su vez de todos los componentes del genoma circular, los pares solapados de oligonucleótidos se hibridarían (se emparejarían) para producir varios dúplex de poca longitud con extremos sobresalientes. Estos son precisamente los puntos en los que puede tener lugar la extensión del cebador y/o la adición de los nuevos integrantes de la secuencia. Por lo tanto, en presencia de nucleótidos activados y de sustratos enlazados, cabe esperar que la replicación mediante plantillas se produzca en regiones pequeñas, distribuidas por todo el círculo. Según el GCV, las copias no se hacen de manera progresiva y de un extremo al otro, sino que se realizan, punto por punto, en toda la extensión de la circunferencia. Por último, el modelo tiene en cuenta las variaciones en el entorno, tales como fluctuaciones de temperatura, de modo que los segmentos emparejados se separan y se juntan de nuevo de forma aleatoria. Así, cada uno de estos ciclos redistribuye los grupos de oligonucleótidos emparejados entre sí. Esto permite que se hagan pequeñas cantidades de copias durante cada oscilación en diferentes ubicaciones de la cadena. En teoría, la iteración de este proceso debería dar lugar a la replicación de todo el conjunto. Todavía no se sabe si así fue como ocurrió en realidad o si esta propuesta no es más que una idea descabellada con pocos visos de funcionar en la práctica, pero en este mismo instante se lleva a cabo un intenso análisis teórico y se realizan las correspondientes comprobaciones empíricas.

A pesar de los avances recientes en estas cuestiones, no deja de tener sentido plantearse la posibilidad de que los procesos vitales empezaran con algún ácido nucleico primigenio del que habría surgido después el ARN. El interés por esta hipótesis aumentó de manera considerable cuando Albert Eschenmoser, uno de los químicos más brillantes en ser galardonado con el premio Nobel (por desgracia, falleció en 2023), demostró que una amplia diversidad de sustancias artificiales de este tipo parecían ser polímeros genéticos perfectamente viables. En efecto, Eschenmoser propuso y posteriormente sintetizó una serie de moléculas así, distintas unas de otras desde un punto de vista químico y con azúcares fabricados en el laboratorio y enlaces entre estos y los fosfatos que no se dan en la naturaleza. Resulta sorprendente que muchos de estos polímeros respetasen el emparejamiento de bases nitrogenadas de Watson-Crick-Franklin y que formasen estructuras bicatenarias similares a las que se pueden encontrar en el ADN y el ARN. Incluso algunos de ellos podían emparejarse con estos últimos ácidos, mientras que otros eran capaces de hacerlo con miembros de su subconjunto, pero no con los integrantes de otros grupos. Estos resultados plantearon de manera inmediata la posibilidad de que algunos de estos ácidos nucleicos artificiales pudieran constituir la base genética de formas de vida alternativas.

¿Cómo podría comprobarse esto de manera empírica? Se trata de algo bastante difícil de hacer, ya que no es posible sintetizar y analizar todas las posibilidades. Sin embargo, sí que se pueden estudiar con más detenimiento algunos casos especiales, que parecen factibles desde un punto de vista prebiótico. Así lo ha hecho el equipo de Szostak con dos de estos polímeros alternativos, denominados *AAN* (*ácido arabinonucleico*) y *ATN* (*ácido treonucleico*), y ha determinado que ambos cuentan con una vía bioquímica conocida que hace que su presencia en la Tierra primigenia sea plausible. La única diferencia entre la primera de estas moléculas y el ARN es que aquella tiene el grupo hidroxilo en el 2' del azúcar por encima del anillo y no por debajo. Por su parte, el ATN carece del quinto átomo de carbono en el azúcar. Estos ácidos se componen de nucleótidos que parecen ser productos secundarios probables de las rutas establecidas para la síntesis de los componentes básicos del ARN. ¿Qué ocurriría si estas sustancias no convencionales se produjeran a la par que los ribonucleótidos habituales en un medio prebiótico? Desde el punto de vista experimental, parece que ambas alternativas son menos eficaces que el ARN a la hora de hacer copias de sí mismas mediante plantillas, por lo que resultarían perdedoras en la competencia con este (recordemos nuestro mantra: «El ARN siempre gana»). Sin embargo, los nucleótidos no convencionales pueden mezclarse con las secuencias del ácido ribonucleico y ser copiados cuando el conjunto sea replicado. A pesar de ello, y de manera sorprendente, el proceso de duplicación produce preferentemente ARN. De este modo, el resultado de ciclos sucesivos de replicación son moléculas genéticas convencionales que son prácticamente puras. Este es un resultado muy satisfactorio, porque sirve para explicar, al menos en parte, el motivo por el que todos los procesos vitales en la Tierra empezaron a partir del ARN. No obstante, es evidente que aún queda mucho por hacer, ya que hasta el momento solo se han analizado unas pocas de todas las alternativas posibles.

Dado que dos de los procesos más importantes que puede realizar una célula son el crecimiento y la división, es necesario volver en este punto a las cuestiones sobre la membrana. Se ha visto que una barrera de tipo bicapa puede construirse con facilidad y de manera autónoma a partir de ácidos grasos y otros lípidos sencillos. Una estructura así es similar a lo que se observa hoy en día en los seres vivos, pero sus propiedades la hacen mucho más adecuada para una protocélula que para un organismo actual, que emplea una maquinaria proteica muy desarrollada. Lo cierto es que la supervivencia de la primera depende de las características de su propia composición y estructura, de modo que es esencial disponer de una barrera que permita de manera espontánea la entrada de nutrientes y la eliminación de productos de desecho. La elevada permeabilidad de las membranas de ácidos grasos facilita que se produzcan estos procesos de transporte sin necesidad de canales o poros, que son resultado de la evolución. Sin embargo, las células dedican en la actualidad una gran parte de su genoma a codificar las proteínas que intervienen en el crecimiento y la división. ¿Podían de verdad sus antecesoras primordiales hacer esto mismo solo en respuesta a los estímulos físicos del entorno? Es sorprendente, pero los experimentos han demostrado que la respuesta es un rotundo sí. No solo eso, sino que parece haber múltiples formas de lograr tanto el crecimiento como la división.

Uno de los aspectos más hermosos de la física de los ácidos grasos es su capacidad de constituir estructuras muy diversas en respuesta a la naturaleza del entorno en que se encuentran. En una solución ácida forman pequeñas gotas oleosas, mientras que disueltos en un medio alcalino (cuya concentración de iones hidróxido es más elevada que la de cationes de hidrógeno) se agrupan en diminutos agregados llamados micelas. Estas tienen solo unos pocos nanómetros de diámetro y consisten en conjuntos muy dinámicos de entre 10 y 100 moléculas. Solo se forman las conocidas bicapas, las barreras protocelulares de las que ya se ha hablado, si el pH es neutro, por lo general, muy ligeramente básico. Esta capacidad excepcional de asociarse de diferentes maneras es la base de un método sencillo para hacer que sus formaciones sean cada vez más grandes, creciendo primero y dividiéndose después. En efecto, las micelas solo son estables cuando el pH es superior a 10 (una solución alcalina). Si se las añade a una suspensión de vesículas en un medio más ácido que ese, sus constituyentes tienden a integrarse en las bicapas ya existentes, de modo que aumenta la superficie de estas. Si los receptáculos anteriormente formados están rodeados por una sola membrana, este incremento causa enormes fluctuaciones de forma, las cuales llevan en última instancia a la aparición de unidades más pequeñas, surgidas de las primeras. De este modo, basta con añadir más moléculas componentes a las vesículas para que se produzcan su crecimiento y su división, sin necesidad de una maquinaria evolucionada. Una variación sorprendente de este proceso ocurre cuando se parte de una estructura con varias capas. En este caso, la más externa empieza a crecer primero. Dado que el volumen que hay entre las diferentes barreras es muy pequeño, este incremento de tamaño se inicia mediante el desarrollo de una fina extensión tubular, la cual aumenta de manera gradual en longitud y grosor. Con el paso del tiempo, las capas de la membrana intercambian material y la estructura se convierte al final en un largo filamento de varios niveles. Este es muy frágil y cualquier fuerza de cizalladura, por leve que sea, como la provocada por el viento al soplar sobre la superficie de un lago, hace que se fragmente y dé lugar a varias vesículas, descendientes de la original. Es importante destacar que los contenidos del interior de la membrana no escapan en ninguno de los dos modos de crecimiento y división, por lo que el material genético, como el ARN, se conserva a buen recaudo durante todo el ciclo.

A continuación, es posible especular sobre el entorno geoquímico en el que pudieron surgir estos procesos. Para empezar, cabe imaginar unas protocélulas en un lago, agitadas por el viento y sometidas a un pH ligeramente alcalino por efecto de los productos químicos liberados por las rocas circundantes. Supongamos también que en un lugar distinto se han acumulado ácidos grasos. Tal vez se trate de una laguna adyacente de aguas más básicas, de modo que en este caso se habrían formado micelas. Si este depósito de material se desbordase, quizá por efecto de la lluvia, podría surgir una corriente que arrastrase sus contenidos hasta el lago, en el que las protocélulas podrían entonces crecer y dividirse. Nada de esto es imposible del todo, pero sí que parecen unos prerrequisitos más bien rebuscados. ¿Acaso existe una forma más sencilla de que se produzcan el crecimiento y la división? Pues bien, se conoce un intrigante proceso por el que la competencia entre seres vivos primordiales podría dar lugar a un aumento de tamaño. La base física de este fenómeno descansa en el hecho de que las vesículas, con una elevada cantidad de moléculas disueltas en su interior, como el ácido ribonucleico, se hinchan por ósmosis cuando se hallan inmersas en un medio más diluido. En efecto, el agua penetra a través de la barrera e «intenta» disminuir la concentración de ARN e igualarla a ambos lados de la membrana. Dado que el material genético no puede atravesar esta última, la presión interna aumenta, lo que conduce a una forma esférica y a un incremento de tamaño. Esta situación es estable si no hay otras estructuras similares en la solución con menos ARN (o sin él), que experimenten este fenómeno en menor medida o que no lo sufran en absoluto. En caso contrario, ocurre algo asombroso. Como los ácidos grasos son lípidos monocatenarios, no están anclados con fuerza a la membrana, sino que pueden abandonarla con bastante rapidez y unirse de nuevo a la misma o a otra. Este proceso permite que se muevan entre vesículas, lo que da como resultado que las más hinchadas aumenten su superficie, al añadir nuevos integrantes a su barrera externa. Mientras tanto, aquellas que han experimentado poco o ningún crecimiento osmótico tienden a encoger a medida que pierden ácidos grasos. En consecuencia, las vesículas con una mayor concentración de ARN crecen a expensas de las que tienen menos. Este modo de crecimiento competitivo implica que un aumento en la tasa de replicación del material genético en el interior de una protocélula causa la expansión de su membrana, a costa de aquellas en que este ritmo es menor o nulo. Este es un llamativo ejemplo de la conexión entre la replicación y el crecimiento, basado en exclusiva en fenómenos físicos y no en el desarrollo evolutivo de la maquinaria biológica. No obstante, hay una dificultad más. El incremento de tamaño por ósmosis implica que las vesículas que lo experimentan se hinchan y, por lo tanto, son esféricas. Es muy difícil que haya división en estructuras de esta forma, porque no tienen suficiente superficie como para generar hijas del mismo volumen. Por tanto, este proceso requiere mucha energía, para comprimir la estructura esférica, y produce la pérdida de parte del contenido, a no ser que intervenga otro factor que haga disminuir el volumen. Resulta que algo así podría ocurrir de manera bastante sencilla, por ejemplo, mediante un aporte súbito de sal u otras moléculas pequeñas en el disolvente. Esto haría que el agua abandonara la vesícula hinchada, la cual reduciría su volumen, pero conservaría su superficie inicial. Como se ha visto con anterioridad, esto provocaría fluctuaciones en la membrana, cambios de forma y divisiones.

Hace falta un paso más para reunir todos los ingredientes de una protocélula completamente funcional. Es necesario combinar los procesos de replicación del ARN y de división de las vesículas, que son muy diferentes. En este sentido, surgen múltiples dificultades. Cada una de ellas tiene varias soluciones posibles en teoría, pero la cuestión en su conjunto sigue sin hallar respuesta. El más obvio y acuciante de estos obstáculos es la incompatibilidad de los niveles del sistema. En efecto, el principal escollo es que los procesos químicos implicados en el duplicado del material genético requieren concentraciones relativamente elevadas de cationes divalentes, como el magnesio. Sin embargo, según se ha explicado con anterioridad, esto provoca la rápida destrucción de las membranas de ácidos grasos. Hasta el momento, se han descubierto dos soluciones para este problema, demostradas mediante sendas «pruebas de concepto». La primera de ellas consiste en unir el ion de magnesio a una molécula llamada quelante, de modo que una cara del primero esté cubierta. En este sentido, un ejemplo muy eficaz es el ácido cítrico, que se une al metal para formar un citrato y captura los cationes de manera exhaustiva, tanto que el citrato de magnesio es un ingrediente habitual de los complementos dietéticos. Sea como fuere, este compuesto conserva su actividad como catalizador del proceso de replicación mediante plantillas del ARN, pero, curiosamente, no tiene efectos negativos sobre la formación de membranas. Una vez que la barrera está a salvo de la destrucción, la reproducción del material genético puede seguir adelante en el interior de las vesículas de ácidos grasos, en presencia del citrato. No cabe duda de que este resultado es muy alentador, pero es muy improbable que el ácido cítrico estuviese disponible en cantidades suficientes en un entorno prebiótico. Además, otras alternativas más plausibles a este respecto son menos eficaces en lo que se refiere a la salvaguarda de las membranas. Cabe la posibilidad de que la mezcla de hidroxiácidos y cetoácidos resultante de la exposición a la radiación ultravioleta de aguas lacustres con carbonatos y sulfitos disueltos proporcionase una cierta protección en este aspecto. Sin embargo, esto no es suficiente por sí solo y deberían entrar en juego otros factores que resolvieran la incompatibilidad. Otra solución parcial podrían ser moléculas no relacionadas con las anteriores y que estabilizasen la membrana. Por ejemplo, investigaciones recientes de los equipos de Sarah Keller y Roy Black en la Universidad de Washington, en Seattle, han demostrado que ciertos componentes de los nucleótidos, tales como la ribosa y la adenina, tienen un efecto estabilizador sobre las barreras formadas por ácidos grasos. Que esto se pueda lograr mediante compuestos plausibles desde un punto de vista prebiótico es muy prometedor y parece sugerir que la combinación de este efecto con la presencia de compuestos que forman complejos con los iones podría al menos resolver en parte el problema de la incompatibilidad.

Una propuesta completamente diferente en este sentido pasa por considerar composiciones alternativas de la membrana. Los ácidos grasos son ingredientes fundamentales de los fosfolípidos bicatenarios observados en la actualidad, pero algunas de las sustancias intermediarias entre ambos también son plausibles desde un punto de vista prebiótico. Hace mucho que se emplean mezclas de ácidos grasos con algunos ésteres de glicerol y con los relacionados alcoholes de cadena larga para obtener barreras más robustas. Si se añade un fosfato a un éster de ácido graso y glicerol, se obtiene un lisofosfolípido, que es un detergente. De hecho, si estas moléculas están presentes en concentraciones demasiado elevadas, disuelven la membrana. Sin embargo, en presencia de agentes activadores (los mismos involucrados en la replicación del ARN), el fosfato experimenta una reacción de ciclación. El resultado es un ciclofosfolípido, que tiene unas propiedades muy interesantes. Debido a que el fosfato cíclico tiene una sola carga negativa, su interacción con los iones de magnesio es muy débil. En consecuencia, las estructuras con un porcentaje significativo de estos compuestos resisten mejor ante niveles elevados de cationes. Esto parece ofrecer una solución potencial al problema de la incompatibilidad, pero, por desgracia, las cosas no son tan sencillas. Para que las protocélulas puedan dividirse de manera indefinida, es necesario que la composición de sus paredes permanezca inalterada. No obstante, los ciclofosfolípidos no forman micelas cuando el pH es elevado, de modo que no es posible introducir estas sustancias de manera directa en las vesículas. Una posibilidad atractiva es utilizar para este fin ácidos grasos o lisofosfolípidos, que luego se podrían convertir en ciclofosfolípidos en la membrana. Existen otras alternativas, pero presentan dificultades similares. Por ejemplo, los fosfolípidos de cadena corta pueden tener tanta actividad como las barreras habituales y constituir una superficie con las mismas características hidrófobas.

La conclusión indiscutible es que se necesitan más investigaciones sobre vías plausibles desde un punto de vista prebiótico para la síntesis de los ácidos grasos y sus alternativas. Nos hallamos ante una estimulante frontera de la ciencia, ya que el premio es la explicación del modo en que pudieron subsistir las poblaciones primigenias de protocélulas, al mismo tiempo que sorteaban la incompatibilidad que hay entre la química del ARN y las propiedades de las membranas.

En este capítulo se ha ofrecido una descripción deliberadamente pormenorizada del panorama empírico. Nuestro objetivo era demostrar que, al tener en cuenta los procesos físicos de crecimiento y división de las membranas y los bioquímicos de la replicación del ARN, era posible llegar a un modelo razonable, aunque incompleto, de las primeras células en la Tierra primigenia. Aún no se ha dicho la última palabra en este sentido y queda mucho por hacer para conocer todos los detalles. No obstante, la propuesta actual se basa en un conjunto considerable de trabajos experimentales y cuenta con el apoyo de sólidos argumentos teóricos. Si se está dispuesto a aceptar, por el momento, estas líneas generales, es posible empezar a preguntarse por el desarrollo evolutivo que condujo a la aparición de las características fundamentales que comparten las células actuales con el organismo ancestral a partir del cual surgieron todas las formas de vida presentes (el Último Antepasado Común Universal, LUCA, por sus siglas en inglés). Estos aspectos incluyen membranas hechas de lípidos complejos y un amplio arsenal proteico que controla el transporte molecular en ambos sentidos a través de esa barrera. Otro es la compleja red de procesos metabólicos que genera muchos, si no todos, los nutrientes que utiliza la célula. Por último, está la síntesis de proteínas codificadas por el ARN, que hace posible la producción de enzimas, de componentes de la membrana y del citoesqueleto (la estructura que ayuda a mantener la forma y las funciones celulares). En este texto solo esbozaremos un breve resumen del posible desarrollo de estas características fundamentales de la biología.

Un modelo particularmente atractivo, que explica la manera en que las protocélulas pudieron competir entre sí por algún recurso limitado, es el que se refiere a la síntesis mediante ribozimas de lípidos bicatenarios, similares a los fosfolípidos que se encuentran hoy en día en la membrana. Una serie de experimentos realizados por el equipo de Szostak demostraron que la presencia de una pequeña cantidad de lípidos en las barreras de ácidos grasos en vesículas de prueba permitía a estas aumentar su tamaño, mediante la sustracción de los componentes de la pared celular de sus vecinas carentes de esos añadidos. Este efecto se debe a que las moléculas de ácidos grasos se unen con más fuerza a las membranas que contienen una fracción, por pequeña que sea, de fosfolípidos bicatenarios. El resultado es que aquellas escapan a menor velocidad hacia la solución circundante, pero que se incorporan a la barrera de la vesícula al mismo ritmo, de modo que esta crece, mientras que las de sus vecinas, compuestas en exclusiva por ácidos grasos, disminuyen de tamaño. Una consecuencia importante de este fenómeno físico es que una protocélula que lograra desarrollar una ribozima capaz de catalizar la síntesis de fosfolípidos aumentaría de diámetro a expensas de sus congéneres. Esta ventaja competitiva la ayudaría a imponerse y a reemplazar a la población local. No obstante, una vez que sus descendientes se hubieran hecho dominantes, su superioridad desaparecería, ya que todas ellas serían capaces de producir fosfolípidos. Llegados a este punto, daría comienzo una interesante carrera armamentística en el frente evolutivo. La razón es que cualquier individuo que pudiese fabricar estas moléculas a más velocidad que el resto disfrutaría de una ventaja similar y podría crecer mediante la absorción de los ácidos grasos de sus vecinas. Esta competencia conduciría a un aumento gradual en la eficacia de la maquinaria dedicada a la síntesis de fosfolípidos y, por lo tanto, también a una mayor presencia de estas moléculas en las membranas. Sin embargo, una fracción creciente de estas sustancias tendría pronto efectos muy marcados sobre la fisiología celular, tanto positivos como negativos. Para empezar, las barreras de ácidos grasos con una cantidad significativa de fosfolípidos son menos permeables a los solutos con polaridad definida o carga eléctrica neta. Así, una protocélula que sobreviviera mediante la captura de nutrientes del medio, como los nucleótidos, ya no podría hacerlo o, mejor dicho, la adquisición de alimento sería cada vez más lenta, a medida que aumenta el porcentaje de elementos añadidos en su pared. Por otro lado, el descenso de la permeabilidad abre nuevas posibilidades evolutivas. En efecto, por fin podría resultar ventajoso disponer de procesos metabólicos internos, ya que las moléculas fabricadas en el interior celular no podrían escapar con facilidad, para servir de alimento a organismos vecinos. Por el contrario, el nuevo desarrollo supondría una ventaja para la célula que albergase las ribozimas que catalizan el mecanismo. Otra alternativa sería el desarrollo de sistemas especializados para la importación de nutrientes. En todo caso, la reducción de la permeabilidad daría lugar a dos nuevos retos selectivos, uno que se refiere a la aparición de procesos metabólicos internos y otro a la de mecanismos de transporte en la membrana.

El primero de estos dos aspectos debe de haber tenido lugar paso a paso, a medida que cada etapa proporcionaba una ventaja selectiva. Una forma plausible en que esto pudo haberse logrado es la aparición de nuevas ribozimas, cada una de las cuales habría catalizado la síntesis de compuestos a punto de agotarse en el interior celular o difíciles de obtener. Dado que estas novedosas sustancias debían estar codificadas en el genoma de ARN, lo más probable es que fuese algo que sucedió por fases. Uno de los primeros requisitos para un material genético más extenso, capaz de incorporar las instrucciones para estas nuevas moléculas, debió de ser el aumento del ritmo y de la precisión de la replicación. A medida que se agotaban las fuentes de nucleótidos presentes en el entorno, aumentar su producción interna, a partir de nutrientes cada vez más sencillos y fáciles de obtener, habría sido muy beneficioso. No obstante, persiste la duda del extremo al que podía llegar este mecanismo con solo el ácido ribonucleico como catalizador. Lo que está claro es que en algún momento los seres vivos desarrollaron la capacidad de sintetizar péptidos útiles y, más adelante, enzimas cada vez más grandes y activas. Sin embargo, este logro exigió que antes apareciera la posibilidad de codificar en el genoma las instrucciones de ese primer paso y el desarrollo evolutivo del código genético sigue siendo uno de los grandes misterios en este terreno. Se cree que también ese proceso debió de producirse a lo largo de muchas etapas. Algunos de los aminoácidos más habituales y de producción más sencilla debieron de ser incorporados primero, mientras que otros, de fabricación más compleja, lo habrían sido después. Esta hipótesis concuerda con el hecho de que aquellos tienen también el emparejamiento codón-anticodón (entre las secuencias de tres nucleótidos en el ARN de transferencia y el ARN mensajero) más fuerte. Además, tienden a ocupar las llamadas familias de codones, es decir, los diferentes grupos de cuatro codones que codifican un mismo aminoácido. Más allá de eso, la relación entre aminoácidos y codones parece ser arbitraria, de modo que el código genético en su conjunto puede considerarse en parte resultado de un proceso determinista y, en parte, de una eventualidad aleatoria preservada en el tiempo.

Sea como fuere, esto nos conduce en última instancia al tema del próximo capítulo, la conexión entre el origen de la vida en la Tierra y la formación y la evolución del propio planeta que la alberga.

6

Todo junto. De la astrofísica y la geología a la química y la biología

> Las fuerzas de la naturaleza actúan de forma misteriosa. Solo podemos resolver el misterio deduciendo el resultado desconocido a partir de los resultados conocidos de sucesos similares.
>
> MAHATMA GANDHI, *La fuerza del alma*

Se sabe por datación isotópica que la Tierra se formó hace unos cuatro mil quinientos cuarenta millones de años, de modo que averiguar sus condiciones iniciales supone todo un reto. Por suerte, se pueden obtener pistas acerca de su nacimiento a partir de las observaciones de multitud de estrellas alrededor de las cuales todavía se dan procesos de formación planetaria, además del propio registro geológico terrestre y de la información conseguida mediante el estudio de otros objetos del sistema solar (Marte y Venus, en particular). Gracias a los telescopios espaciales Hubble y James Webb y a los observatorios terrestres, como el Telescopio Muy Grande (VLT, por sus siglas en inglés) y ALMA (acrónimo de *Atacama Large Millimeter/submillimeter Array*, una red de radiotelescopios que ha registrado datos de una riqueza increíble), hemos podido ser testigos, en sentido literal, de la condensación de enormes nubes de gas y polvo bajo la fuerza de la gravedad y de la formación de densos discos protoplanetarios, verdaderos viveros de planetas, en torno a las estrellas nacientes. En un número creciente de casos, los astrónomos incluso han recurrido a técnicas espectroscópicas para describir la composición química de estas estructuras. De hecho, los investigadores han llegado aún más lejos. Astrofísicos, geólogos y científicos planetarios y atmosféricos han combinado esta abundancia de datos con sofisticadas simulaciones informáticas para producir una descripción dinámica, aunque parcial, de estos procesos. En este sentido, la capacidad de JWST de captar imágenes en el infrarrojo ofrece novedosas y sorprendentes posibilidades. Al poder penetrar las capas de polvo cósmico que, de otro modo, serían opacas (en el visible), este instrumento proporciona imágenes sin precedentes del nacimiento de estrellas y planetas. En particular, la combinación de las observaciones recabadas por este instrumento y por ALMA permite abarcar tanto los cuerpos que se forman más lejos del centro de su sistema estelar como aquellos que lo hacen en su proximidad.

A pesar de todo ello, aún quedan muchas dudas sin resolver en relación con la historia temprana de la Tierra, interrogantes que no se pueden contestar mediante la simple observación de otros sistemas estelares. Por ejemplo, una cuestión fundamental es la que tiene que ver con los impactos de asteroides contra nuestro planeta. Estos cuerpos celestes son vestigios rocosos de la formación del sistema solar y en la actualidad se conoce más de un millón de ellos, de los cuales unos seiscientos mil tienen órbitas determinadas con precisión. La mayor parte de estos escombros espaciales se encuentran dando vueltas al Sol entre Marte y Júpiter, en una región en que la gravedad de este último impidió la formación de objetos de mayor tamaño. De este modo, se creó lo que hoy en día se conoce como cinturón principal de asteroides. En este, el diámetro de sus integrantes oscila entre los 940 kilómetros de Ceres, merecedor del título de planeta enano, y los 10 metros de los más pequeños.

Las composiciones isotópicas de la Tierra y la Luna son idénticas y este hecho permite saber que, cuando la primera casi había alcanzado su tamaño máximo (hace entre cuatro mil cuatrocientos veinte y cuatro mil quinientos veinte millones de años), sufrió el catastrófico impacto de un objeto del diámetro de Marte (llamado Tea). La descomunal colisión arrancó parte del joven planeta y los fragmentos dieron lugar a nuestro satélite. Este acontecimiento también hizo que se fundiese la corteza terrestre y que apareciese un océano de magma que probablemente debió de tardar unas cuantas decenas de millones de años en enfriarse y solidificarse. Esto es casi seguro. Impactos parecidos podrían haber alterado la rotación de Venus (que tarda más en girar sobre sí mismo que en dar una vuelta alrededor del Sol). Sin embargo, las dudas empiezan a surgir en cuanto se trata de colisiones posteriores en nuestro planeta. A partir de estudios de datación de cráteres en la superficie lunar, los investigadores llegaron a la conclusión de que la Tierra primigenia debió de sufrir un auténtico bombardeo por parte de muchos más objetos de gran tamaño. No obstante, la distribución de masas exacta de los cuerpos implicados, así como el ritmo y el momento preciso de estos sucesos, sigue siendo objeto de acalorados debates, al igual que el efecto que este episodio pudo tener sobre el joven planeta. A este respecto, algunos científicos han propuesto que hace entre cuatro mil cien y tres mil ochocientos millones de años se produjo el llamado «Bombardeo Intenso Tardío (BIT)», un acontecimiento en el que un número desproporcionado de asteroides y cometas (que son bolas de hielo, polvo y roca) se estrelló contra la superficie terrestre. En cambio, otros investigadores sostienen que esto nunca tuvo lugar. Las supuestas pruebas a favor de esta hipótesis proceden de muestras traídas de la Luna por los astronautas de la misión Apolo, cuya datación isotópica pareció sugerir que habían sido fundidas por una serie de colisiones sucedidas durante un lapso muy breve. Quienes se muestran escépticos ante esta propuesta aducen que este resultado es solo cuestión de suerte, una casualidad estadística debida a que los astronautas tomaron muestras de rocas eyectadas por un único impacto de grandes dimensiones. Estos científicos sugieren que no hubo un Bombardeo Intenso Tardío, sino uno muy breve y anterior, que finalizó en torno a hace cuatro mil cuatrocientos millones de años, al que siguió un largo período de dos mil millones de años con un número progresivamente decreciente de incidencias y que continúa hasta la actualidad en cantidades cada vez menores. El motivo por el que estos detalles son importantes es que tienen consecuencias trascendentales a la hora de determinar el momento en que la Tierra empezó a ser habitable y en el que pudieran aparecer los primeros seres vivos. Algunos de los impactos de mayor envergadura habrían bastado para fundir parte de la corteza terrestre y destruir la mayoría de los incipientes organismos, si no todos. En cambio, los de menor tamaño podrían tener el efecto contrario, al crear temporalmente una atmósfera reductora (la que contiene gases con esta propiedad, como el hidrógeno y el ácido cianhídrico). Como se vio en el capítulo 3, una mezcla así habría sido más propicia para la aparición de formas de vida, ya que el cianuro habría constituido un excelente punto de partida para la síntesis de los componentes básicos de los procesos vitales. Los asteroides también aportarían metales, como el hierro, y otros elementos, como el fósforo y el azufre, necesarios para estas reacciones. Incluso la mayor parte del agua en la Tierra (tal vez hasta ocho veces el volumen de todos los océanos actuales, según una simulación) podría provenir de estos impactos primordiales. Algunos tipos de meteoritos también habrían transportado cantidades mucho menores de compuestos relevantes desde el punto de vista de la química prebiótica, tales como aminoácidos (cuyas cadenas podrían haber formado proteínas) y bases nitrogenadas, como las que integran el ARN. Colisiones aún menores habrían generado cráteres y una actividad geotérmica asociada, que habría resultado en fuentes termales y en lagos ricos en minerales. Ya se ha visto con anterioridad que estos entornos habrían sido ideales para la aparición de los seres vivos. Por lo tanto, en lo que se refiere a estos últimos, no cabe duda de que a veces los asteroides dan una de cal y otra de arena. Ya de paso, cabe mencionar a Michelle Knapp, de Peekskill (Nueva York,), quien en 1992 compró un coche por trescientos dólares. Su vehículo quedó destruido por completo tras el impacto de un pequeño meteorito que cayó sobre él, ¡antes de que un coleccionista lo comprara por 25.000 dólares!

Bromas aparte, el desarrollo de la Tierra primigenia encierra otro rompecabezas: la denominada «paradoja del Sol joven y débil». Este enigma surgió a partir del descubrimiento (en Jack Hills, en Australia Occidental) de diminutos cristales minerales conocidos como circones, que en un caso determinado se remontan a hace cuatro mil cuatrocientos millones de años. Un análisis de la proporción de los distintos isótopos de oxígeno en su composición demostró que incluso en aquella época remota existía agua líquida en la superficie terrestre o cerca de ella. La paradoja consiste en la aparente contradicción entre esta evidencia y las predicciones de los modelos de evolución estelar, según los cuales la luminosidad solar en ese entonces era un 30 por ciento inferior a la actual. En efecto, un Sol tan débil debía de proporcionar muy poco calor y toda el agua superficial del planeta debería haber estado congelada y sólida. En esas condiciones, los seres vivos no habrían podido aparecer ni desarrollarse.

Todavía no se conoce con certeza la solución a esta cuestión, pero la opinión generalizada es que una combinación de factores puede haber intervenido a este respecto. En concreto, la mayor concentración de gases de efecto invernadero, como el dióxido de carbono (y también, posiblemente, del metano) en la atmósfera primigenia pudo impedir que el agua se congelase por completo. Desde luego, los volcanes habrían emitido cantidades importantes de estas sustancias. En relación con esto, se dispone de una prueba circunstancial para respaldar esta propuesta, obtenida a partir del análisis de la composición de unos meteoritos de hace dos mil setecientos millones de años. Los datos han revelado que estas rocas, al descender por la atmósfera terrestre, interactuaron con una mezcla de gases rica en dióxido de carbono (tal vez hasta en un 70 por ciento). Otros factores que podrían haber contribuido a mantener líquida el agua serían los siguientes: (i) la reflexión de energía de nuestro planeta hacia el espacio habría sido menor; (ii) los impactos de asteroides, cuyo ritmo habría sido elevado hace cuatro mil quinientos millones de años (con independencia de que realmente se produjera o no el Bombardeo Intenso Tardío), podrían haber generado suficiente energía térmica como para derretir el hielo, al menos en ocasiones, y (iii) es posible que la Luna, que estaba mucho más cerca de la Tierra en el período inmediatamente posterior a su formación, ejerciera poderosas fuerzas de marea sobre el interior planetario y que estos tirones produjeran calor.

El problema planteado por esta paradoja es más grave todavía en el caso de Marte. Los datos enviados por el vehículo no tripulado *Perseverance* y por otras misiones robóticas indican que hace al menos tres mil setecientos millones de años existían lagos de agua líquida y ríos caudalosos en la superficie del planeta rojo. Es posible que este misterio se resuelva cuando las muestras recogidas por *Perseverance* regresen a la Tierra en la década de 2030, para su análisis. Sin embargo, la existencia de un «Sol joven y débil» plantea la que tal vez sea una posibilidad aún más interesante, tanto en lo que respecta a los seres vivos de la Tierra como al conjunto de las formas de vida extraterrestre. El científico atmosférico Martin Turbet, del Laboratorio de Meteorología Dinámica de París, sugirió en 2021 que, si la luminosidad solar hubiese sido hace unos cuatro mil quinientos millones de años entre un 92 y un 95 por ciento de la actual, entonces el vapor atmosférico no se habría condensado para formar agua líquida. En lugar de tener una glaciación por todo el planeta, habríamos tenido una Tierra «al vapor». Dicho de otro modo, una estrella enclenque habría sido una bendición y no una maldición, incluso ¡una condición necesaria para la aparición de los primeros organismos! En cambio, los modelos de Turbet predicen que la temperatura en Venus nunca descendió lo suficiente como para albergar agua líquida. La buena noticia es que esta predicción podrá comprobarse pronto. La NASA tiene previsto enviar dos sondas a ese planeta en esta década y la Agencia Espacial Europea hará lo propio con otra. Una de las misiones estadounidenses tiene por nombre *DAVINCI* (acrónimo de *Deep Atmosphere Venus Investigation of Noble gases, Chemistry, and Imaging*) e incluirá una sonda que descenderá a través de la atmósfera venusina y determinará su composición a diferentes altitudes. Los datos así obtenidos proporcionarán pistas significativas para saber si en el pasado existieron océanos en su superficie. Además, las misiones *VERITAS* de la NASA y *EnVision* de la Agencia Espacial Europea orbitarán alrededor de Venus y cartografiarán su corteza. Estos resultados permitirán calibrar y comprobar los modelos climáticos hechos para este caso. En el capítulo 7 se examinarán con más detalle las posibilidades de que ese planeta albergue seres vivos.

La conclusión de este breve resumen es evidente. La combinación de los descubrimientos en cuanto al desarrollo geológico y atmosférico de la Tierra, junto con la exploración de otros planetas del sistema solar, la observación de estrellas nacientes y discos protoplanetarios, el análisis de impactos de meteoritos, las simulaciones informáticas y, más recientemente, incluso los datos de unas cuantas misiones que han devuelto muestras de materiales (obtenidas tras visitar asteroides y cometas), ha permitido elaborar una teoría detallada del proceso de formación terrestre y caracterizar las condiciones iniciales a partir de las cuales surgió la vida.

No obstante, en este punto surge otra dificultad: los llamados años perdidos de la Tierra. El problema es el siguiente. La corteza rocosa externa (la *litosfera*) de nuestro planeta está segmentada y compuesta por grandes fragmentos, denominados *placas tectónicas*. Siete de ellas son principales y diez, secundarias. Dado que la parte superior del núcleo terrestre está fundida (lo que hace que el manto, situado bajo la corteza, tenga una temperatura elevada y sea en parte fluido), existe un lento movimiento que a veces lleva a las placas a colisionar entre sí e incluso a sumergirse bajo las colindantes, en un proceso conocido como *subducción*. Debido a esta dinámica, hay grandes porciones de la superficie terrestre que se reciclan de manera continua: un trozo se desliza bajo otro y se hunde hasta fundirse. A lo largo de miles de millones de años, esta actividad ha destruido las huellas de la historia primigenia de la Tierra y por lo tanto la información de los entornos que precisamente más nos interesan, que son aquellos en los que aparecieron los seres vivos. De este modo, reconstruir en la teoría las condiciones del medio prebiótico requiere la integración cuidadosa de evidencias procedentes de diversos campos. Estas incluyen extrapolaciones a partir de procesos observables en la actualidad, los resultados de rigurosos modelos informáticos y, sobre todo, de estudios detallados de la superficie marciana. Estos son fundamentales, porque el planeta rojo ha conservado gran parte del registro geológico que ha desaparecido en la Tierra (ya que, como se verá en el próximo capítulo, Marte carece de tectónica de placas). En este sentido, la llegada con éxito de *Perseverance* a su destino es muy prometedora. La meticulosa combinación de la información obtenida por este vehículo con la aportada por misiones anteriores sirve para arrojar luz sobre un pasado remoto, al mismo tiempo que subraya la importancia de los enigmas que aún quedan sin resolver y que sirven de acicate a investigaciones punteras en la actualidad.

Pasando ahora de la geología a las fronteras de la química, una conclusión importante a la que se llega una y otra vez es que los avances pueden verse obstaculizados por ideas preconcebidas y que a menudo los logros tienen que esperar a que se imponga un cambio de paradigma. Es lo que se llama, con sorna, el «principio de Planck», en honor a este físico alemán creador de la teoría cuántica, quien escribió en una ocasión: «Una nueva verdad científica no triunfa porque convenza a sus oponentes y les haga ver la luz, sino porque sus oponentes acaban muriendo y crece una nueva generación familiarizada con ella». Un ejemplo de esto, del que ya se ha hablado y que demuestra el efecto paralizante de los prejuicios, es la relación existente entre la química prebiótica y las primeras y tentativas propuestas acerca del entorno en el que esos procesos pudieron tener lugar. En concreto, se refiere a uno de los trabajos más famosos en este campo: el *experimento de Miller-Urey*.

No cabe ninguna duda de que este supuso un gran avance, al conseguir producir moléculas estrechamente emparentadas con los aminoácidos a partir de una configuración experimental relativamente sencilla desde un punto de vista químico. Sin embargo, si se examina de cerca el verdadero resultado del ensayo, es fácil darse cuenta de que se crearon cantidades muy pequeñas de miles, incluso decenas de miles, de compuestos diferentes. Lo cual no es, desde luego, un escenario ideal para la aparición de los seres vivos. En lugar de eso, lo que se necesita es una elevada concentración de unos pocos productos fundamentales. Estaba claro que se había pasado por alto algo muy importante o que se había cometido un grave error. Una serie de logros significativos alcanzados en estos últimos veinte años (descritos en detalle en los capítulos 3 y 4) han delineado rutas concretas para la obtención de grandes cantidades de esas sustancias. No obstante, estas vías llevan aparejados requisitos específicos. Por ejemplo, ya se ha mencionado que la radiación ultravioleta pudo aportar la energía necesaria para los procesos. Por un lado, esto parece prometedor, ya que se sabe que las estrellas jóvenes emiten gran cantidad de fotones con frecuencias en este rango. Por otro, plantea una dificultad: emisiones tan energéticas como estas podrían haber destruido con rapidez las moléculas necesarias para los procesos vitales. Una combinación de observaciones, experimentos y modelos ha arrojado una sorprendente solución a este respecto: la atmósfera terrestre habría filtrado las radiaciones de mayor energía, que son las que tienen un potencial destructivo más elevado. Por el contrario, las de un rango intermedio en este sentido, que son las que podrían poner en marcha las reacciones de síntesis adecuadas, serían capaces de atravesar la envoltura gaseosa de la Tierra, con una intensidad suficiente como para iniciar la química de la vida.

Esta importante constatación era un buen punto de partida, pero también quería decir que la necesaria radiación ultravioleta solo podía alcanzar la superficie si no se lo impedía una espesa bruma de hidrocarburos, del tipo de la que envuelve, por ejemplo, a Titán, el satélite de Saturno. Que es exactamente lo que habría sucedido si la atmósfera primigenia terrestre hubiera estado compuesta de verdad de hidrógeno, metano, amoníaco y agua, como se creía en la época del experimento de Miller-Urey. Por el contrario, investigaciones más recientes señalan una mezcla de gases totalmente distinta, con la composición más probable integrada sobre todo por dióxido de carbono y nitrógeno, con trazas de hidrógeno y de otras moléculas de menor importancia. Esto plantea otro problema, porque es muy difícil sintetizar algo más que cantidades marginales de cianuro (imprescindible para la aparición de toda forma de vida) en un entorno dominado por componentes tan estables. Un modelo reciente parece indicar que hay una manera de quedarse con la vaca y con lo que vale. Ya se ha dicho con anterioridad que los impactos de asteroides de un tamaño razonable podían producir momentáneamente atmósferas reductoras, con gran abundancia de hidrógeno, nitrógeno y metano. En este lapso se podrían generar grandes cantidades de cianuro, que luego serían capturadas y almacenadas en la superficie en forma de sales de ferrocianuro. Más tarde, una vez que esta mezcla de gases se hubiera disipado y la composición atmosférica volviera a estar dominada por el dióxido de carbono procedente de las erupciones volcánicas, desparecería también cualquier bruma que se hubiera formado. De este modo, la necesaria radiación ultravioleta de frecuencia media podría alcanzar de nuevo la superficie. Esta notable coincidencia entre las ventajas de la fotoquímica, el espectro de los fotones emitidos por el joven Sol y la probable composición de la atmósfera terrestre primigenia indica que, como mínimo, se debería tener en cuenta esta interesante propuesta, mientras se sigue con la búsqueda de pruebas adicionales que respalden la hipótesis. Al mismo tiempo, habría que intentar identificar siempre situaciones coherentes como esta cuando se busquen posibles formas de vida en otros cuerpos del sistema solar y en exoplanetas.

Esta aparente perogrullada, la afirmación de que el entorno planetario y los procesos prebióticos que condujeron en conjunto a la aparición de los seres vivos deben ser compatibles y coherentes entre sí, supone una poderosa limitación para cualquier modelo. Por otro lado, el principal cambio de paradigma en este sentido ha sido el hecho de reconocer que el análisis de las vías químicas puede desvelar aspectos importantes del medio, a la vez que el examen crítico de este tiene la capacidad de aportar información sobre las reacciones necesarias. Precisamente, el estudio de estas sorprendentes conexiones es lo que ha llevado a una visión de conjunto de la Tierra primigenia y a las conjeturas actuales sobre las ubicaciones en que pudo nacer la vida.

La aparición de la vida

Si se supiera con certeza el momento en que aparecieron los primeros seres vivos en la Tierra primigenia, se podría acotar el período de transición de la química a la biología en nuestro joven planeta. En consecuencia, la búsqueda de huellas de los microorganismos más antiguos es un esfuerzo constante, aunque se trate de una tarea difícil en extremo. Esto se debe en parte a que solo se ha conservado una cantidad minúscula de la primitiva corteza terrestre, ya que casi todas las rocas de mayor antigüedad han sido destruidas por subducción. Además, las pocas zonas supervivientes han sufrido graves alteraciones, causadas por eones de calor y elevadas presiones, que han acabado con las escasas evidencias que se pudieran haber preservado en su seno. Para colmo de males, una sorprendente variedad de mecanismos abióticos pueden generar estructuras minerales microscópicas de aspecto muy parecido a las causadas por los procesos vitales. Solo porque algo parezca una forma fosilizada de vida microbiana no significa que lo sea en realidad. En este sentido, se requieren mucho cuidado y mucha precaución a la hora de interpretar las formaciones encontradas en rocas antiguas. Entonces, ¿cuál es la primera evidencia indiscutible que se conserva de la vida en la Tierra?

Se podría decir que las pruebas más incontrovertibles y sólidas (es un decir) de la existencia de formas de vida microscópica son las que se conservan en unas estructuras pétreas y estratificadas conocidas como *estromatolitos.* Estas fueron (y son) formadas por colonias pegajosas de microorganismos, que atrapan los sedimentos y los consolidan en capas. Posteriormente, al precipitar los minerales en el interior de estas vetas, se producen depósitos duraderos con una característica distribución en estratos, que por lo general adoptan una forma de cúpula redondeada o cónica. Hoy en día, se pueden observar en ambientes marinos de aguas poco profundas. Además, hay algunos fosilizados y muy bien conservados, de hasta dos mil quinientos millones de años de antigüedad, en varios lugares del mundo, aunque los de mayor edad se encuentran en Australia Occidental. Datan de hace entre tres mil cuatrocientos y tres mil quinientos millones de años y han sido objeto de intenso estudio por parte del astrobiólogo australiano Martin van Kranendonk y su equipo de colegas y estudiantes. Gracias a su cuidadoso y minucioso trabajo, se ha podido determinar con seguridad que los seres vivos eran ubicuos en entornos marinos de aguas poco profundas menos de mil millones de años después de la formación de la Tierra. No obstante, este período es muy largo, casi una cuarta parte de la existencia de nuestro planeta. ¿Es posible precisar más el momento en el que apareció la vida?

Por desgracia, todas las pruebas en este sentido que se han podido obtener de épocas anteriores son controvertidas en el mejor de los casos. En rocas antiquísimas de Australia, Groenlandia y Sudáfrica se han encontrado microfósiles de aspecto similar a células, con paredes compuestas de materiales orgánicos que contienen carbono y nitrógeno. Sin embargo, no está claro si los más antiguos de estos restos (de tres mil cuatrocientos a tres mil setecientos millones de años) son en verdad microorganismos fosilizados o estructuras con un origen no biológico. Del mismo modo, algunas formaciones geológicas se consideraron en un primer momento pruebas en este sentido, como el cinturón de rocas verdes de Nuvvuagittuq (Quebec). Estas se hallan en las inmediaciones de una antigua fuente hidrotermal y podrían tener más de cuatro mil trescientos millones de años. En su interior se descubrieron filamentos y tubos hechos de un tipo de óxido de hierro, encerrados en capas de cuarzo, que se tomaron por restos biológicos. No obstante, la opinión general actual es considerarlas estructuras minerales abióticas (no relacionadas con formas de vida). Otra supuesta evidencia de la existencia muy temprana de seres vivos era la proporción de los isótopos del carbono encontrados en el interior de un cristal de circón que podría tener hasta cuatro mil cien millones de años de antigüedad. Sin embargo, hoy en día se cree que este fenómeno podría deberse a causas diferentes a la biología. Ninguna de estas afirmaciones sobre la presencia de microorganismos primigenios goza de aceptación general, pero cabe señalar que los esfuerzos en esta dirección han hecho avanzar la tecnología empleada en la identificación de estas arcaicas formaciones microscópicas. Sin duda, es posible mantener la esperanza de que otros adelantos tecnológicos proporcionen algún día pruebas concluyentes sobre la edad de las primeras formas de vida.

Un método completamente distinto que han utilizado los investigadores para determinar el momento en el que aparecieron microbios en la Tierra primigenia hace uso del concepto de «reloj molecular». Mediante la comparación de los genomas de los organismos actuales y suponiendo (¡lo cual es mucho suponer!) que las mutaciones neutras se producen a un ritmo constante, es posible deducir la existencia y la edad de un Último Antepasado Común Universal (LUCA). Este se define como el ancestro más reciente que comparten todos los seres vivos existentes hoy en día. En este sentido, presenta las características bioquímicas que son comunes a bacterias, arqueas y eucariotas (los tres dominios de la vida celular). Dado que esto es así, es posible deducir que debió de tener una complejidad equiparable a la de los microorganismos actuales, lo que incluye, por ejemplo, un genoma de ADN, ribosomas para la síntesis de proteínas, numerosas enzimas proteicas, un metabolismo sofisticado y una membrana bien desarrollada. Por tanto, existe una enorme distancia evolutiva entre este ancestro compartido y las primeras protocélulas. Se desconoce por completo el lapso necesario para pasar de estas últimas a aquel y este aspecto es todavía una gran incógnita. Los estudios basados en el método del reloj molecular suelen arrojar fechas muy tempranas para LUCA (de hace más de cuatro mil millones de años), pero estos trabajos pueden adolecer de una imprecisión considerable, toda vez que el ritmo de la evolución puede variar mucho. En concreto, es de esperar que la precisión de la replicación del ADN fuera menor en épocas muy tempranas, lo que daría lugar a tasas de error más elevadas y a un reloj que avanzaría más deprisa. De este modo, el cálculo de la antigüedad de los seres vivos primigenios sería erróneo. Por lo tanto, a menos que se obtengan nuevas y mejores evidencias, se mantiene una gran incertidumbre sobre la cronología del origen de la vida.

Además de la cuestión sobre el *cuándo*, el problema del *dónde* ha sido también objeto de grandes controversias entre los especialistas en este campo. La primera propuesta moderna a este respecto fue la de Charles Darwin de una «pequeña laguna tibia, con presencia de todo tipo de sales de amoníaco y fósforo, luz, calor, electricidad, etc.». El científico inglés no sabía nada del papel que desempeñan los ácidos nucleicos en la herencia, ni de las vías químicas que conducen a los nucleótidos, aminoácidos y lípidos, pero su propuesta se adelantó a su tiempo en muchos sentidos. Los cuerpos de agua poco profundos permiten que los componentes básicos de los seres vivos se concentren por evaporación y que la radiación ultravioleta ponga en marcha los procesos necesarios. A lo largo del siglo y medio transcurrido desde entonces, el modelo se ha desarrollado mucho. La pequeña laguna se considera en la actualidad en el contexto más amplio de un entorno de fuentes hidrotermales activas de origen volcánico o debido a impactos de asteroides, como se analizará a continuación con más detalle.

No obstante, antes de dirigir nuestra atención al medio geofísico y geoquímico de esta laguna primordial, es necesario mencionar otro modelo, muy discutido en los medios de comunicación. Se trata de las fuentes hidrotermales en el fondo del mar. El motivo por el que tales formaciones se han considerado propicias para la aparición de los seres vivos se debe al hecho de que han sido colonizadas, de manera muy vistosa y llamativa, por organismos actuales. Estas estructuras se alzan en puntos de elevada temperatura en el lecho marino en los que se genera nueva corteza, al ascender y enfriarse el magma que llena la separación entre placas tectónicas que se alejan entre sí. Se trata de lugares en los que hay abundante energía disponible, en forma de gradientes de reducción y oxidación (un conjunto de reacciones de ambos tipos), que son el resultado del paso del agua del océano a través de fisuras en la roca y del transporte de iones metálicos a la superficie de la piedra en corrientes muy calientes. Una vez llegados a esta zona, los elementos disueltos se combinan con el oxígeno marino y precipitan en voluminosas nubes de óxidos e hidróxidos metálicos, lo que ha hecho que se adopte el término de «fumarolas negras». Por otro lado, hay otras fuentes de muy distinta naturaleza y temperatura más reducida, en las que se emite agua alcalina a un entorno marino más ácido. Esta diferencia representa un aporte energético que es aprovechado de manera muy eficaz por las numerosas criaturas que pueblan estas formaciones.

No obstante, el hecho de que un entorno concreto haya sido colonizado por criaturas actuales no quiere decir que sea adecuado para la *aparición* de la vida. Considérese brevemente el modelo de fuentes hidrotermales en el lecho oceánico. Poco después del descubrimiento de las fumarolas alcalinas, el geólogo británico Michael Russell y el microbiólogo estadounidense William Martin, de la Universidad Heinrich Heine de Düsseldorf (Alemania), propusieron que los poros microscópicos observados en las chimeneas de estas formaciones podrían haber desempeñado el papel de protocélulas. En este sentido, habrían propiciado el inicio de los procesos metabólicos y, en última instancia, habrían dado origen a microorganismos como los que se observan hoy en día. Según su propuesta, en la que el metabolismo aparece primero, reacciones muy sencillas catalizadas por iones metálicos condujeron al establecimiento de vías más complejas, que habrían acabado por «inventar» rutas para la síntesis de nucleótidos, aminoácidos y lípidos, hasta desembocar en células que emplean ácidos nucleicos como material genético y proteínas como catalizadores. Por desgracia, este modelo es fundamentalmente inadecuado desde el punto de vista químico. Para empezar, lo más importante es que no existe manera realista alguna de desarrollar vías y ciclos metabólicos en ausencia de potentes catalizadores, como el ARN o las enzimas proteicas, que, por supuesto, están codificados en los genes, cuyas secuencias son a su vez el resultado de la evolución por medio de la selección natural. A pesar de décadas de debate al respecto, no hay ninguna prueba de reacciones plausibles en el entorno prebiótico constituido por las fuentes hidrotermales en el fondo oceánico que pudieran dar lugar a los nucleótidos y al ARN, ni a aminoácidos, péptidos, lípidos o membranas. En ausencia de rutas hacia la síntesis de los componentes básicos de la vida, es un error garrafal defender que los procesos vitales pudieron surgir en estas estructuras submarinas. Llegados a este punto, parece casi redundante mencionar el resto de los defectos de esta propuesta, pero lo haremos de todos modos en aras de la exhaustividad. En primer lugar, las vías que permitieron a John Sutherland y a sus colaboradores producir nucleótidos y aminoácidos (tal y como se ha descrito en los capítulos 3 y 4) requieren contextos geológicos que permitan el *aumento de la concentración* de las materias primas. Esto es sencillo de conseguir en la superficie de la Tierra, en la que mecanismos físicos simples, como la evaporación, la cristalización y la congelación pueden dar lugar a una acumulación de reactivos e intermediarios imprescindibles. En cambio, nada de esto es posible en un vasto océano, en el que los productos necesarios se diluirían y se perderían para siempre. Después, muchos de los procesos cruciales en la aparición de los seres vivos utilizan la radiación ultravioleta como fuente de energía, lo que implica que no podrían tener lugar en el lecho marino. Por último, los complejos y variados entornos de la superficie habrían permitido que se produjesen diferentes reacciones en una pluralidad de ubicaciones y en varios momentos. Esto habría facilitado que los productos resultantes se combinasen después entre sí, para dar paso a las etapas siguientes en el camino general hacia la aparición de formas de vida. En resumen, este salto tuvo que producirse en tierra firme, en pequeños lagos o lagunas, en los que el Sol podía aportar la radiación ultravioleta necesaria y generar (con la ayuda del calor geotérmico) ciclos de humedad y sequía, así como períodos de congelación y deshielo, y en los que era posible acumular depósitos de sustancias intermediarias. En definitiva, la hipótesis de las fuentes hidrotermales marinas es un ejemplo clásico de la manera en que un modelo erróneo, pero muy extendido, resultante de un hallazgo inicial interesante, que se mantiene vigente a pesar de la acumulación de pruebas en su contra, puede frenar el progreso en un campo concreto, al desviar la atención y los recursos de planteamientos más realistas.

Saliendo de nuevo a la superficie, por decirlo de algún modo, considérese a continuación la manera en que esta variedad de entornos, tan diversos hace cuatro mil millones de años como hoy en día, podría haber facilitado la aparición de los procesos vitales. Algo importante que se debe tener en cuenta es que el paso de un planeta yermo y sin vida a otro habitado, incluso por las más sencillas protocélulas, no se da de un solo salto. Hubo que reunir muchos componentes para que aparecieran los seres vivos y pudieran subsistir. En este sentido, es de suponer que las diferentes materias primas no serían fabricadas ni se encontrarían a la vez en un solo lugar. El modo en que se sintetizaron, acumularon y combinaron los distintos ingredientes de los primeros microorganismos sigue siendo un apasionante rompecabezas. Sin embargo, es un enigma de cuya solución general empezamos a vislumbrar algunas piezas. Los lagos alcalinos no tienen nada que ver con la pequeña laguna tibia que imaginó Darwin, pero presentan algunas propiedades que los hacen ideales, al menos de cara a dos de las primeras etapas de la ruta que conduce a la vida. Jonathan Toner y David Catling, astrobiólogos de la Universidad de Washington, realizaron modelos informáticos muy detallados de estos entornos y demostraron por primera vez que en ellos se podían acumular complejos de ferrocianuro con el paso del tiempo, mediante la captura del cianuro disuelto en la lluvia y la formación de depósitos de esta molécula. Del mismo modo, también podrían almacenar fosfatos en compuestos solubles. Así, estas sustancias estarían disponibles para actuar como tampón de pH, como catalizador y como parte de los nucleótidos del ARN. Huelga decir que nada de esto habría podido suceder en el fondo del mar. El caso es que la acumulación de sales de ferrocianuro en los sedimentos es una manera muy eficaz de obtener un depósito de una materia prima fundamental: el cianuro. Sin embargo, para que este pueda servir de punto de partida de vías químicas más productivas, es necesario procesar térmicamente los compuestos iniciales. Esto es algo fácil de conseguir en una región con actividad volcánica, mediante flujos de lava sobre lechos deshidratados de sedimentos con alto contenido de ferrocianuro. No obstante, el calor y la presión del impacto de un meteorito podrían tener efectos similares, liberar el cianuro de su férrea prisión y transformar una cierta proporción de estas moléculas en compuestos que encierran una gran cantidad de energía, como la cianamida y otros derivados parecidos. Con posterioridad, el agua de lluvia filtrada a través de grietas en las rocas podría disolver estas sustancias, energéticas y solubles, para crear un acuífero saturado de reactivos. Estos serían transportados por corrientes subterráneas hasta lagos y otros cuerpos de agua, más parecidos a la pequeña laguna templada de Darwin, los cuales, justo como él dijo, se llenarían de los fosfatos y de los compuestos de carbono y nitrógeno necesarios para dar comienzo a los procesos vitales. Si todo esto ocurriese en tierra firme, en un medio expuesto a la radiación ultravioleta y con acceso a gases volcánicos, tales como el ácido sulfhídrico y el dióxido de azufre, sería posible poner en marcha la «química fotorreductora cianosulfídica» que se ha descrito en detalle en los capítulos 3 y 4. A su vez, esta podría conducir a la síntesis de nucleótidos y aminoácidos.

Una vez que estos últimos y otros compuestos relacionados estuviesen disponibles en elevadas concentraciones en entornos concretos, ubicados en la superficie terrestre, habría muchas maneras en las que ciertos mecanismos físicos, tales como ciclos de condiciones húmedas y secas o de períodos de congelación y deshielo, podrían contribuir a la formación de otras moléculas más grandes y complejas. Por ejemplo, los nucleótidos activados podrían unirse entre sí para formar cadenas cortas de ARN, mediante un secado parcial. Este produciría una especie de lodo o pasta, cuyos integrantes estarían tan concentrados que empezarían a reaccionar unos con otros y a constituir oligómeros de poca longitud. Por el contrario, los que permaneciesen disueltos en agua no se polimerizarían. Sin embargo, si el líquido se congelase, como puede ocurrir durante una ola de frío en invierno, empezarían a hacerlo, al concentrarse en las regiones que persisten en su estado inicial entre los crecientes cristales de hielo. La alternancia de períodos secos y húmedos también podría conducir a la formación de péptidos. En un proceso especialmente interesante, los alfahidroxiácidos reaccionan de manera espontánea entre sí cuando se deshidratan y forman unos polímeros conocidos como poliésteres. Los aminoácidos pueden luego atacar los enlaces de estas sustancias e incorporarse a una cadena mixta, junto con los alfahidroxiácidos. De este modo, ciclos repetidos de épocas con y sin lluvia, en presencia de aminoácidos, acabarían por generar péptidos cortos. Otra posibilidad fascinante sería que el cianuro disuelto en el lago se hidrolizase con la ayuda de sulfuros para producir formamida, que es mucho menos volátil que el agua. Por lo tanto, la evaporación de esta disolución podría dejar tras de sí un líquido compuesto en su mayor parte, o tal vez en su totalidad, por formamida, que además es un excelente disolvente de numerosos reactivos orgánicos relevantes en estos procesos. Por último, ya se ha mencionado con anterioridad el hecho de que tanto la RAO, el intermediario en la vía hacia los nucleótidos, como el CV-DCI, la forma en que se presenta el cianoacetileno en los depósitos, cristalizan de una manera muy hermosa en el agua. Esto plantea la posibilidad de que se acumulen reservas de estas sustancias purificadas en estratos cercanos a la superficie. *Lo importante aquí es que todos estos procesos físicos y químicos están relacionados y solo pueden ocurrir en entornos superficiales, lo que aporta numerosos indicios circunstanciales de que la aparición de los seres vivos primigenios fue un fenómeno que no pudo haberse producido en la vecindad de fuentes hidrotermales en el fondo marino.* La conclusión general que se debe extraer de todo esto es que los modelos que pasan por alto las múltiples etapas de las rutas químicas necesarias para producir y acumular los componentes básicos de la vida no son realistas y no contribuyen a lograr avances en este terreno. Por el contrario, si se tienen en cuenta y se investigan con detalle las dificultades, se puede llegar a descripciones de entornos geoquímicos relevantes. Al mismo tiempo, y a la inversa, la consideración del medio superficial puede conducir al planteamiento de procesos químicos realistas que podrían haber contribuido a la aparición de los seres vivos.

Si se consideran ahora otros mecanismos más complejos, tales como la replicación del ARN sin el uso de enzimas o el crecimiento y la división de las protocélulas, se llega de nuevo a la conclusión de que un entorno dinámico y con fluctuaciones debió de ser una necesidad, casi con certeza, para la propagación de los seres vivos primigenios. Es posible constatar que este es el caso si se comparan esos procesos con sus equivalentes en la biología actual. En la replicación, ya se trate de seres humanos, bacterias o virus, hay una multitud de complejas enzimas que la hacen avanzar, para lo que emplean la «molécula de la energía», el adenosín trifosfato (conocido por sus siglas en inglés como ATP). Un aspecto crítico de este mecanismo en todos los casos es que unas sustancias catalizadoras que consumen ATP, denominadas helicasas, separan las dos hebras del ADN, de modo que se puedan hacer copias de ellas con facilidad. Es gracias a su intervención que se puede llevar a cabo este procedimiento a una temperatura constante. En consecuencia, no es necesario experimentar picos de calor para separar las hebras, dado que la energía necesaria puede obtenerse del ATP. Sin embargo, en ausencia de este y de enzimas catalizadoras, los seres vivos primigenios debieron de realizar su replicación de una manera muy diferente. Lo que se ha descubierto de modo experimental es que los ciclos térmicos son una forma de satisfacer unos requisitos en apariencia contradictorios. Por ejemplo, los oligonucleótidos muy cortos (polímeros de ácidos nucleicos de longitud muy pequeña) solo se unen a la hebra de la plantilla (de mayor extensión) a bajas temperaturas. Esto significa que se requiere un entorno relativamente frío para que los cebadores aumenten de tamaño. No obstante, la replicación en sí no puede llevarse a cabo en un medio que siempre presente estas características, porque los oligonucleótidos más largos quedan «atascados» en los dúplex estables, cuyas hebras solo se pueden separar y copiar a temperaturas más elevadas. Por consiguiente, parece ser que un requisito para la replicación no enzimática del ARN es un entorno con oscilaciones térmicas. Al mismo tiempo, el ácido ribonucleico es bastante frágil y se degrada si se expone al calor durante períodos prolongados. Por tanto, el ambiente en el que se produjeron estos procesos por primera vez debió de ser frío la mayor parte del tiempo, pero con picos ocasionales de calor que permitiesen la separación de las hebras. Precisamente esto es lo que sucede en lagos de zonas con actividad volcánica (como el Yellowstone) o en los cráteres de los asteroides (que suelen contener lagunas). Es posible que algunas de las primeras protocélulas fueran afectadas brevemente por corrientes cálidas surgidas de respiraderos termales en el fondo de estos cuerpos de agua y que se enfriaran poco después de manera súbita, al entrar en contacto con el resto del líquido, más frío. Dicho de otro modo, las células actuales requieren de un entorno estable y con pocos cambios para sobrevivir, mientras que las primigenias necesitaban que el medio fuera dinámico y cambiante para poner en marcha sus procesos cíclicos de reproducción.

No deja de ser sorprendente que se haya llegado a la conclusión de que los seres vivos terrestres podrían haber surgido en un escenario muy parecido a la clarividente «laguna tibia» de Darwin. Con base en los experimentos y en las observaciones que se han descrito, ese cuerpo de agua debía de estar en la superficie de la Tierra, ya que es aquí donde pudo recibir la radiación ultravioleta y contar con un líquido rico en ciertos minerales y metales, como el hierro y los fosfatos. A su vez, tuvo que experimentar épocas cíclicas de humedad y sequía, durante las cuales aumentarían las concentraciones de los componentes imprescindibles. En nuestra opinión, hay dos lugares que cumplen estos requisitos: las fuentes termales en zonas volcánicas y los cráteres creados por impactos de asteroides. A pesar de sus diferentes orígenes, estos entornos presentan grandes similitudes. El agua puede filtrarse a través de grietas en las rocas y transportar iones y sustancias químicas a la superficie de lagos y lagunas, mientras que se experimentarían períodos secos y húmedos en sus orillas y se producirían fluctuaciones térmicas en su interior, debidas a corrientes calientes procedentes de respiraderos en el fondo. Estas similitudes hacen difícil decir cuál de estos medios es un mejor candidato para ser la cuna de la vida.

Cabe preguntarse por lo que sucedió después de que las primeras protocélulas capaces de replicarse se hubieran establecido en un entorno favorable y empezado a adaptarse a este a través de la evolución darwiniana. Es de suponer que los avances evolutivos iniciales se dirigirían a superar las limitaciones de la replicación sin enzimas del ARN y a prescindir del crecimiento y la división de la membrana regidos de forma externa. Esto se pudo lograr mediante la adopción de múltiples ribozimas, que mejoraban la eficacia y la precisión de esos procesos celulares básicos. A su vez, esto requeriría un aumento en la capacidad de mantener un genoma más grande, que permitió el desarrollo de nuevas funciones que capacitaron a estos organismos, todavía rudimentarios, para explorar entornos en los que antes no habrían podido sobrevivir y adaptarse a ellos. Sin embargo, no está claro hasta qué punto podían las células del mundo de ARN (es decir, las anteriores a la aparición de la síntesis de proteínas conforme al código genético) conquistar nuevos medios. De ser posible un metabolismo catalizado por el ácido ribonucleico, los seres vivos que dispusiesen de él podrían extenderse a regiones más pobres en nutrientes en la medida en que desarrollasen la capacidad de sintetizar en su interior aquello que no encontraban en el exterior. En cualquier caso, es evidente que una vez desarrollada la síntesis proteica y, por lo tanto, tras la aparición de proteínas estructurales, de los componentes de la membrana y de las enzimas, los microorganismos empezaron a extenderse por todo el planeta. En la actualidad, casi no existe un entorno que no haya sido colonizado de este modo, incluidos algunos tan desafiantes como las fuentes hidrotermales situadas en el fondo del océano.

La capacidad de los seres vivos para adaptarse, en un sentido evolutivo, a nuevos entornos tiene importantes implicaciones para la búsqueda de vida en otros lugares del sistema solar. Se sabe que el intercambio de materiales entre los planetas que orbitan alrededor del Sol ha sido considerable. Por ejemplo, muchos fragmentos de Marte salieron despedidos como resultado de colisiones y llegaron a la Tierra en forma de meteoritos. Por lo tanto, es muy posible que haya microorganismos transportados de este modo, a bordo de rocas eyectadas por impactos de grandes proporciones. Al empezar la exploración de los planetas rocosos y de los satélites de los gigantes gaseosos, Júpiter y Saturno, la prioridad es la búsqueda de vida. No obstante, de conseguir detectar huellas de organismos vivos en la actualidad o rastros de su existencia pasada, es necesario contemplar la posibilidad de que su origen sea común con las criaturas de la Tierra y no el resultado de un desarrollo independiente por completo. El rastreo de evidencias en Marte en este sentido se torna cada vez más apasionante, a medida que aumenta la capacidad tecnológica de nuestras sondas y vehículos de exploración. Por ejemplo, la misión *Perseverance* de la NASA se dirigió al cráter Jezero, en el planeta rojo, porque los indicios apuntan a que esta formación fue en su día un lago que se secó, con lo que podría constituir un entorno inicial adecuado para cualquier forma emergente de vida. Por otra parte, *Europa Clipper*, también de la agencia estadounidense y cuyo lanzamiento se efectuó en octubre de 2024, analizará si los mares que hay bajo la superficie de una luna helada de Júpiter pueden ser un contexto adecuado para este desarrollo. Esta misión se centrará en el satélite joviano Europa, precisamente por las sospechas de que oculta un océano de agua líquida en su interior, bajo una capa de hielo. En el capítulo 8 se explicará por qué, al menos en teoría, este podría presentar unas condiciones favorables para la *subsistencia* de los seres vivos. Lo importante en este sentido es que, aunque los organismos vivientes no pudieron surgir en el fondo del mar, este podría albergarlos, una vez que hubieran sido transportados hasta él. En el caso de Europa, podrían haber llegado a bordo de, por ejemplo, rocas expulsadas de la superficie de Marte por impactos de asteroides de grandes dimensiones.

¿Los seres vivos son algo habitual en nuestra galaxia y en el resto del universo o son más bien una rareza? La conclusión es evidente. Es virtualmente imposible comprender el origen de la vida de forma rigurosa y exhaustiva cuando solo se dispone de un ejemplo en este sentido. Esta insoslayable realidad nos obliga a buscar indicios de procesos vitales, o al menos de química prebiótica, más allá de los confines del planeta que habitamos.

7

¿Vida extraterrestre en otros planetas del sistema solar?

> ¿Es que somos acaso tan misericordiosos como para quejarnos si los marcianos guerrearan con las mismas intenciones con respecto a nosotros?
>
> H. G. Wells, *La guerra de los mundos*

Como es natural, los primeros lugares en los que buscar formas de vida extraterrestre son los demás objetos del sistema solar. Es mucho más fácil analizar las condiciones imperantes en los planetas que giran en torno al Sol, ya sea de manera remota o directa, o incluso en sus satélites, que hacerlo en el caso de exoplanetas. La razón es sencilla: se hallan mucho más cerca de nosotros. Su relativa proximidad permite explorarlos mejor, no solo con telescopios, sino también con sondas y vehículos, que pueden sobrevolar estos cuerpos «errantes» (que es como se los denominaba en la antigua Grecia) del firmamento nocturno, orbitar alrededor de ellos o incluso (en algunos casos) posarse en su superficie y realizar observaciones y experimentos sobre el terreno.

De todos los planetas del sistema solar (aparte de la Tierra), no cabe duda de que el ser humano siempre ha considerado Marte el más llamativo y el más prometedor en lo que a albergar seres vivos se refiere. La fascinación por el planeta rojo ha servido de inspiración para numerosas obras de ciencia ficción, desde *Sobre dos planetas* (publicado en 1897), del «padre del género en Alemania», Kurd Lasswitz, y la más famosa e influyente *La guerra de los mundos*, del prolífico H. G. Wells (1898), hasta *Una princesa de Marte* (1912), de Edgar Rice Burroughs (creador de *Tarzán*), y *Crónicas marcianas* (1950), una colección de relatos breves de Ray Bradbury (más conocido por ser el autor de *Fahrenheit 451*). Estos y otros libros relataban las andanzas de una sociedad alienígena que habitaba un mundo que quitaba el aliento y cuyos integrantes vivían aventuras estremecedoras, como la exploración del Polo Norte terráqueo, feroces batallas, deslumbrantes muestras de esgrima o devastadoras incursiones con el objetivo de apoderarse de valiosos recursos minerales. Algunas de estas historias pasaron a formar parte de la abundante literatura sobre invasiones que vio la luz en Inglaterra a finales del siglo XIX. Es indudable que estas imaginativas narraciones estaban inspiradas, por un lado, por la similitud entre Marte y la Tierra (a modo de ejemplo, un día marciano es solo unos cuarenta minutos más largo que su equivalente terrestre) y, por el otro, por la errónea creencia decimonónica en la existencia de una elaborada red de «canales» en la superficie del planeta rojo. Estas supuestas estructuras resultaron no ser más que ilusiones ópticas rectilíneas, producto de la escasa resolución de los telescopios de la época. Sin embargo, fueron observados por primera vez en 1858 por el jesuita y astrónomo italiano Angelo Secchi y cartografiados en 1877 por Giovanni Schiaparelli, compatriota y colega del anterior. Ambos se refirieron a estas construcciones ficticias con la palabra vernácula *canali* (con el significado de 'cauces', para dar a entender que se trataba de fenómenos naturales). No obstante, al ser traducido el original por el vocablo *canales*, parecía sugerirse que en realidad eran parte de un avanzado sistema de irrigación, diseñado y excavado por seres inteligentes. De forma un tanto inexplicable, el empresario, escritor y astrónomo estadounidense Percival Lowell se convirtió en un ferviente defensor de esta última interpretación y dedicó buena parte de su carrera a demostrar que nuestro vecino estaba habitado por una civilización avanzada. Esta idea fue acogida de manera muy entusiasta durante cinco décadas por la opinión pública y, de hecho, los autores de este libro recordamos que durante nuestra niñez no eran pocos los que pensaban que Marte podía albergar criaturas inteligentes.

Resulta fascinante en este sentido que Alfred Russel Wallace, uno de los científicos que postularon la teoría de la selección natural como un factor en la evolución de los seres vivos terrestres, escribiera en 1907 un libro con una aguda y mordaz crítica a las ideas de Lowell, que concluía con estas contundentes palabras: «Marte, por lo tanto, no solo no está habitado por seres inteligentes, como los que postula el señor Lowell, sino que es por completo INHABITABLE [en mayúsculas en el original]».

En efecto, a medida que progresaba el siglo XX, los científicos se volvieron cada vez más escépticos acerca de la existencia de una civilización marciana. A pesar de ello, a finales del XIX, el número de astrónomos convencidos de que Marte estaba habitado era tan grande que, cuando se estableció en Francia el premio Pierre Guzman, dotado con cien mil francos para la primera persona que fuera capaz de comunicarse con seres de otros mundos, el planeta rojo quedó excluido de manera explícita porque ¡se consideraba que era algo demasiado fácil de conseguir!

Para desilusión de muchos científicos y de buena parte del público en general, las fantasías románticas sobre Marte se acabaron con rapidez en cuanto comenzó la era de la exploración espacial. En concreto, las imágenes de la superficie marciana obtenidas por la sonda *Mariner 4* en 1965 y otras posteriores, captadas por misiones más sofisticadas (como el *Phoenix Mars Lander* de 2008 y el vehículo *Curiosity* de 2012), revelaron que se trataba de un desierto gélido, árido y desolado, salpicado de cráteres como la Luna y dotado de una atmósfera muy tenue, con una presión extremadamente baja. Para colmo de males, unos abatidos investigadores descubrieron que el planeta rojo ni siquiera tenía una magnetosfera global, sino que solo poseía regiones relativamente pequeñas de corteza imantada. En otras palabras, carecía de dos de los principales sistemas defensivos de la Tierra. Por un lado, nuestra envoltura gaseosa mantiene la temperatura media en la superficie en torno a los 14 grados centígrados, mientras que, por el otro, protege a los seres vivos de la dañina radiación ultravioleta procedente del Sol y de los energéticos rayos cósmicos del espacio exterior. Del mismo modo, nuestro campo magnético evita que la atmósfera sufra la erosión del viento solar (partículas cargadas que la estrella emite de forma continua), al desviarlo.

No obstante, a pesar de estos descubrimientos, Marte no ha dejado de ser el objetivo principal de la búsqueda de formas de vida extraterrestre en el sistema solar, si bien las expectativas han sido revisadas a la baja de manera muy pronunciada. De hecho, estas se han reducido a la mera esperanza de encontrar evidencias de la pasada (o presente) existencia de microorganismos.

Marte está ahí y espera que lo alcancemos

Buzz Aldrin pisó la Luna en 1969 en el marco de la misión Apolo 11. Desde entonces, no ha dejado de expresar una ambición como la que da título a esta sección. Antes que él, el alpinista George Mallory se limitó a responder «porque está ahí» cuando le preguntaron por qué quería escalar el Everest. Del mismo modo, Aldrin acuñó su motivadora frase, que se repite de manera casi invariable en la actualidad cada vez que alguien quiere justificar ese anhelo que, por lo demás, no parece tan fácil de defender. Incluso el magnate Elon Musk ha ido más lejos en este sentido. Ha declarado que quiere morir en Marte, aunque «no en el impacto de llegada». No cabe duda de que este puede ser un objetivo tentador para algunas personas, como demuestra, por ejemplo, el inmenso éxito de la película de ciencia ficción de 2015 *Marte*, pero tiene relativamente poco que ver con la búsqueda científica de seres vivos. Es innegable que el vehículo de exploración *Perseverance* de la NASA, que recorre los 45 kilómetros de diámetro del cráter Jezero desde febrero de 2021, podría pasar por alto algunas características notables que geólogos humanos detectarían sin problema, pero también lo es que la tecnología de sensores, el aprendizaje automático y la inteligencia artificial en general avanzan a pasos agigantados. Por consiguiente, es indudable que la exploración espacial mediante robots inteligentes constituye, a largo plazo, la forma más segura y económica de proceder.

No faltan razones de peso para creer todavía que podrían existir (o haber existido en el pasado) formas de vida marciana. Una de ellas es el hecho de que la Tierra y Marte surgieron hace unos cuatro mil quinientos millones de años a partir de la misma banda, aproximadamente, del disco protoplanetario de gas y polvo que rodeaba al incipiente Sol. Esto significa que, *al menos al principio*, los ingredientes fueron los mismos en ambos casos y estos ya resultaron ser suficientes para la aparición de seres vivos en nuestro planeta. Entre estas materias primas figuraba el agua, que podía actuar como disolvente y poner en contacto las moléculas relevantes, con lo que habría hecho posibles una gran cantidad de vías químicas. De este modo, es probable que los componentes básicos de los compuestos orgánicos también fuesen abundantes en el joven Marte, sustancias como el hidrógeno, el amoníaco y el monóxido de carbono. Sin embargo, la disponibilidad de estos reactivos iniciales no es el único motivo para el optimismo. Hay muchas pruebas de que el entorno marciano original era mucho más propicio para los seres vivos de lo que es hoy en día. En primer lugar, las imágenes obtenidas por una serie de satélites artificiales en órbita en torno al planeta rojo muestran rastros inequívocos de agua líquida, en forma de ríos, arroyos y lagos de diversos tamaños. La geografía y la orografía del propio cráter Jezero, que ha explorado *Perseverance*, demuestran que hace más de tres mil millones de años este se hallaba ocupado por un cuerpo de agua del tamaño del lago Tahoe, con ríos que desembocaban en él. La presencia de grandes rocas redondeadas, que fueron arrastradas hasta allí, apunta a episodios de inundaciones muy pronunciadas. Esto significa que existió agua líquida superficial en una época temprana y es probable que lo hiciera durante al menos varios millones de años. A su vez, las pruebas en este sentido indican que la atmósfera marciana era por aquel entonces lo bastante densa como para aislar el planeta y mantener en él una temperatura global promedio considerablemente más elevada que la actual, que es de unos gélidos 62 grados centígrados bajo cero. Además, esta envoltura gaseosa lo habría protegido de la destructiva radiación ultravioleta de menor longitud de onda, capaz de descomponer las complejas moléculas necesarias para la aparición de los seres vivos. Ya de paso, hay que insistir en que la búsqueda de agua líquida en Marte es un objetivo permanente e incesante en la investigación de nuestro vecino. Uno de los últimos hallazgos a este respecto ha sido el anunciado por la Agencia Espacial Europea el 15 de diciembre de 2021, según el cual su misión *ExoMars Trace Gas Orbiter* habría detectado «cantidades significativas» de agua oculta bajo la superficie del sistema de cañones denominado Valles Marineris, una región diez veces mayor y cinco veces más profunda que el Gran Cañón terrestre. Por su parte, en 2023 se hizo público el hallazgo del vehículo no tripulado chino *Zhurong* de unas cuñas de forma poligonal e irregular, enterradas unos 35 metros bajo la superficie marciana, que podrían ser evidencias de la existencia de ciclos de congelación y deshielo en el planeta rojo hace entre dos mil novecientos y tres mil setecientos millones de años, lo que proporcionaría una prueba más de la presencia de agua líquida en la superficie del joven Marte.

Dado que hay indicios de actividad biológica en la Tierra de unos tres mil quinientos millones de años de antigüedad y que las condiciones iniciales aquí eran muy similares a las de Marte, es plausible que, en torno a esa época, es decir, hace casi cuatro mil millones de años, empezase a producirse una química prebiótica comparable en ambos casos. Esto es especialmente probable ya que, como se ha señalado en el capítulo anterior, es muy posible que los seres vivos terrestres aparecieran en lagos, como el que existía en el cráter Jezero, y no en el fondo de grandes océanos. Por consiguiente, en teoría podrían hallarse en la superficie marciana (o bajo ella) huellas de microorganismos, tal vez no muy diferentes a los que surgieron en nuestro planeta, o al menos indicios de procesos prebióticos. Un hallazgo así proporcionaría evidencias inestimables sobre el entorno en que se produjo este fenómeno en la Tierra, ya que aquí la actividad tectónica ha eliminado todo rastro de ese medio.

No obstante, aunque también hubieran surgido seres vivos en Marte, no cabe duda de que estos no habrían alcanzado ni de lejos la complejidad de las formas de vida terrestres. ¿Por qué las trayectorias evolutivas de ambos planetas fueron tan diferentes? Para comprender por qué uno es un mundo desolado mientras que en el otro habitan al menos nueve millones de especies, es necesario analizar con más detenimiento las disparidades que hay entre ellos, en vez de sus semejanzas.

El contraste entre ambos se debe sobre todo (de forma directa o indirecta) a unas cuantas características físicas. En concreto, a sus tamaños respectivos (el diámetro marciano es casi la mitad del terrestre) y a sus gravedades superficiales (tres veces menor en un caso que en otro, ya que la masa de Marte es solo ligeramente superior a la décima parte de la Tierra). El caso es que los planetas de menor radio se enfrían más deprisa que los más grandes, porque la proporción entre su área y su volumen es mayor y, por lo tanto, son más propensos a perder calor. En un primer momento, ambos estaban fundidos, debido a las aportaciones térmicas combinadas del proceso de acreción que les dio origen, de los impactos de asteroides en su superficie y de la desintegración de elementos radiactivos en su interior (por ejemplo, isótopos de uranio, torio y potasio). En consecuencia, es probable que sus estructuras internas iniciales fueran bastante parecidas y que consistieran en un núcleo metálico derretido, rodeado de capas externas rocosas. Como ya se ha mencionado, hay pruebas que sugieren que en los dos casos hubo una atmósfera primigenia relativamente densa (con gran probabilidad, compuesta en parte por gases procedentes de volcanes activos). No obstante, las similitudes acaban aquí. Debido a la menor gravedad de Marte (un objeto de 45 kilogramos en nuestro planeta solo pesaría 17 allí) y a la ausencia de un campo magnético global, el energético viento solar pudo arrastrar casi toda su envoltura gaseosa y dejar solo una pequeñísima cantidad de dióxido de carbono, cuando el planeta rojo apenas tenía mil millones de años de edad.

Desde el punto de vista de la evolución de los seres vivos, las consecuencias fueron trágicas. Por ejemplo, es bien sabido que el punto de ebullición del agua desciende al hacerlo la presión atmosférica. En Marte, esta última es en la actualidad unas ciento sesenta veces inferior a la de la Tierra, de modo que no hay forma alguna de mantener el agua en estado líquido en la superficie. Así pues, la pérdida de la envoltura gaseosa del planeta rojo fue seguida de manera inevitable por la evaporación de sus ríos y lagos. Algunos minerales arrojan pistas sobre los cambios del clima marciano, desde una situación similar a la terrestre al desierto helado que es hoy en día. Por este motivo, el vehículo no tripulado *Curiosity* de la NASA se dirigió en otoño de 2022 a una región conocida como «la unidad rica en sulfatos», una zona con abundantes sales de este tipo, en la que esta misión detectó además pruebas de la presencia de un antiguo lago, en forma de rocas grabadas con el característico relieve del oleaje. Los científicos formularon una hipótesis según la cual estos depósitos habrían sido creados miles de millones de años atrás por arroyos y lagunas, al evaporarse. Los minerales arcillosos y, en particular, los conocidos como *filosilicatos* son algunos de los descubrimientos más importantes en este sentido, debido a que son indicativos de la interacción del agua con la piedra. De este modo, su tipo, su emplazamiento y su abundancia relativa proporcionan indicios acerca de las antiguas condiciones medioambientales de Marte y de las posibles ubicaciones en las que podría encontrarse agua hoy en día, encerrada en el mineral, y tal vez también biomarcadores.

Otra característica que podría haber sido relevante para el desarrollo de formas de vida complejas, o de cara a la ausencia de las mismas, es la tectónica de placas. En la década de 1950, los geólogos empezaron a darse cuenta de que la deriva de los continentes y la consiguiente reelaboración incesante de la corteza pueden causar terremotos y erupciones volcánicas (de hecho, la mayor parte de los volcanes de la Tierra se encuentran en el borde de las placas tectónicas). No obstante, lo más significativo para el asunto que nos ocupa es que una serie de investigaciones que comenzaron alrededor de 2015 parecen indicar que este factor pudo haber sido de crucial importancia para la aparición y la evolución de los seres vivos (tal y como se analizará más adelante). De ser cierto, esto podría ser un motivo más por el que la Tierra está colmada de organismos, mientras que Marte parece estar deshabitado.

Entre otras cosas, los estudios recientes sobre este tema han afirmado que la tectónica de placas desempeñó un papel determinante en la preservación de la atmósfera terrestre y en que la composición de esta fuese favorable a la aparición de los seres vivos. Por ejemplo, es probable que la deriva de los continentes contribuyese a regular la concentración atmosférica de dióxido de carbono y, dado que esta sustancia atrapa el calor superficial mediante el efecto invernadero, habría actuado como el «termostato» de la Tierra en escalas de tiempo muy prolongadas. En resumen, así es como este mecanismo podría haber funcionado: el dióxido de carbono disuelto en la lluvia hace que esta sea ácida, de modo que la precipitación resultante erosiona las rocas de la corteza, antes de desembocar en los océanos. El calcio de estos minerales reacciona con el dióxido de carbono en la disolución y forma capas de caliza en el fondo del mar. Debido a la tectónica de placas, esta y otros materiales del lecho se ven arrastrados sin interrupción a zonas de subducción, donde se funden y el gas es emitido de nuevo a la atmósfera, a través de erupciones volcánicas. Además, y de nuevo a través de este proceso, el agua de los océanos circula por el manto, por lo que el fondo marino se renueva sin cesar.

Durante décadas, los científicos planetarios creyeron que Marte era inerte, desde el punto de vista geológico. Se daba por sentado que su capa más superficial comprendía una única placa gigantesca. Los objetos astronómicos que presentan esta característica se denominan de «litosfera estática». La misión *InSight* de la NASA (que aterrizó en nuestro vecino en 2018) pudo registrar hasta 2022 más de mil «martemotos», pero estos se atribuyeron por lo general a fracturas de rocas en la corteza marciana, debidas a la contracción por enfriamiento.

La mayoría de los geólogos coinciden desde hace tiempo en que Marte pudo tener cierta actividad tectónica en el pasado remoto, pero que no ha habido ninguna desde hace al menos tres mil millones de años. En palabras del geofísico Bradford Foley, de la Universidad Estatal de Pensilvania: «Hay un cierto debate sobre la posibilidad de que tal vez, muy, muy al principio, pudiese tener tectónica de placas, pero mi opinión es que es probable que nunca la hubiese». Sin embargo, en un artículo publicado en diciembre de 2022, los geofísicos planetarios Adrien Broquet y Jeffrey Andrews-Hanna, del Laboratorio Lunar y Planetario de la Universidad de Arizona, sostenían que los datos de algunas misiones demostraban que un penacho térmico del manto (una columna de 3.000 kilómetros de diámetro de material muy caliente que se elevaba hacia la corteza de la región marciana conocida como Elysium Planitia) había originado actividad tectónica, lo que probaría que nuestro vecino no ha cesado de ser geológicamente dinámico. Lo cierto es que una estructura como esta podría hacer, en teoría, que al menos una parte del agua bajo la superficie de Marte se conservara en estado líquido (lo que a su vez haría posible la existencia de una biosfera en esta zona).

A este respecto, cabe señalar que el propio Foley no cree que la deriva continental sea en realidad un requisito imprescindible para la subsistencia de los seres vivos, al menos, en objetos rocosos de tamaño similar a la Tierra. En otro trabajo que publicó en 2018 junto con su colega Andrew Smye, se empleaban modelos informáticos para demostrar que incluso los objetos de litosfera estática (y de este diámetro) podían mantener niveles de dióxido de carbono atmosférico adecuados para hacerlo habitable durante unos pocos miles de millones de años, solo a través de las emisiones volcánicas. Los únicos factores necesarios para ello eran suficiente calor interno, debido a las desintegraciones de isótopos radiactivos, y una cantidad inicial del gas en cuestión no inferior al 1 por ciento de la terrestre. Por tanto, Foley y Smye concluyeron que el radio del planeta y su composición de partida eran las características más importantes a la hora de determinar su habitabilidad.

Estos y otros estudios similares conducen de manera inexorable a plantearse la siguiente cuestión: *¿se han detectado alguna vez señales de vida pasada o presente en Marte?* Puede parecer extraño, pero lo cierto es que la respuesta a esta pregunta, que en apariencia no tiene vuelta de hoja, depende en buena medida de la persona a la que se dirija. Resulta que el planeta rojo ha suscitado a lo largo de los años abundantes y acaloradas polémicas y que ha planteado una serie de misterios sin resolver.

Marte para los marcianos

El primer hallazgo controvertido en este aspecto surgió hace casi cinco décadas. En 1975, tras una frenética carrera contrarreloj, la NASA consiguió, en el último momento, emplazar dos instrumentos de análisis biológico en sendas misiones rumbo a Marte, la *Viking 1* y la *Viking 2*. Estas eran gemelas y fueron lanzadas al espacio con apenas tres semanas de diferencia. La primera de ellas llegó a su destino el 20 de julio de 1976, en la región llamada Chryse Planitia ('Llanura de oro'), una zona baja y plana del hemisferio boreal. La segunda hizo lo propio el 3 de septiembre de 1976 en Utopia Planitia, un campo de lava a unos 6.000 mil kilómetros de distancia de la anterior. Entre otras tareas, ambas sondas realizaron experimentos en busca de huellas de microorganismos en el suelo marciano. De forma inesperada, sus aparatos arrojaron resultados muy controvertidos e idénticos en ambos casos. Uno de ellos en concreto, el denominado LR (siglas de *Labeled Release*), partió de la base ampliamente aceptada de que el metabolismo constituye una característica universal de los seres vivos. Por lo tanto, el ensayo mezcló muestras de polvo y guijarros de la superficie con un nutriente que contenía un isótopo radiactivo del carbono. La idea era que cualquier organismo presente (en caso de haberlos) emitiría gases radiactivos como producto final de sus procesos metabólicos. Sorprendentemente, el LR a bordo de

Viking 1 obtuvo una detección positiva enseguida, algo que en la Tierra se habría considerado indicativo de la existencia de seres vivos. Sin embargo, un segundo experimento, paralelo al anterior y realizado por la misma sonda, no detectó rastro alguno de materia orgánica en el suelo, lo que parecía sugerir la ausencia total de criaturas basadas en sustancias de este tipo. Una adición posterior de nutrientes a la muestra inicial no produjo emisión alguna de dióxido de carbono radiactivo, lo que es coherente con la presencia de algún agente oxidante, más que de alguna forma de vida. Los instrumentos a bordo de *Viking 2* obtuvieron resultados muy similares. La conclusión más importante de todo esto es que las sorpresas son de esperar y que la sorprendente química de Marte constituye un buen ejemplo de lo fácil que es dejarse engañar por falsos positivos, que parecen corroborar la presencia de criaturas vivas, pero que no lo hacen en realidad.

La mayoría de los investigadores atribuyeron los resultados del LR a la presencia de algún agente oxidante, de origen no biológico y sin identificar, en el suelo marciano. Sin embargo, en los casi cincuenta años transcurridos desde entonces, no se han podido armonizar estas observaciones contradictorias de forma completa e incontrovertible. El consenso en esta ocasión fue, y lo es hasta hoy en día, que ninguna de las sondas consiguió encontrar pruebas convincentes de la existencia de seres vivos en Marte. No obstante, una pequeña minoría de científicos no ha dejado nunca de sostener que los resultados de los experimentos fueron positivos en este sentido. Así, en 2012, un equipo internacional dirigido por el biólogo Giorgio Bianciardi, de la Universidad de Siena, analizó los datos del LR mediante una técnica denominada «análisis de grupos» y llegó a la siguiente conclusión: «Estos análisis apoyan la interpretación según la cual el experimento LR de la sonda *Viking* detectó formas de vida microbiana existentes en Marte». Gilbert Levin, investigador principal del instrumento LR y participante en el estudio de 2012, y la bioquímica Patricia Ann Straat, que también formó parte de la misión original, estaban convencidos por completo de que sus aparatos habían descubierto microorganismos marcianos. En un artículo que publicaron en una fecha tan tardía como 2016, llegaron a la conclusión de que «Hay una gran posibilidad de que haya vida, de que las interpretaciones abióticas de los datos de LR no sean concluyentes y de que [...] la biología debería ser tenida todavía en consideración como una explicación de las observaciones». En un artículo de opinión que escribió Levin en 2019 para la revista *Scientific American*, insistió en esta postura y dijo que «Un panel de expertos y científicos debería revisar todos los datos pertinentes del experimento LR de las sondas *Viking*, junto con otras pruebas más recientes relativas a la presencia de seres vivos en Marte. Un jurado objetivo como este podría llegar a la conclusión, al igual que lo hice yo, de que en esa ocasión se consiguieron evidencias de formas de vida». Por desgracia, Straat falleció en 2020 y Levin en 2021.

De manera inesperada, el astrobiólogo Dirk Schulze-Makuch, de la Universidad Técnica de Berlín, especuló en 2023 con la posibilidad de que la NASA hubiera descubierto de hecho formas de vida en Marte, con la llegada de las sondas *Viking* a la superficie del planeta rojo, pero que hubiese acabado con ellas de manera accidental, al añadir agua a las muestras en el marco del experimento y ahogar a las posibles criaturas. Sus ideas se basaban en la existencia de microbios en el interior de rocas de sal en el desierto de Atacama, en Chile, los cuales no necesitan lluvia para sobrevivir y para los que un exceso de líquido sería letal. Sin embargo, hay que ser claros al respecto. Por lo general, se consideró que los experimentos de las sondas *Viking* habían arrojado resultados negativos en lo que se refiere a la existencia de seres vivos en Marte, lo que supuso una decepción y una desilusión para una mayoría de científicos planetarios. Tal vez nadie se sintió más descorazonado que Carl Sagan, quien todavía intentó, de manera diligente, pero sin éxito, encontrar algún rastro de criaturas vivas en las numerosas imágenes obtenidas en órbita por la misión *Viking*. No obstante, en su célebre libro *Cosmos*, parecía no renunciar por completo a la posibilidad de que hubiera organismos marcianos: «Si hay vida en Marte, creo que no deberíamos hacer nada con el planeta. Marte pertenecería entonces a los marcianos, aunque los marcianos fuesen solo microbios. La existencia de una biología independiente en un planeta cercano es un tesoro incalculable y creo que la conservación de esa vida debe reemplazar a cualquier otra posible utilización de Marte».[8]

La roca

Cabe destacar que estos no fueron los únicos hallazgos controvertidos en este asunto. Otro presunto descubrimiento dio lugar nada menos que a una declaración especial del presidente de Estados Unidos el 7 de agosto de 1996. Ese día, Bill Clinton se dirigió al mundo desde los jardines de la Casa Blanca:

> Hoy, la roca 84001 nos interpela a través de miles de millones de años y millones de kilómetros. Nos anuncia la posibilidad de la vida. De confirmarse, este descubrimiento será sin duda una de las revelaciones más asombrosas sobre nuestro universo que la ciencia haya logrado jamás. Sus implicaciones son tan trascendentales y portentosas como se pueda imaginar.

La «roca 84001» se refería a un meteorito descubierto en la Antártida unos doce años antes por Roberta Score, una especialista en estos temas que trabajaba para el programa antártico estadounidense. Recibió la denominación formal de ALH84001, porque fue el primer objeto de su clase encontrado en Allan Hills en 1984 (de ahí el número 84001). El geólogo y astrobiólogo de la NASA David McKay y su equipo recibieron el espécimen de 1,93 kilogramos a principios de la década de 1990, para analizarlo. Sus primeras conclusiones fueron bastante fascinantes. Determinaron el tiempo que había estado expuesto a los rayos cósmicos y establecieron su edad en unos cuatro mil cien millones de años, no mucho menor que la del propio sistema solar. Esto ya lo hacía interesante de por sí, pues era el único meteorito marciano originado en una época en la que todavía podía haber agua líquida en la superficie del planeta rojo. Estudios posteriores sobre su composición, así como el descubrimiento y el análisis de los gases atrapados en su interior (que resultaron tener proporciones idénticas a las de la atmósfera del Marte primigenio), demostraron que era muy probable que hubiera salido despedido de la superficie marciana por un fuerte impacto ocurrido hace unos diecisiete millones de años, hasta aterrizar en la Antártida hace cerca de trece milenios. El hecho de que una roca con este origen hubiera llegado como «visitante» a nuestro planeta no era en sí mismo una gran sorpresa. Hay más de trescientos ejemplares con esta característica. El mayor de ellos encontrado hasta la fecha es el llamado Taoudenni 002, recuperado en Mali a principios de 2021. Tanto es así que los científicos de la NASA suelen decir en broma que Marte y la Tierra llevan miles de millones de años «intercambiando escupitajos». En otras palabras, cuando cualquiera de estos dos planetas recibe el impacto de un asteroide o de un cometa, existe la posibilidad de que algún fragmento salga despedido al espacio y de que una pequeña parte de ese material llegue hasta su vecino. No obstante, y para asombro de McKay, ALH84001 mostraba varias características singulares. La primera de ellas era la presencia en su interior de ciertas moléculas conocidas como HAP (abreviatura de *hidrocarburos aromáticos policíclicos*). Estas sustancias son bastante comunes en la Tierra y en otros lugares del sistema solar, pero en este caso eran muy similares a un tipo concreto que se suele asociar a la descomposición o la combustión de materia orgánica. Una segunda sorpresa fue la detección simultánea de tres compuestos: glóbulos redondeados de carbonatos, tanto de color marrón como transparentes, minerales de sulfuros de hierro y óxidos férreos magnéticos. Es poco habitual que una mezcla así sea el resultado de procesos no biológicos. En cambio, algunos microbios pueden sintetizar todos estos materiales al mismo tiempo. Por último, y lo que es aún más desconcertante, McKay descubrió que algunas de las estructuras observadas dentro de esos glóbulos tenían un parecido pasmoso con los fósiles de bacterias terrestres, si bien en este caso su tamaño era diminuto, con un diámetro de apenas unas decenas de nanómetros (unas millonésimas de centímetro). Llegados a este punto, McKay se convenció de que él y su equipo habían descubierto las primeras evidencias de seres vivos extraterrestres de épocas remotas. Escribió un artículo al respecto que fue publicado en la revista *Science* tras ser revisado por un panel de editores independientes y profesionales en la materia. Tras esto, la rueda de prensa de la NASA y la declaración del presidente Clinton eran cuestión de tiempo.

Por desgracia, apenas apagados los ecos de las ruedas de prensa, empezaron a arreciar las críticas. Cuando todo había pasado, otros investigadores (¡incluido el hermano de McKay, Gordon!) demostraron que los datos presentados por el anterior equipo como evidencia de huellas de seres vivos en el meteorito, desde los glóbulos de carbonatos hasta los HAP, los cristales magnéticos y las «nanobacterias» (las diminutas estructuras parecidas a fósiles de microorganismos) podían explicarse por medio de procesos abióticos. En concreto, estos últimos restos no eran sino el resultado de la transformación mediante cristalización de algunos minerales, que pasaban de ser amorfos a tener una configuración interna parecida a la de una forma de vida. Por tanto, el consenso de la comunidad científica fue que el equipo de McKay había malinterpretado sus observaciones de ALH84001 y había depositado demasiada confianza en la morfología (el aspecto estructural) de las muestras, considerada por lo general un mal indicador del origen biológico de un material.

En uno de sus últimos textos antes de su prematuro fallecimiento, incluso Carl Sagan admitió que «Las pruebas de vida en Marte aún no son lo bastante extraordinarias». En 2012, se revisaron de nuevo los resultados de ALH84001 y se llegó a la conclusión de que, basándose en todos los datos disponibles hasta ese momento,

> esta situación constituye el equivalente biológico de la navaja de Ockham, según la cual es más fácil aceptar que los glóbulos de carbonatos y las estructuras con apariencia de fósiles de bacterias observados en ALH84001 son el resultado de reacciones prevalen-

tes en todo el universo que considerarlas pruebas definitivas de la existencia de formas de vida extraterrestre.

Esta opinión se vio reforzada por otra investigación publicada en enero de 2022 por el bioquímico Andrew Steele y sus colaboradores de la Institución Carnegie para la Ciencia, en Washington D. C. En ella, se consiguió demostrar que era probable que la materia orgánica encontrada en la roca se hubiese formado a partir de la interacción del agua y unos minerales que se habrían mezclado bajo la superficie marciana.

Se pueden sacar dos conclusiones importantes de los resultados de las sondas *Viking* y del meteorito ALH84001. La primera de ellas es que, cuando alguien se enfrenta a descubrimientos de este calado, una buena dosis de escepticismo constituye una excelente costumbre. Una vez más, una máxima que Sagan acuñó al principio de su carrera puede servir de guía en este sentido: «Las afirmaciones extraordinarias requieren evidencias extraordinarias». Después, los hallazgos sacaron a la luz rasgos que se parecían mucho a algunas características de los seres vivos, tal y como los conocemos: el metabolismo en el caso del experimento LR y la morfología en el del meteorito. Esta segunda conclusión debería ser suficiente para prevenirnos contra los «falsos positivos», esos presuntos descubrimientos que no prueban en realidad la presencia de formas de vida. Hay que tener cuidado para no ser demasiado parciales a favor de la vida tal y como la conocemos.

Sea como fuere, como ya se ha señalado varias veces, identificar las fuentes abióticas de los compuestos orgánicos que podrían haber estado presentes en el Marte primigenio sería una gran ayuda para caracterizar los entornos en los que podrían haber surgido (o no) los seres vivos. La razón es que las huellas de la química prebiótica no se han conservado bien en la Tierra (debido a la tectónica de placas), mientras que las rocas de más de tres mil quinientos millones de años de antigüedad son bastante comunes en el planeta rojo.

Marte tenía otro misterio guardado para los científicos planetarios, esta vez relacionado con la presencia (¿o ausencia?) de metano. Muchas personas están familiarizadas con el hecho de que en la Tierra este gas es producido en cantidades nada desdeñables por los microbios que ayudan al ganado a realizar la digestión y que vacas y ovejas flatulentas lo emiten a la atmósfera en eructos y ventosidades. Además, también lo producen las termitas (de un modo parecido), los volcanes y los depósitos bajo el hielo antártico y el permafrost ártico.

El metano es el principal componente del gas natural y está formado por un átomo de carbono unido a cuatro de hidrógeno. Puede ser el resultado de mecanismos abióticos, como la reducción del dióxido de carbono por el hidrógeno generado en complejas reacciones entre algunos minerales y el agua, en un proceso denominado *serpentinización*. También puede generarse por bacterias que fermentan la materia orgánica y, en nuestro planeta, este fenómeno contribuye de manera significativa al calentamiento global. De este modo, se liberan grandes cantidades de metano de origen biológico tanto en el deshielo del permafrost de las regiones árticas como en el tracto digestivo de los rumiantes, tales como vacas y cabras.

Se sabe fehacientemente que no hay vacas ni cabras en Marte, pero, dado que el metano puede ser producido por todo tipo de microorganismos, siempre se lo ha considerado (en combinación con otros gases) un posible biomarcador (una señal de la presencia de seres vivos). Como tal, su detección ha sido un objetivo perseguido con ahínco por todos aquellos que buscan rastros de vida en el planeta rojo (y en exoplanetas, como se verá en el capítulo 9). Sin embargo, cabe recordar en todo caso que también es posible obtenerlo mediante varios procesos abióticos, incluidos algunos que podrían ocurrir en nuestro vecino del sistema solar. Entre estos, se encuentran las reacciones entre el olivino, un mineral ígneo compuesto por silicatos de hierro y magnesio que es muy abundante en Marte, el agua y el dióxido de carbono, las cuales se producen bajo la superficie en entornos de alta temperatura y elevada presión.

Es en este punto donde surge el misterio. Desde 2003, algunos instrumentos han detectado este gas en el planeta rojo, mientras que otros, de igual sensibilidad, no lo han hecho. Como ejemplo concreto y muy intrigante en este sentido, el vehículo no tripulado *Curiosity*, de la NASA, llevaba a bordo un conjunto muy sofisticado de aparatos, conocidos de manera colectiva como *SAM* (siglas en inglés de Análisis de Muestras Marcianas). Estos dispositivos detectaron en repetidas ocasiones metano atmosférico, mientras el vehículo se desplazaba a toda velocidad por la superficie del cráter Gale. En promedio, SAM registró 0,0004 partes por millón en volumen, el equivalente a la cuarta parte de una cucharada de café disuelta en una piscina olímpica. Para el 7 de junio de 2018, incluso se habían observado variaciones estacionales en estas mediciones, así como inexplicables máximos que alcanzaban hasta casi cincuenta veces por encima de la media. Sin embargo, durante todo este tiempo, otro instrumento, el *TGO* (siglas en inglés de Observatorio en Órbita de Trazas Gaseosas), a bordo del satélite artificial *ExoMars* de la Agencia Espacial Europea (lanzado en marzo de 2016), no consiguió observar rastro alguno de metano en las capas superiores de la atmósfera marciana. Cabe destacar que este aparato fue diseñado para servir como vara de medir en la detección de este gas, pero que hasta mayo de 2019 no había obtenido nada más que resultados nulos (con límites tan bajos como 0,00002 partes por millón en volumen). Para colmo de males, los investigadores que analizaron los datos de un espectrógrafo (un dispositivo que puede determinar la composición de una sustancia mediante el análisis espectral de la luz que emite) en la misión *Mars Express* de la Agencia Espacial Europea (lanzada en 2003) anunciaron en 2019 que se había registrado un pico en la concentración de metano en la atmósfera de Marte por encima del cráter Gale. Además, estos resultados se habían obtenido el 16 de junio de 2013, justo un día después de que *Curiosity* observara sobre el terreno un máximo similar.

Esta situación planteó una desconcertante paradoja y obligó a los científicos a intentar resolver en primer lugar el dilema que suponía que algunos instrumentos dieran positivo en sus lecturas y otros no, antes siquiera de poder abordar la cuestión, más interesante y potencialmente consecuente, de la posible fuente del metano. Chris Webster, del Laboratorio de Propulsión a Reacción de la NASA en California y principal responsable del análisis de los datos del espectrógrafo incluido en SAM, apenas pudo ocultar su asombro cuando se enteró de estos resultados contradictorios. Admitió que se quedó «de piedra cuando el equipo europeo anunció que no había encontrado metano». A pesar de la sorpresa, Webster se dio cuenta enseguida de lo que tenía que hacer. Junto con sus colaboradores, se puso de inmediato a examinar todas las lecturas de SAM, para descartar la remota posibilidad de que el propio *Curiosity* fuera el que emitía el gas. Buscaron posibles correlaciones entre las detecciones y el estado del vehículo no tripulado, tales como la dirección en que este se desplazaba, la forma en que giraban sus ruedas o si estas habían aplastado algunas rocas. No encontraron nada.

Llegados a este punto, el científico planetario canadiense John Moores, de la Universidad de York, planteó un interrogante inesperado y muy provocador, que parecía sacado directamente de un viejo chiste judío. Este dice así:

> Dos vecinos discutían por dinero. Como no se ponían de acuerdo, llevaron su disputa ante el rabino de la localidad. Este escuchó al primer litigante, asintió con la cabeza y le dijo: «Tienes razón». Entonces fue el turno del otro. El rabino le escuchó, asintió de nuevo y le dijo: «Tú también tienes razón». Entonces, el ayudante del rabino, que había asistido a la escena, se mostró comprensiblemente confuso. «Pero —preguntó—, ¿cómo es posible que ambos estén en lo cierto?» El rabino se lo pensó un momento y le respondió: «Tú también tienes razón».

La sorprendente pregunta que se hizo Moores fue la siguiente: *¿acaso es posible que tanto* Curiosity *como TGO estén en lo* *cierto?* Según este científico y sus colegas, para que eso pudiese ocurrir, la discrepancia tenía que deberse sencillamente a la hora en que se habían tomado las mediciones. En concreto, dado que el espectrógrafo consume una gran cantidad de energía eléctrica, sus datos se habían tomado sobre todo durante la noche marciana, cuando el resto de los instrumentos de *Curiosity* no estaba en funcionamiento. Resulta que la atmósfera del planeta rojo suele estar en calma tras la puesta de sol y esto habría permitido que el metano emitido desde el suelo se acumulara cerca de la superficie hasta el punto de ser detectable por SAM. Por el contrario, TGO solo operaba durante el día, momento en el que los vientos predominantes podrían haber diluido el gas, al mezclarlo con un volumen de aire mucho mayor. Para comprobar esta audaz hipótesis, el equipo de *Curiosity*, dirigido por Paul Mahaffy, investigador principal del conjunto de instrumentos en SAM, llevó a cabo una serie de experimentos, en los que alternaron una medición nocturna con dos diurnas. En general, los resultados coincidieron con las predicciones de Moores y sus colegas. Durante el día no se producían detecciones, mientras que por la noche se obtenían datos consistentes con los anteriores de *Curiosity*. Esto parecía corroborar la hipótesis según la cual la concentración de metano cerca de la superficie del cráter Gale cambiaba durante el día. Sin embargo, resultó que ni siquiera estos prometedores resultados ofrecían una explicación irrefutable. Simulaciones informáticas más detalladas del clima marciano, realizadas por Daniel Viúdez-Moreiras y sus colaboradores del Instituto Nacional de Técnica Aeroespacial de Madrid, demostraron que el misterio no se podía dar por zanjado, sino que se complicaba aún más. En efecto, sus modelos indicaban que emisiones muy pequeñas de metano en el borde noroccidental del cráter Gale (muy cerca de la ubicación de *Curiosity*) y *solo procedentes de esa zona* podían causar las detecciones del vehículo y los resultados nulos de TGO. No obstante, esto es muy improbable y problemático. Básicamente, requiere que se cumpla una de las dos posibilidades siguientes: existe en la atmósfera de Marte un mecanismo potente y desconocido que impide la acumulación de metano a escala global (ya que la vida media estimada de este gas en el planeta rojo es de unos trescientos años), o las emisiones son extremadamente raras y *Curiosity* ha tenido la suerte de posarse junto a una de ellas. De lo contrario, sería de esperar que TGO pudiera detectar metano en el conjunto de la atmósfera marciana.

En cuanto a la potencial fuente del supuesto gas, hay unos cuantos estudios que han afirmado que los máximos observados en su concentración podrían deberse a microorganismos productores de esa sustancia (*metanógenos*), los cuales habrían constituido una biosfera a varios kilómetros bajo la superficie marciana, donde aún podría existir agua líquida. No obstante, aunque estos trabajos han demostrado que las cantidades de metano observadas en la atmósfera son, al menos, coherentes con esta explicación, eso no quiere decir en modo alguno que haya *evidencias* de la existencia de seres vivos en Marte.

Otro resultado interesante respecto a la posible presencia en épocas pasadas de seres vivos en el planeta rojo procede de otro cráter. En 2007, el vehículo no tripulado *Spirit* encontró una capa de regolito (polvo y fragmentos de rocas) junto a la formación Gusev, de origen volcánico. Ese material estaba compuesto de dióxido de silicio hidratado (conocido como sílice opalino) y los depósitos de esta clase han sido desde hace mucho el objetivo de la búsqueda de fósiles de microorganismos, tanto en Marte como en la Tierra primigenia, debido a su capacidad de registrar y conservar biomarcadores. En 2020, el geólogo planetario Steven Ruff y sus colaboradores de la Universidad Estatal de Arizona compararon estas muestras con las procedentes de Roosevelt Hot Springs y de Opal Mound en Utah y del campo de géiseres de El Tatio y del sistema de aguas termales Puchuldiza-Tuja en Chile. Llegaron a la conclusión de que las rocas marcianas correspondían a sedimentos resultantes de la actividad de géiseres y que la morfología de las estructuras analizadas guardaba un fuerte parecido con los microestromatolitos de El Tatio, en cuya formación han intervenido varios tipos de microbios. Esto es significativo (aunque sin duda requiere muchas más investigaciones) porque, como ya se explicó en el capítulo anterior, los entornos de este tipo se consideran especialmente prometedores en la búsqueda de seres vivos primigenios. Por ejemplo, el sílice opalino de nuestro planeta ha conservado pruebas de vida microbiana a lo largo de toda la historia geológica y los campos hidrotermales fosilizados se remontan a los tres mil cuatrocientos ochenta millones de años de la formación Dresser, en el cratón de Pilbara, en Australia Occidental.

La conclusión de todo lo anterior es que ha habido algunos indicios tentadores (si bien ambiguos y controvertidos) de la presencia de seres vivos en Marte, pero que, por decepcionante que resulte, ninguno de ellos es lo bastante convincente. Sin embargo, los resultados negativos en este sentido no implican que la búsqueda se vaya a detener o que no deba continuar. La ausencia de hallazgos no quiere decir de ningún modo que nunca hayan existido organismos en el planeta rojo. A finales de mayo de 2022, *Perseverance* llegó al delta seco de un río en el borde occidental del cráter Jezero. El 28 de ese mismo mes, taladró con mucho cuidado un orificio circular de 1 centímetro de diámetro en una piedra del antiguo lecho para tomar una muestra. En total, la misión había llevado a Marte 43 tubos de ensayo, de los cuales 38 estaban destinados a este fin. A finales de octubre de 2023, ya se habían llenado 23, con fragmentos de roca, regolito o gases atmosféricos. El delta se formó hace miles de millones de años, cuando el río, desaparecido hace mucho, depositó capas de sedimentos al desembocar en el lago que había en el cráter. Este tipo de formaciones en la Tierra suelen estar repletas de criaturas vivas, por lo que los investigadores guardan la esperanza de que estos fragmentos marcianos conserven restos químicos, o de otro tipo, de antiguas formas de vida. Esta ilusión se vio reforzada por el hecho de que el radar a bordo de *Perseverance*, capaz de penetrar bajo la superficie, confirmó que el cráter Jezero, creado por el impacto de un meteorito en épocas muy remotas, albergó en su día un lago y un delta fluvial. En palabras de Sanjeev Gupta, geólogo planetario del Imperial College de Londres, «Viene a la cabeza el verso de William Blake, "ver un mundo en un grano de arena"». La NASA y la Agencia Espacial Europea planean recuperar las muestras de *Perseverance* y traerlas de vuelta a la Tierra para estudiarlas en detalle. Sin embargo, esto no ocurrirá antes de 2033, y sería el primer acontecimiento de este tipo. Cabe destacar que la agencia estadounidense ya planea la construcción de un recinto seguro para albergar estos materiales. Las posibilidades de que se desate una «pandemia marciana» son muy bajas, pero el edificio está diseñado para contener de forma segura cualquier patógeno potencialmente peligroso. Al mismo tiempo, también debería ser una zona estéril, para evitar la contaminación de las muestras con sustancias terrestres. No es de extrañar que nadie sepa lo que se encontrará en los tubos. Kenneth A. Farley, geoquímico del Instituto Tecnológico de California y científico de la misión *Perseverance*, ha evitado pronunciarse al respecto y se ha limitado a afirmar: «Digamos que no vamos a hacer apuestas al respecto».

No cabe duda de que las misiones a Marte van a continuar y de que en última instancia algunas de ellas incluirán tripulaciones humanas, pero lo cierto es que hay otros objetos en el sistema solar que también merecen nuestra atención.

La resplandeciente diosa del amor

Antes de la era espacial, era posible suponer que nuestro planeta gemelo (Venus) estaría cubierto de frondosas junglas y pantanos fangosos, ya que tiene un tamaño y una masa similares a los de la Tierra y siempre está oculto tras un mar de nubes. Sin embargo, las observaciones realizadas en épocas modernas por las misiones *Venera* de la Unión Soviética, por la NASA, la Agencia Espacial Europea y otros satélites japoneses han cambiado de forma radical esta percepción. A pesar de su belleza (es el objeto más brillante del firmamento nocturno después de la Luna), ha resultado ser un lugar espantoso, que haría que el infierno de Dante pareciera un paraíso. Su tóxica atmósfera está compuesta en gran parte por dióxido de carbono, con nitrógeno, dióxido de azufre, monóxido de carbono y vapor de agua, entre otros volátiles (sustancias que pueden presentarse en estado gaseoso con facilidad). Por si esto no fuese bastante extremo, también hay capas de nubes formadas por pequeñas gotas de ácido sulfúrico, que atrapan el calor como un invernadero y elevan la temperatura superficial hasta los casi 480 grados centígrados, suficiente como para derretir el plomo. Además, la presión atmosférica es noventa veces superior a la terrestre. En resumen, no se parece en nada a la Tierra. Por todo ello, Venus fue descartado por completo durante décadas a la hora de elaborar la lista de objetos que podrían ser habitables en el sistema solar. A su vez, esto ha hecho que en la actualidad solo haya un satélite artificial en órbita a su alrededor: el japonés *Akatsuki*. No obstante, este «abandono» está a punto de cambiar de forma drástica. El 2 de junio de 2021, la NASA aprobó no una, sino dos nuevas misiones a Venus, y la Agencia Espacial Europea hizo lo propio una semana después con otra más. De este modo, la sonda estadounidense *VERITAS* (siglas en inglés de Emitancia, Radio, Radar interferométrico, Topografía y Espectroscopía de Venus) orbitará alrededor del planeta y obtendrá imágenes de su superficie y, con el objetivo de conocer su pasado geológico, la cartografiará. Por su parte, la europea *EnVision* es también un satélite artificial que empleará un radar para levantar un mapa de su orografía, un sonar capaz de detectar las capas subterráneas y varios espectrógrafos con los que analizar tanto su envoltura gaseosa como su corteza. El segundo proyecto de la NASA, *DAVINCI*, contará con una sonda parecida, que permanecerá en órbita y tomará imágenes en múltiples longitudes de onda, y con un módulo de descenso, que analizará la composición química de la atmósfera y hará fotografías durante su caída.

Además de abordar el desconcertante rompecabezas que constituye el hecho de que la Tierra y Venus hayan seguido senderos evolutivos tan diferentes, hasta el punto de que este último se ha convertido en un infierno sulfuroso, estas tres nuevas misiones (que se lanzarán a finales de la década de 2020 y principios de la de 2030) buscarán dar respuesta a interrogantes concretos relacionados con la posible habitabilidad de este planeta en el pasado remoto o incluso, aunque pueda resultar sorprendente, en la actualidad. En primer lugar, y antes que nada, mediante precisas mediciones de la composición atmosférica, los astrónomos tratarán de determinar si el Venus primigenio tenía agua líquida en su superficie, aunque esta se evaporara más tarde por un efecto invernadero desbocado. En segundo lugar, los científicos utilizarán la cartografía de alta resolución que realizarán *VERITAS* y, en especial, *EnVision* para averiguar si hay volcanes activos en el planeta, ya que, como se ha visto, las regiones con actividad geotérmica podrían haber sido el lugar en el que aparecieron los seres vivos en la Tierra. Por último, en relación con la posible existencia de océanos en el pasado, las sondas ayudarán a determinar si hubo continentes en la corteza. En concreto, *VERITAS* y *DAVINCI* examinarán las teselas (regiones de terreno con importantes deformaciones caracterizadas por una topografía elevada) que cubren aproximadamente el 7,3 por ciento de la superficie venusina y que podrían haber sido algo similar a las masas continentales. Por otro lado, estas futuras misiones también pondrán a prueba modelos concretos de evolución atmosférica. Por ejemplo, en un artículo publicado en octubre de 2023, el científico planetario Matthew Weller y sus colegas se basaron en simulaciones informáticas para llegar a la conclusión de que la única manera de explicar la composición actual de la envoltura gaseosa de Venus es que esta hubiera recibido importantes aportaciones de emisiones volcánicas en una fase temprana de actividad tectónica. Los hallazgos de Weller en este sentido sugieren que el planeta tuvo que experimentar una gran transición en los aspectos climático y tectónico, desde una etapa inicial con desplazamiento de placas, que duró al menos mil millones de años, hasta la situación actual de litosfera estática, con emisiones gaseosas más reducidas y fundamentalmente sin deriva horizontal, en comparación con la que se puede observar en la Tierra.

Sea como fuere, este renovado interés en Venus, como candidato a la habitabilidad, fue espoleado de manera inesperada en 2020, cuando un grupo de astrónomos dirigido por Jane

Greaves, de la Universidad de Cardiff (Gales), anunció el potencial hallazgo de una sustancia química relevante en este sentido (la *fosfina*) a gran altura en las nubes del planeta. Greaves explicó más tarde que en un principio había creído que las posibilidades de detectar esta molécula eran nulas o muy pequeñas, pero que «le atraía la idea de buscar fosfina, porque el fósforo puede ser una especie de interruptor para los procesos vitales». Para el descubrimiento propiamente dicho, su equipo empleó el radiotelescopio James Clerk Maxwell de Hawái y el potente interferómetro ALMA, en Chile.

La fosfina está compuesta por un átomo de fósforo unido a tres de hidrógeno en una estructura piramidal. Puede ser el resultado de procesos inorgánicos en entornos de alta presión, como los que prevalecen, por ejemplo, en los gigantes gaseosos Júpiter y Saturno. Sin embargo, lo importante aquí es que en las condiciones habituales en la Tierra y en otros planetas similares su origen más común son las bacterias anaerobias (que no necesitan oxígeno para sobrevivir y multiplicarse), como las que habitan en nuestro tracto intestinal o en ciertas especies de gusanos del fondo oceánico.

Como suele ocurrir tras el anuncio de un descubrimiento tan dramático e inesperado, la posible detección de esta molécula en Venus suscitó de manera inmediata un gran interés y una considerable controversia. Otros científicos planetarios expresaron sus dudas y llamaron repetidamente a la precaución. Varios cuestionaron los resultados en sí mismos, bien por motivos de procesamiento y análisis de los datos, bien por entender que la señal observada correspondía a dióxido de azufre y no a fosfina. Otros, en cambio, se mostraron escépticos ante la conclusión de que la presencia de esta sustancia fuese un auténtico biomarcador. En 2022, unos investigadores emplearon el Observatorio Estratosférico de Astronomía Infrarroja (SOFIA, por sus siglas en inglés), un telescopio que opera en el infrarrojo lejano y que va montado en un Boeing 747, para afirmar que no habían detectado señal alguna de esta molécula en Venus. Sin embargo, con posterioridad, este resultado negativo se atribuyó a un error de calibración y, de hecho, se identificó una pequeña cantidad de la sustancia. Los autores del descubrimiento original respondieron en detalle a la mayor parte de las críticas, pero eso no acalló el debate sobre este asunto. En 2023, se produjo un nuevo giro de guion, cuando Greaves anunció el hallazgo de fosfina en capas más profundas de la atmósfera, hasta una región más templada en mitad de las nubes de Venus. En resumen, parece que la cuestión de la presencia (o no) de esta sustancia solo podrá resolverse de manera definitiva mediante las futuras misiones (tal vez con *DAVINCI*) que midan su concentración de forma directa en las formaciones nubosas del planeta.

Tampoco está libre de polémica el hecho de que esta posible detección (suponiendo que se confirme) constituya o no una evidencia de la presencia de formas de vida. Por ejemplo, el investigador Gerald Joyce, del Instituto Salk de California y experto en estos temas, mostró su escepticismo de manera explícita. «Difícilmente se puede tomar esto como un biomarcador», afirmó, y señaló que los propios autores del descubrimiento habían hecho constar en su artículo que «la detección de fosfina no es una prueba sólida de vida, sino solo de la presencia de una química anómala e inexplicable».

No obstante, hay otros fenómenos en las capas altas de la atmósfera de Venus (unos 60 kilómetros por encima de la superficie) que no han dejado de intrigar a los investigadores. Por ejemplo, algunas sustancias sin identificar son muy eficaces a la hora de absorber la radiación ultravioleta del Sol. En ese sentido, recuerdan a un efecto similar producido en la superficie terrestre por los pigmentos fotosintéticos. También se encuentran gases en la atmósfera de Venus, como el oxígeno y el metano, que parecen no estar en equilibrio termodinámico, algo que en la Tierra solo es posible como resultado de procesos vitales. Estas y otras desconcertantes características han llevado a un equipo del Instituto Tecnológico de Massachusetts, dirigido por la astrofísica Sara Seager, a poner en marcha una serie de misiones financiadas por donantes privados y denominadas en un primer momento proyecto *Venus Life Finder* y, en la actualidad, *Morning Star*. Estas enviarán al planeta varias sondas de análisis atmosférico directo, diseñadas para evaluar la habitabilidad de sus nubes y buscar signos de seres vivos o a estos últimos propiamente dichos. Una etapa del proyecto incluye un módulo que intentará detectar biomarcadores mientras desciende por las capas de la envoltura gaseosa de Venus. El Observatorio de Tartu, en Estonia, participa en este empeño y construye un instrumento para ir a bordo de la misión, cuyo lanzamiento está previsto, provisionalmente, para 2030. Tras su llegada, el TOPS (siglas en inglés de Sensor de pH del Observatorio de Tartu) medirá la acidez de las gotas en las nubes venusinas. Está previsto que misiones posteriores culminen con la recogida de muestras y su envío a la Tierra.

Los pasos que se deben dar a continuación son evidentes: como ha ocurrido con otros descubrimientos controvertidos, la detección de fosfina tendrá que ser confirmada, en primer lugar, por observaciones adicionales, tal vez realizadas por *Morning Star* y *DAVINCI*. Si este hecho se corrobora inequívocamente, habrá que descartar de manera concluyente la existencia de posibles fuentes geológicas y fotoquímicas de esa sustancia, así como identificar, más allá de toda duda, a las moléculas responsables de la absorción anómala de radiación ultravioleta. Solo entonces será posible considerar, siquiera de forma provisional, que estos fenómenos son el resultado de una biosfera de microorganismos aéreos.

Para resumir nuestra humilde opinión acerca de las posibilidades de encontrar seres vivos en los planetas rocosos del sistema solar, a continuación se ofrecen unas cuantas consideraciones. Para empezar, nos sorprendería mucho que no se descubriera en Marte, una vez explorado a fondo, algún indicio de formas de vida existentes en el pasado. Si ese fuera el caso, esa ausencia podría significar dos cosas: que no basta con que las condiciones sean prometedoras y que la aparición de la vida no es algo inevitable. Somos algo más escépticos en lo que se refiere a la presencia de una biosfera en la actualidad en Venus. Sin embargo, no se puede descartar una sorpresa al respecto (sobre todo, en términos de procesos químicos inesperados). En este sentido, se deben alentar las misiones de exploración. Más cerca del Sol, el calor abrasador de Mercurio, un planeta que en sí mismo no es más que roca desnuda con señales de impactos, hace que no sea habitable.

¿Existe algún otro objeto en el sistema solar que pueda (en teoría) albergar seres vivos? Sorprendentemente, como se verá en el próximo capítulo, hay al menos tres, ¡puede que hasta seis!

8

¿Vida extraterrestre en los satélites del sistema solar?

¡Cuántas cosas negadas la víspera han sido una realidad al día siguiente!

JULIO VERNE, *De la Tierra a la Luna*

La búsqueda de seres vivos extraterrestres ha seguido en buena medida el principio del «rastro acuático». La principal idea subyacente es que, incluso cuando se dispone de los nutrientes y de la energía necesarios, resulta imprescindible contar con un disolvente adecuado. De otro modo, los componentes básicos de los procesos vitales no podrían entrar nunca en contacto unos con otros ni reaccionar entre sí. Además, el agua es capaz de disolver una gran variedad de compuestos que los organismos pueden consumir, transporta sustancias al interior de las células y permite a estas eliminar sus desechos. En general, este líquido ofrece una versatilidad que hace posibles numerosas rutas químicas conducentes a la aparición de seres vivos. Hay un motivo más a su favor: en la Tierra, si hay agua, hay vida. Conforme a esta lógica, durante mucho tiempo se consideró que los planetas rocosos solo eran «habitables» si se encontraban en el intervalo adecuado de distancia a su estrella central, aquella en que la temperatura de su superficie permitía la presencia estable de agua en estado líquido. En el sistema solar, solo la Tierra (evidentemente), Marte (posiblemente) y Venus (con mucho optimismo) han tenido la suerte de entrar en esta clasificación. A su vez, nuestra Luna y los satélites marcianos Deimos y Fobos se encuentran en esa región. Sin embargo, el hecho de que no hayan conservado agua líquida superficial ni atmósferas dignas de mención (la Luna, por ejemplo, sí tiene una, pero es extremadamente tenue y está compuesta sobre todo por neón, argón e hidrógeno, y, a su vez, hay hielo cerca de sus polos y en las zonas oscuras de sus cráteres, así como cantidades nimias de moléculas de H_2O en las partes iluminadas) los ha excluido de la lista de candidatos a tal distinción.

No obstante, en los últimos años se ha descubierto que este catálogo se puede ampliar mucho, al menos en teoría, e incluir, por ejemplo, algunos de los satélites cubiertos de hielo que orbitan alrededor de los gigantes gaseosos del sistema solar exterior. ¿Cómo es esto posible? Una de las razones para ello es que hay otras fuentes de energía asequibles, aparte de la radiación estelar (sobre todo, el *calentamiento por mareas*), que garantizan un rango de temperaturas adecuado para la preservación de grandes océanos líquidos bajo la superficie, incluso a grandes distancias de la estrella central. Otro motivo (bien que sin demostrar) puede deberse al hecho de que en la corteza de estos lejanos objetos existan grandes lagos formados por fluidos distintos del agua. De un modo u otro, el concepto de «zona habitable» ha crecido mucho más allá de lo que se suponía en un principio.

A continuación, se expone muy brevemente el funcionamiento del calentamiento por mareas. Cuando un cuerpo celeste se ve atraído por la fuerza gravitatoria de otro, como es el caso de un satélite que gira en torno a un planeta, sufre una cierta elongación a lo largo de la línea que une los centros de los dos objetos. Esto se debe a que el punto de su superficie más cercano a la fuente de la atracción experimenta esta con mayor intensidad, mientras que el más alejado lo hace en menor medida. Esta diferencia da lugar a una deformación y a la aparición de una «protuberancia de marea». Si la órbita de la luna es ligeramente elíptica, este efecto es más pronunciado cuando se encuentra cerca del planeta y menos cuando está más alejada. En otras palabras, un objeto que da vueltas en torno a otro experimenta episodios de alargamiento y contracción en cada revolución y estos cambios producen una fricción interna que calienta su interior.

El proceso que llevó al descubrimiento de que los satélites de los gigantes gaseosos podían ocultar vastos océanos de agua líquida bajo su superficie constituye un ejemplo fascinante del modo en que la ciencia moderna consigue realizar avances espectaculares mediante un meticuloso trabajo «detectivesco».

Todo empezó con las observaciones espectroscópicas de los satélites de Júpiter, que se realizaron en la década de 1960 y principios de la de 1970. La gran ventaja de esta técnica es que permite identificar la composición del material emisor de la radiación o de aquel a través del cual pasa esta. Por ejemplo, el hielo presenta una firma característica en este sentido, en forma de dos líneas de absorción en el infrarrojo. En consecuencia, se descubrió con facilidad que Calisto y Europa, dos lunas de Júpiter, estaban con toda probabilidad cubiertas de agua helada.

El siguiente avance importante vino del lado teórico de la cuestión. En una serie de importantes artículos publicados en 1979 y 1980, los científicos planetarios Stanton Peale y Patrick Cassen, de la Universidad de California en Santa Bárbara, y Ray Reynolds, del Centro de Investigación Ames de la NASA, propusieron que el calentamiento por mareas debido a la atracción de Júpiter (y también de tres de los llamados satélites galileanos: Europa, Calisto y Ganímedes) podía derretir en sentido literal una parte significativa del interior de Ío, la luna más cercana al gigante gaseoso. La conclusión era evidente: Ío podía sufrir erupciones volcánicas y flujos de lava. De hecho, una larga serie de observaciones posteriores, primero por las sondas *Voyager 1* y *Voyager 2* (en 1979, apenas unos días después de que se dieran a la imprenta las predicciones teóricas) y más tarde por *Galileo* (en 1995 y en el período entre 1999 y 2002), *Cassini* (en 2000), *New Horizons* (en 2007) y, por último, *Juno* (en 2023), demostraron que este es el objeto más dinámico desde el punto de vista geológico de todo el sistema solar. Sobre todo *Juno*, que sobrevoló la superficie del satélite en diciembre de 2023, a tan solo 1.500 kilómetros de altura, confirmó que este alberga más de cuatrocientos volcanes activos. Sin embargo, todos los descubrimientos realizados hasta esa fecha no eran sino el comienzo de una fascinante aventura científica.

Júpiter II

No cabe duda de que Ío es sumamente interesante en sí mismo. No obstante, desde el punto de vista de la búsqueda de seres vivos, se cree que tiene la menor cantidad de agua (en porcentaje atómico) de todos los objetos conocidos del sistema solar. A este respecto, Peale, Cassen y Reynolds hicieron otra emocionante predicción, que podía tener consecuencias drásticas en la identificación de mundos potencialmente habitables: sugirieron que el calentamiento por mareas podía dar lugar a un océano de agua líquida bajo un manto de hielo en Europa, el más pequeño de los cuatro satélites de Júpiter descubiertos en 1610 por Galileo Galilei (quien se refirió a Europa como Júpiter II).

Esta posibilidad era muy interesante, pero planteaba a los astrónomos un arduo reto en lo que a observaciones se refiere: confirmar (o refutar) la existencia de un océano líquido enterrado bajo una capa superficial de hielo de muchos kilómetros de espesor. Esta difícil tarea ha llevado a los científicos planetarios a diseñar una ingeniosa serie de investigaciones empíricas.

En primer lugar, se dieron cuenta de que ya disponían de algunas pistas muy elocuentes en este sentido. En efecto, las imágenes captadas por la *Voyager 2* mostraban que la superficie de Europa estaba prácticamente libre de cráteres. De hecho, es la más regular de todos los objetos sólidos conocidos en el sistema solar. Esto parecía implicar la existencia de un mecanismo natural similar al de una pulidora de hielo: al igual que ocurre en las pistas de patinaje artístico, Europa era recubierta de manera continua por nuevos materiales. A su vez, esto parece indicar que se producen movimientos de la corteza helada, equiparables a la tectónica de placas. Lo más probable es que esta geología tan dinámica se deba a una vasta masa de líquido, encerrada bajo la superficie. Al mismo tiempo, también se descubrió que la cara externa de Europa estaba agrietada y cubierta de vetas oscuras (denominadas «líneas»), que se entrecruzan y la atraviesan de un lado a otro. En buena medida, recuerdan a las dorsales oceánicas de la Tierra, lo que de nuevo parece sugerir la existencia de un proceso similar a la tectónica de placas, en el que las grietas serían con toda probabilidad resultado de las fuerzas de marea ejercidas por la gravedad de Júpiter. Además, investigaciones espectroscópicas realizadas con posterioridad por la sonda *Galileo* y por el telescopio espacial Hubble revelaron que estas estructuras parecen contener sales que podrían tener su origen en un océano situado bajo ellas.

El segundo indicio se obtuvo gracias a la medición de los cambios de velocidad de la sonda *Galileo*, que se realizó con la asombrosa precisión de unas décimas de centímetro por segundo. Esta información permitió a John Anderson y su equipo del Laboratorio de Propulsión a Reacción cartografiar con mucho detalle el campo gravitatorio de Europa y, por tanto, la distribución interna de su masa. Al hacerlo, descubrieron que la única manera de explicar los datos obtenidos era una estructura de tres niveles, cada uno de densidad diferente: un núcleo de hierro de unos 1.300 kilómetros de diámetro, rodeado por un manto rocoso de silicatos, sobre el que había una capa de agua o hielo de entre 80 y 160 kilómetros de espesor (a pesar de todo, las mediciones no eran lo bastante precisas como para distinguir entre una y otro).

La última prueba procede de los impresionantes resultados obtenidos por el magnetómetro (un instrumento que mide los cambios en los campos magnéticos) a bordo de *Galileo*. Este aparato descubrió que Europa actuaba como un imán muy débil y que su magnetismo era *inducido* por el de Júpiter. En pocas palabras, el magnetismo de este último es muy intenso, debido a las revoluciones de su núcleo de hidrógeno metálico. Además, su eje magnético no coincide de forma exacta con el de rotación (lo mismo ocurre en la Tierra), de modo que Europa experimenta variaciones periódicas en este sentido (como si estuviera iluminado por un «faro»), a medida que Júpiter gira sobre sí mismo. En electromagnetismo, cuando un material conductor (aquel que permite el paso de la electricidad) experimenta un campo magnético variable, él mismo se comporta como un imán. Dicho de otro modo, el descubrimiento hecho por *Galileo* significaba que Europa tenía una capa con esta característica en su interior. A partir de cuidadosas mediciones del campo inducido, Margaret Kivelson, Krishan Khurana y sus colegas del equipo del magnetómetro de la Universidad de California en Los Ángeles lograron demostrar que un océano líquido de agua salada bajo la superficie podía proporcionar la conductividad requerida.

El resumen de este esfuerzo hercúleo es que, gracias a una serie de imaginativos y minuciosos análisis, los investigadores han podido demostrar que es muy probable que la gruesa capa de hielo de la superficie de Europa esconda un océano salado en su interior, que contendría aproximadamente el doble de agua que todos los mares de la Tierra.

Se estima también que la profundidad media de este océano extraterrestre es de unos 96 kilómetros, con un fondo rocoso y una capa externa de hielo sólido de espesor incierto, pero que se cree tiene entre unos pocos y 32 kilómetros de grosor. Resulta interesante que el telescopio espacial Hubble podría haber proporcionado una evidencia más de la existencia de esta masa de agua líquida. En efecto, en 2012 este aparato captó una imagen de Europa con lo que parece ser un fino penacho de vapor que se eleva a una altura de más de 193 kilómetros. Además, los investigadores que utilizaban este instrumento informaron de posibles detecciones similares en 2016 y 2017. Es más, varios astrónomos que analizaron de nuevo los datos de la sonda *Galileo* concluyeron en 2018 que esta podría incluso haber atravesado una de estas columnas, durante su sobrevuelo del satélite en 1997. Por último, un equipo que utilizaba el Observatorio Keck, en Hawái, anunció en noviembre de 2019 que había detectado directamente vapor de agua sobre la superficie de la luna joviana. De confirmarse de forma inequívoca estos hallazgos (el telescopio espacial James Webb no había logrado encontrar nada parecido en otoño de 2023), los penachos podrían tener su origen directamente en el océano subyacente (a través de grietas en el hielo) o en charcas y lagos líquidos encerrados en la capa externa. Lo fundamental en este sentido es que estas emisiones podrían ofrecer una forma de analizar la composición de este mar sin tener que perforar varios kilómetros de material sólido. De hecho, una misión podría atravesarlas para tomar muestras y examinarlas en órbita. Otra característica desconcertante se descubrió en 2023, una que podría indicar una conexión entre la superficie de Europa y el cuerpo de agua que se oculta bajo ella. Mediante datos obtenidos por el JWST, los astrónomos identificaron dióxido de carbono en una región concreta de la capa helada del satélite de Júpiter. Un análisis más detallado reveló que era muy probable que este carbono procediese de este océano oculto y que no hubiese llegado a bordo de meteoritos u otras fuentes externas. Es más, habría sido depositado en una escala temporal reciente, desde el punto de vista geológico.

La cuestión de si los mares salados de Europa podrían constituir en realidad un hábitat adecuado para los seres vivos no admite otra respuesta que «podría ser». Sin embargo, eso quiere decir que es una posibilidad que indudablemente merece ser explorada. Las personas optimistas a este respecto basan sus esperanzas en los datos obtenidos en varios entornos extremos, como los que parecen sustentar ecosistemas variados en masas de agua subterráneas encerradas bajo algunos glaciares de la Tierra. Entre las formaciones de este tipo destaca el lago Vostok, en la Antártida.

Este se encuentra enterrado bajo casi 4.000 metros de hielo polar, aislado de todo contacto con la atmósfera y sin recibir luz solar. Se estima que ha permanecido así de forma continua desde hace unos quince millones de años. En términos de tamaño y volumen, es una de las mayores reservas de agua dulce de la Tierra. Dadas sus especiales y únicas características, científicos del Reino Unido, Rusia, Francia y Estados Unidos han realizado varios intentos de perforar la cubierta helada y llegar casi hasta su superficie. De este modo, un equipo dirigido por el biólogo Scott Rogers, de la Universidad Estatal de Bowling Green, secuenció en 2013 muestras de ADN y ARN recuperadas del agua congelada del lago, unida a la base del glaciar que lo cubre (el denominado *hielo de acreción*). Este material se había recogido durante expediciones en la década de 1990 que taladraron la cubierta sólida. Rogers y sus colaboradores pudieron identificar miles de secuencias genéticas, en su mayoría de bacterias y eucariontes (organismos cuyas células cuentan con un núcleo diferenciado), lo que implicaba que el lago albergaba seres vivos. No obstante, algunos microbiólogos se mostraron escépticos ante este resultado y sugirieron que el hallazgo podía deberse a la contaminación de las muestras durante el propio proceso de perforación más que a genuinas formas de vida lacustre. Estos recelos parecieron disiparse en buena medida cuando el ecólogo John Priscu, de la Universidad Estatal de Montana y especialista en microorganismos, obtuvo resultados muy similares en otra formación parecida enterrada bajo un glaciar en la Antártida (el lago Whillans) a la que pudo acceder tras atravesar casi 800 metros de hielo. El propio Scott Rogers apuntaló la verosimilitud de su hallazgo en 2020, cuando él y el biólogo Colby Gura publicaron un nuevo análisis de la diversidad biológica en el lago Vostok, que básicamente confirmaba sus conclusiones anteriores. El artículo se cerraba con estas palabras: «Por lo tanto, el lago Vostok puede contener un ecosistema funcional que recibiría aportes químicos y energéticos del glaciar que lo cubre y de posibles fuentes hidrotermales».

Hay otro aspecto relevante que se debe tener en cuenta a la hora de determinar la capacidad de Europa para albergar formas de vida. Como se ha dicho en los capítulos 3 a 5, los experimentos que intentan producir seres vivos en el laboratorio han demostrado que la senda que va de la química a la biología (suponiendo que exista siquiera una ruta completa en este sentido) pasa necesariamente por conseguir elevadas concentraciones de algunas moléculas cruciales, imprescindibles para iniciar y mantener las reacciones implicadas. Sin embargo, un entorno oceánico de grandes dimensiones no es en absoluto ideal para lograr unas acumulaciones así. Este hecho ha llevado a sugerir (como se ha explicado en el capítulo 6) que la vida en la Tierra debió de aparecer en lagunas continentales relativamente pequeñas, más que en el fondo marino. De ser esto cierto, ¿significa que Europa no podría albergar microorganismos? No necesariamente, pero sí podría querer decir que estos (si es que existen) no surgieron originariamente en el satélite de Júpiter. Por ejemplo, y como ya se ha señalado, es posible que algunas rocas expulsadas de Marte (donde en teoría podrían haber aparecido estos organismos), por impactos de asteroides o cometas, llegaran hasta la luna joviana. Si alguno de estos fragmentos transportara microbios en su interior, es posible (también en principio) que estos hubieran sobrevivido en el océano bajo la superficie helada e incluso que hubieran evolucionado entre sus aguas. No obstante, en un apunte algo más pesimista, un estudio publicado en marzo de 2024 sugiere que las partículas con carga eléctrica que bombardean Europa producen menos oxígeno (resultante de la descomposición del agua helada) de lo que se pensaba en un principio.

Los datos recogidos por la sonda espacial *Juno*, cuando sobrevoló recientemente este satélite en repetidas ocasiones, han sido de gran ayuda para los investigadores que trabajan en la misión *Europa Clipper*. Esta última es un proyecto de la NASA cuyo lanzamiento se produjo en octubre de 2024 y cuya llegada a destino está prevista para 2030. Se espera que sobrevuele Europa a corta distancia, algunas veces a tan solo 25 kilómetros de altitud, mientras se mantiene en órbita en torno a Júpiter. Su principal objetivo será confirmar la existencia de un océano bajo el hielo y ayudar a elegir el lugar de aterrizaje de una futura misión que descienda hasta la luna.

En todo caso, Europa no es el único satélite del sistema solar que podría, al menos en teoría, albergar seres vivos. De hecho, hay quien afirma que otras lunas ofrecen iguales o mejores posibilidades en este sentido.

Encélado es el sexto satélite por orden de tamaño de Saturno y debe su nombre a uno de los gigantes de la mitología griega. Estos seres lucharon con los dioses olímpicos para hacerse con el control del universo y no eran necesariamente de estatura muy elevada, pero sí eran conocidos por su gran fuerza. Por ejemplo, el Encélado del mito aparece representado en plena pelea con Atenea en un plato de cerámica del siglo VI a. C. procedente de Ática y que en la actualidad se encuentra en el Louvre. La luna homónima fue descubierta por el astrónomo William Herschel en 1789 y bautizada por su hijo, el también astrónomo John Herschel, en 1847.

No sería de esperar que un cuerpo que se encuentra tan alejado de toda fuente de radiación y que apenas ocupa el sexto lugar por orden de tamaño entre los satélites de Saturno atrajera tanta atención. Después de todo, un objeto como este, de menos de 500 kilómetros de diámetro, no debería ser capaz de retener el calor. Sin embargo, Encélado fue un misterio para los astrónomos desde el primer momento. Las imágenes obtenidas en 1981 por la *Voyager 2*, aunque tomadas desde gran distancia, revelaron que su hemisferio meridional tenía una apariencia muy regular y estaba casi libre de cráteres, mientras que el septentrional mostraba una cantidad considerablemente superior de huellas de impactos. Dado que las lunas de Saturno sufren un bombardeo casi constante, esta diferencia parecía señalar que, de alguna manera, se había renovado la superficie de las zonas en torno al polo sur de Encélado. Los astrónomos también sabían que este último se halla cubierto de hielo, ya que, en palabras de Morgan Cable, científico del Laboratorio de Propulsión a Reacción de la NASA, se trata de «uno de los objetos más blancos y brillantes del sistema solar».

La investigación espacial es muy compleja, requiere mucha paciencia y es bastante cara. Por ello, los científicos que trabajan en este campo tuvieron que esperar más de veinte años tras las imágenes de la *Voyager 2* antes de poder dar el siguiente paso en sus exploraciones. Por fin, la sonda *Cassini* de la NASA visitó Encélado entre 2005 y 2017. Las espectaculares instantáneas y los datos que se pudieron obtener tras nada menos que 23 sobrevuelos merecieron sin duda la espera. En su primera aproximación, *Cassini* se acercó a menos de 1.200 kilómetros de su objetivo y su magnetómetro detectó una distorsión en el campo magnético de Saturno al pasar por encima del polo sur del satélite. Parece ser que la causa era el material expulsado de este, ya que un instrumento para analizar el polvo cósmico que iba a bordo de la sonda detectó muchas partículas de un material muy fino.

Los resultados de las siguientes visitas quitaban el hipo. En primer lugar, las imágenes revelaron numerosos penachos y emisiones parecidas a géiseres que brotaban de las regiones en torno al polo sur del satélite. También quedó demostrado que estos fenómenos aportaban el material necesario para uno de los anillos de Saturno, el conocido como anillo E. Después, al atravesar *Cassini* estas emanaciones y analizar su composición, los investigadores descubrieron que contenían vapor de agua, dióxido de carbono, monóxido de carbono, metano, nitrógeno, amoníaco y otros compuestos orgánicos que se encuentran habitualmente en los cometas, pero también en las fuentes hidrotermales de la Tierra. Un tercer e inesperado hallazgo fue la comprobación de que el extremo austral de Encélado se encuentra a una temperatura más elevada que su ecuador, a pesar de que recibe menos luz solar. De hecho, las fracturas superficiales en línea recta observadas alrededor de esta zona (que fueron bautizadas como «rayas de tigre») superaban en 39 grados centígrados a la temperatura de la franja ecuatorial, lo que demuestra de manera concluyente que hay alguna forma de actividad geológica en esa región.

A la vista de estos resultados preliminares, todos los científicos participantes en el programa se plantearon la posibilidad de que los penachos y emisiones tuviesen su origen en un océano de agua líquida oculto bajo la superficie. Sin embargo, incluso llegados a ese punto, persistía la duda de que hubiese otra explicación alternativa. En efecto, el vapor podía sublimarse en la superficie y pasar de manera directa del estado sólido al gaseoso en un proceso similar al observado en los cometas (aunque, en el caso de Encélado, la radiación solar no podía ser la fuente de calor).

Fue entonces cuando los equipos responsables de los dos aparatos que realizaban los análisis químicos a bordo de *Cassini* tuvieron la oportunidad de lucirse. En primer lugar, el Analizador de Polvo Cósmico, operado por científicos de la Universidad de Stuttgart, halló sales de sodio en el anillo E de Saturno, una banda que sin duda está formada por los materiales expulsados de Encélado. De hecho, los datos obtenidos por esta misión, combinados con los del Observatorio Espacial Herschel, demostraron que este era también el origen de una estructura toroidal de partículas de hielo detectada alrededor de Saturno. Dada esta procedencia, las sales del anillo E implicaban que las propias emanaciones del satélite ya contenían estos compuestos, algo que nunca se había observado en cometas. De este modo, la hipótesis de la sublimación superficial era mucho menos probable. Por otro lado, este mismo instrumento en la sonda halló unas partículas concretas de sílice que en la Tierra suelen encontrarse en las fuentes hidrotermales del fondo oceánico. Los cristales en las muestras tomadas en las emisiones de Encélado tenían entre 2 y 8 nanómetros (milmillonésimas de metro) de diámetro, el tamaño de los granos de dióxido de silicio puro que se forman habitualmente en océanos salados de aguas sometidas a unos 93 grados centígrados, temperaturas asociadas a las fuentes hidrotermales. Además, algunas de estas formaciones en la Tierra emiten grandes cantidades de hidrógeno molecular, de modo que se pudo hacer la hipotética predicción de que los penachos contendrían también esta sustancia. Para regocijo de todos los implicados, el aparato INMS (siglas en inglés del Espectrómetro de Masas de Iones y Partículas Neutras), operado por el Instituto de Investigación del Suroeste, en Texas, demostró que las emisiones del satélite contenían hidrógeno molecular en una proporción mucho más alta de la que podía deberse a la descomposición de moléculas más complejas.

No obstante, incluso después de estos éxitos observacionales, había dos interrogantes importantes por resolver. El primero de ellos se refería a la extensión del océano encerrado bajo la superficie de Encélado y si este mar era global o se limitaba a los alrededores del polo sur. Después, si tenía la antigüedad suficiente como para permitir, no solo la supervivencia de los seres vivos (una vez que hubieran llegado hasta allí), sino quizá también su evolución.

Por suerte, aún quedaba un auténtico aluvión de datos de *Cassini* por analizar. Los científicos de la misión examinaron cientos de imágenes obtenidas durante los sobrevuelos de la sonda y esto les permitió cartografiar con precisión la superficie de Encélado y determinar la posición exacta de sus elementos característicos. De esta forma, en 2015 descubrieron que el movimiento del satélite era oscilante. Nunca se insistirá lo suficiente en la importancia de este hallazgo a la hora de describir su estructura interna. Resulta que Encélado se halla en sincronía orbital con Saturno, del mismo modo que la Luna lo está con la Tierra. Eso significa que tarda el mismo tiempo en girar alrededor de su eje de rotación que en dar una vuelta entera al planeta, por lo que siempre presenta a este la misma cara (igual que ocurre con nuestra Luna). Cuando el cuerpo en cuestión no es perfectamente esférico, se produce una leve oscilación de lado a lado (conocida como *libración longitudinal*), de manera que la atracción gravitatoria sufre un ligero desajuste. La medida en que se produce este desplazamiento periódico permite saber si el satélite se comporta como un objeto sólido o si su corteza flota sobre una capa líquida, porque en este último caso la amplitud de la libración longitudinal es mayor. La comparación de las observaciones con los modelos teóricos permitió a los científicos de la misión llegar a la conclusión, con gran certeza, de que hay un océano global en el satélite, encerrado entre una envoltura superficial de hielo y un núcleo rocoso.

En 2023 se publicaron tres nuevos y sorprendentes descubrimientos sobre Encélado. El primero de ellos lo logró un equipo dirigido por Gerónimo Villanueva en el Centro de Vuelo Espacial Goddard de la NASA gracias al telescopio espacial James Webb. En este caso, se detectó una emisión de vapor de agua ¡de más de 9.600 kilómetros de longitud! Después, Frank Postberg y sus colegas de la Universidad Libre de Berlín analizaron de manera individual pequeñas partículas de hielo eyectadas desde el satélite y pudieron determinar que el océano bajo su superficie presenta una concentración de fosfatos al menos cien veces superior a la que hay en los mares de la Tierra. En este sentido, cabe recordar que el fósforo, en forma de compuestos como los hallados, es un ingrediente fundamental para todos los seres vivos de nuestro planeta. No solo es parte de la estructura del ADN, sino que también es un componente imprescindible de algunas de las moléculas que constituyen las membranas celulares. Este estudio fue el primero que aportó pruebas directas de la presencia de ese elemento en un océano extraterrestre. En tercer lugar, científicos que examinaban los datos obtenidos una década antes por la misión *Cassini* en uno de los penachos de Encélado dieron un paso más en la dirección de confirmar la posible habitabilidad de esta luna y corroboraron la presencia de ácido cianhídrico, una sustancia que, como ya se ha visto en los capítulos 3 a 5, es indispensable para la aparición de formas de vida.

De este modo, los detalles que se desprenden de los sobrevuelos de *Cassini* han llevado a Encélado a pasar de ser un pequeño satélite de Saturno, más bien insignificante y remoto, con unas posibilidades casi nulas de albergar seres vivos, a convertirse en uno de los objetos astrobiológicos más prometedores del sistema solar. En la actualidad, se cree que esta luna distante contiene un océano de agua salada bajo su superficie, en cuyo fondo habría fuentes hidrotermales activas. En torno a ellas parece haberse desarrollado una química compleja, que produce hidrógeno molecular: uno de los entornos que han sido colonizados por criaturas marinas en la Tierra. Como ya se ha señalado en varias ocasiones, hay razones de peso para creer que las formas de vida terrestre debieron de surgir en pequeñas lagunas en el interior continental, pero no cabe duda de que hay organismos que pueden sobrevivir junto a estas fumarolas en el lecho oceánico. Por cierto, la evidencia que demuestra la existencia de estas chimeneas subacuáticas en Encélado se vio reforzada por el descubrimiento de ciertas moléculas orgánicas que se suelen asociar con estas estructuras.

Hay otro hallazgo de *Cassini* que resultó especialmente desconcertante. El análisis de la composición de un penacho atravesado por la sonda reveló la presencia de un volumen sorprendentemente grande de metano. En 2021, un equipo dirigido por Antonin Affholder, de la Escuela Normal Superior de París, demostró que el proceso químico abiótico más probable por el que esta sustancia podría haberse originado (una reacción de algunos minerales con dióxido de carbono y agua caliente, un fenómeno conocido como serpentinización) no era capaz de producir las cantidades observadas. En cambio, los investigadores probaron que la acción de metanógenos, microbios que consumen hidrógeno y dióxido de carbono y emiten dicho gas, podría explicar los datos obtenidos. Sin embargo, no hay motivos para el entusiasmo excesivo. Los científicos se apresuraron a reconocer que podía haber otras explicaciones a este misterio que no implicaran la participación de seres vivos. Por ejemplo, estas podrían incluir un exceso de metano primigenio, remanente de la formación del satélite, u otro mecanismo abiótico aún desconocido.

De haberlo, un ecosistema bajo la superficie de Encélado no se parecería en nada a una comunidad ecológica ordinaria de nuestro planeta. Más bien, debería ser algo similar a los hábitats asociados con la presencia de extremófilos, microorganismos tolerantes de condiciones medioambientales extremas. En concreto, estas criaturas deberían ser anaeróbicas y capaces de sobrevivir sin depender de la fotosíntesis. Quizá los análogos terrestres más parecidos serían los lagos que hay bajo algunos glaciares de la Antártida y ciertos parajes de Islandia, con su abundante actividad hidrotermal y sus géiseres.

Otra cuestión que aún no se ha podido resolver es la referente a la edad del océano de Encélado. En un artículo publicado en 2017, un equipo dirigido por el ingeniero aeroespacial Luciano Iess, de la Universidad de Roma La Sapienza, intentó determinar la antigüedad de los anillos de Saturno. Su estimación se basó en la cantidad de polvo y materiales existente en la actualidad en cada una de las bandas y en la velocidad media de acumulación, suponiendo que sus componentes proceden del *cinturón de Kuiper* (una región de objetos helados que se encuentra más allá de la órbita de Neptuno) y que habrían llegado en forma de meteoroides de muy pequeño tamaño. El resultado obtenido por Iess y sus colegas sorprendió a muchos astrónomos y científicos planetarios, ya que era de solo ¡unos cien millones de años! En otras palabras, de ser esto cierto, los anillos de Saturno no solo serían de una edad mucho menor que la del sistema solar, sino que estas estructuras se habrían formado cuando los seres vivos terrestres ya habían iniciado la época de los dinosaurios. Esto podría tener importantes repercusiones en cuanto a la habitabilidad de Encélado, ya que una de las posibilidades que se contemplan en este sentido sugiere que los anillos y la luna en cuestión serían contemporáneos, resultado de la colisión del planeta (o de uno de sus satélites anteriores) con un objeto relativamente grande.

No todos los investigadores aceptan las conclusiones de Iess y sus colaboradores en este sentido. En concreto, varios científicos planetarios señalaron que la estimación del ritmo de acumulación de polvo en las bandas presentaba incertidumbres significativas. Otros argumentaron que habría sido difícil dar lugar a unas estructuras así en tan poco tiempo. De hecho, el mecanismo de formación de los anillos de Saturno ha sido objeto de controversia desde hace muchos años. Uno de los modelos más recientes a este respecto fue presentado en septiembre de 2022 por Jack Wisdom y sus colegas del MIT y en él se propone que una antigua luna del planeta (denominada *Chrysalis*) fue destruida por las fuerzas de marea hace unos ciento sesenta millones de años y produjo la configuración actual. Otro estudio aún más reciente, realizado por Sascha Kempf y sus colaboradores de la Universidad de Colorado en Boulder, determinó el ritmo de bombardeo de meteoroides de muy pequeño tamaño en los anillos de Saturno y halló un límite superior a la edad de estos, que no sería mayor en ningún caso a los cuatrocientos millones de años. No obstante, dada la falta de certezas en torno a este asunto, para muchos astrobiólogos Encélado sigue siendo uno de los objetos más prometedores de todo el sistema solar, en lo que se refiere a la búsqueda de seres vivos extraterrestres.

Maria y lacus

En latín, *maria* es el plural de *mare* y *lacus,* de lago. Pues bien, en todo el sistema solar solo hay un objeto, aparte de la Tierra, que tenga mares y lagos permanentes en su superficie, épocas de lluvias e incluso un ciclo pluvial similar al terrestre. Se trata de Titán, la mayor luna de Saturno. De hecho, las imágenes del mar de Ligeia, segundo en términos de extensión del satélite, obtenidas por la misión *Cassini* de la NASA, podrían confundirse con una vista cenital de cualquier acumulación de agua en nuestro planeta. Incluso el 8 de julio de 2009, esta sonda captó la *reflexión especular* de la luz solar en el mar del Kraken, lo que confirmaba la presencia de líquidos en la zona lacustre de Titán. La atmósfera de este es más densa que la terrestre y, al igual que esta, es rica en nitrógeno. Sin embargo, estas características, en apariencia similares a las de nuestro planeta, no deben conducirnos a engaños ni a albergar la esperanza de que su superficie pueda ocultar una biosfera parecida a la nuestra. Lo cierto es que la temperatura típica en este mundo es de unos gélidos 179 grados centígrados bajo cero y eso significa que sus lagos, mares y ríos no están hechos de agua, sino sobre todo de metano, etano y nitrógeno líquidos. Del mismo modo, la precipitación que cae en ocasiones sobre el satélite son gotas de metano condensado. A su vez, la atmósfera de Titán tiene una serie de características peculiares. Está compuesta de nitrógeno (más del 95 por ciento), metano (menos del 3 por ciento), hidrógeno (una fracción de un punto porcentual) y trazas de otros hidrocarburos (compuestos de carbono e hidrógeno). Además, presenta una permanente bruma anaranjada y muy espesa de origen orgánico.

En un principio, la presencia de metano en esta mezcla gaseosa se consideró muy sorprendente, ya que la expectativa era que esta molécula fuera completamente destruida por la radiación ultravioleta del Sol en menos de cien millones de años. En consecuencia, se ha planteado que de algún modo se producen nuevas aportaciones de este gas, bien de forma continua o mediante emisiones puntuales, originadas bajo la corteza helada del satélite. Esta hipótesis se ha visto respaldada de manera considerable por las espectaculares observaciones de la sonda *Huygens* de la Agencia Espacial Europea, que en 2005 descendió en paracaídas hasta la superficie de la luna desde el módulo *Cassini*, en órbita alrededor de Saturno. Durante este trayecto, *Huygens* detectó un isótopo del argón que es resultante de la desintegración radiactiva de una variedad de potasio. Dado que lo más probable es que este último se encuentre formando parte de minerales, la presencia de argón en la atmósfera de Titán parece ser indicativa de la emanación de gases desde su interior.

Puede resultar sorprendente que estas peculiares características superficiales y atmosféricas no sean los únicos aspectos interesantes de esta luna. En lo que se refiere a su capacidad de albergar seres vivos, presenta otro aspecto muy prometedor: también cuenta con la presencia de un océano salado de agua líquida bajo su envoltura exterior. Los primeros indicios de su existencia fueron debidos al descubrimiento de unos fenómenos electromagnéticos que en un primer momento resultaron muy desconcertantes. La sonda *Huygens* detectó ondas de radio de frecuencia extremadamente baja en la atmósfera de Titán, así como un campo eléctrico no nulo cerca del suelo. Cabe recordar que, en el caso de Europa, el satélite de Júpiter, la presencia de un magnetismo inducido implicaba que había un material conductor en su interior. En este caso, simulaciones informáticas detalladas, realizadas por el científico planetario Christian Béghin y sus colegas de la Universidad de Orleans, demostraron que la producción de ondas de radio con esas características requería la existencia de una capa conductora bajo la superficie, cuyas propiedades se correspondían con las de un mar salado. Por otro lado, al reconstruir con gran precisión la órbita de *Cassini* entre 2006 y 2011, los investigadores pudieron caracterizar y cartografiar el campo gravitatorio de

Titán con una precisión tal que fueron capaces de identificar la estructura interna de este. En concreto, al medir las deformaciones que sufre como resultado de las fuerzas de marea de Saturno, demostraron que no se comportaba como un cuerpo rígido, sino más bien como si tuviera una capa de fluido bajo una envoltura helada, lo que de nuevo sugiere la presencia de un océano de agua líquida. No se conocen con certeza ni la profundidad de este mar ni el espesor del hielo que lo cubre, pero las estimaciones del ingeniero aeroespacial y miembro del equipo de la misión *Cassini* Luciano Iess y de sus colegas sitúan ambas cantidades entre los 80 y los 96 kilómetros, aproximadamente.

Sea como fuere, Titán plantea (al menos en teoría) la fascinante posibilidad de que existan dos tipos de seres vivos completamente diferentes en un mismo objeto del sistema solar. Unos habitarían el océano que hay bajo la superficie y serían más parecidos a lo que ya conocemos. Los otros morarían en los lagos superficiales de metano y etano líquido y no se parecerían en nada a lo que nos es conocido. De este modo, Titán desafía el principio acuático, que se basa por completo en la bioquímica del agua y de las soluciones acuosas.

No obstante, cabe destacar que los motivos para esta tendencia a considerar el agua como un solvente ideal para los procesos vitales no se deben solo a una perspectiva terracéntrica, sino que tienen sólidas bases biológicas, químicas y físicas. En primer lugar, sus moléculas son polares, es decir, los extremos correspondientes a los átomos de oxígeno e hidrógeno se comportan como pequeñas cargas eléctricas, negativa y positiva respectivamente. Los compuestos con esta propiedad son capaces de disolver cualquier sustancia que también la tenga y muchos de los componentes básicos de los seres vivos (tal y como los conocemos) lo hacen. En cambio, el metano y el etano dejan mucho que desear en este aspecto. Su polaridad es nula y consiguen disolver otros compuestos con esta misma característica, tales como el *acetileno* y otros hidrocarburos, pero no son útiles en absoluto cuando se trata de hacer lo mismo con los ingredientes de las formas de vida basadas en el carbono.

Después, el agua desempeña un papel fundamental en muchos procesos vitales, desde garantizar la estabilidad estructural del ADN y las proteínas hasta la formación de pliegues en estas últimas. En tercer lugar, las células de todas las criaturas vivas, tal y como las conocemos, están compuestas de agua en su mayor parte.

Aun así, existe la fascinante posibilidad (en teoría) de que Titán albergue un tipo completamente diferente de seres vivos, lo que sería una auténtica «segunda génesis». El astrobiólogo Chris McKay, del Centro de Investigación Ames de la NASA, pensaba que estas formas de vida podían darse en realidad. Argumentó que los compuestos orgánicos «libres» que se habían detectado en la atmósfera de este satélite (por ejemplo, el acetileno, que es un hidrocarburo resultante de procesos fotoquímicos) podían servir en potencia como fuentes de energía para varias reacciones (sobre todo, al combinarse con hidrógeno para generar metano y etano). Sin embargo, persiste la duda de que un líquido compuesto por estas dos últimas sustancias pueda en verdad sustituir al agua como disolvente de las moléculas de los procesos vitales. Como ya se ha explicado en las líneas anteriores, no cabe duda de que el metano licuado, con su temperatura extremadamente baja, deja mucho que desear a este respecto en comparación con el agua. Por lo tanto, no es obvio en absoluto que un entorno así pueda ser el escenario de rutas químicas relevantes en este sentido. Sea como fuere, la propuesta de McKay le permitió hacer una predicción interesante, aunque llena de imponderables: si existieran microbios en los lagos de Titán y si estos se alimentaran de hidrógeno, cabría esperar un descenso de la concentración atmosférica de este gas cerca de la superficie. Esto es justo lo que descubrió en 2010 el científico planetario Darrell Strobel, de la Universidad Johns Hopkins, quien encontró que los datos de *Cassini* sugerían ciertamente que el hidrógeno molecular fluía en una dirección descendente a través de las capas de la atmósfera, hasta desaparecer casi por completo al llegar al suelo. Otro estudio, dirigido por Roger Clark, del Servicio Geológico de Estados Unidos en Denver, cartografió los hidrocarburos en la superficie de esta luna y halló una deficiencia en la cantidad de acetileno, un resultado que, de nuevo, era coherente con la hipótesis de McKay. A pesar de todo, la mayoría de los científicos, incluido el propio McKay, advirtieron de que ambos fenómenos pueden deberse a factores abióticos. En concreto, las estimaciones de la densidad de biomasa (densidad de masa correspondiente a organismos) esperada en Titán, algo que se admite sin ambages que incluye muchas asunciones y pocas certidumbres, parecen sugerir que es muy improbable que esta aparente disminución en la cantidad de acetileno se deba a procesos en los que participen seres vivos. En palabras de Mark Allen, investigador principal del equipo dedicado a este satélite en el Instituto de Astrobiología de la NASA:

> Una actitud científica y conservadora sugiere que una explicación biológica debería ser la última de las opciones que considerar, después de que se hayan descartado todas las posibilidades que no impliquen seres vivos [...] Es más probable que un proceso químico, no biológico, consiga explicar estos resultados. Por ejemplo, reacciones que involucren catalizadores minerales.

Sin embargo, McKay tiene razón al insistir en que incluso el descubrimiento de un catalizador no biológico, eficaz en las gélidas temperaturas de Titán, sería en sí mismo un hallazgo bastante inesperado.

Dadas las características realmente únicas de esta luna, no es sorprendente que haya dado pie a una buena cantidad de elucubraciones. Por ejemplo, los científicos planetarios Ralph Lorenz, del Laboratorio de Física Aplicada Johns Hopkins, Jonathan Lunine, de la Universidad Cornell, y Catherine Neish, de la Universidad de Ontario Occidental, postularon que los lagos de Titán podrían mejorar de manera significativa sus capacidades como disolventes si contuvieran incluso cantidades residuales de ácido cianhídrico. Esta posibilidad no se puede descartar desde el punto de vista observacional, ya que la abundancia relativa de esta sustancia no puede determinarse con precisión a partir de los datos disponibles en la actualidad. La cuestión es que las moléculas de ácido cianhídrico son polares, por lo que estos investigadores sugirieron que los lagos del satélite serían capaces de solvatar (formar uniones entre el disolvente y los iones del soluto) incluso sustancias con esa misma propiedad, como el agua. Si se confirma esta hipótesis (primero, mediante un cuidadoso análisis empírico en el laboratorio), las posibilidades de que la superficie de Titán albergue formas de vida (de algún tipo) se vería reforzada en cierta medida. Cabe señalar a este respecto que no hay dudas acerca de la presencia del ácido cianhídrico en la luna. Cuando la sonda *Huygens* descendió a través de su atmósfera, detectó trazas de cristales helados de este compuesto a unos 96 kilómetros por encima de la superficie. Además, en 2014, el científico planetario Remco de Kok y su equipo de la Universidad de Leiden examinaron los datos recogidos por el espectrógrafo infrarrojo que iba a bordo de *Cassini* y hallaron una serie de rasgos característicos en una nube situada sobre el polo sur de Titán. Llegaron a la conclusión de que eran producidos por el ácido cianhídrico en estado sólido. Así pues, curiosamente, esta molécula que tan importante parece haber sido para la aparición de los seres vivos en la Tierra podría actuar, al menos en principio, como desencadenante de un proceso parecido en esta luna de Saturno.

Titán no ha dejado de ser un terreno fértil para las conjeturas. Por ejemplo, los químicos teóricos Martin Rahm y Hilda Sandström, de la Universidad Tecnológica Chalmers, en Suecia, han sugerido que las membranas celulares (una de las principales características de los seres vivos tal y como los conocemos) podrían ser innecesarias para una hipotética astrobiología en las condiciones reinantes en este satélite. En su lugar, propusieron que las moléculas necesarias para los procesos vitales se mantendrían confinadas gracias a las gélidas condiciones del entorno. Según ellos, dichas sustancias podrían adherirse a una roca cualquiera y aprovechar los nutrientes que llegasen flotando hasta ellas para obtener un «almuerzo gratuito».

Estas imaginativas ideas permanecen de momento en la frontera de la ciencia ficción (en el capítulo 10 se considerarán con más detalle formas de vida radicalmente diferentes a lo que conocemos), pero la NASA tiene previsto lanzar en 2026 la misión *Dragonfly* en dirección a Titán. Esta consta de un vehículo con varias hélices, similar a un dron, que debería llegar a su destino en 2034, antes de volar a docenas de lugares en la superficie de la luna y buscar posibles huellas de procesos químicos prebióticos basados en el agua o en los hidrocarburos.

No cabe duda de que hay otros objetos en el sistema solar que podrían, al menos en teoría, albergar formas simples de vida. Sin embargo, las evidencias en este sentido son menos sólidas que en el caso de los planetas y satélites analizados hasta ahora. Aparte de Europa, es muy probable que otras dos lunas galileanas de Júpiter, Ganímedes y Calisto, contengan océanos salados bajo su superficie. El primero de estos objetos, cuyo diámetro es cerca del 41 por ciento del terrestre, incluso posee un campo magnético intrínseco. No obstante, dado que el fondo de sus mares parece estar compuesto de hielo compactado a altas presiones, en lugar de ser rocoso y presentar fuentes hidrotermales, las posibilidades de que los seres vivos hubieran podido salir adelante en su seno habrían sido menores. Aun así, la Agencia Espacial Europea ha desarrollado una misión denominada *JUICE* (siglas en inglés de Explorador de Lunas Heladas de Júpiter) que estudiará Ganímedes, Calisto y Europa. El plan es que la sonda se sitúe en órbita en torno al primero, para determinar su estructura interna. El lanzamiento de la misión se realizó con éxito el 14 de abril de 2023 y está previsto que llegue a su destino ocho años después. Como parte de los preparativos finales antes del lanzamiento, se incluyó en la sonda una placa conmemorativa con un homenaje a Galileo, primer ser humano en ver y estudiar las cuatro lunas más grandes de Júpiter, gracias a su telescopio.

También se dispone de algunas evidencias (aunque de menor peso) que parecen apuntar a la posible existencia de un océano bajo la envoltura externa de Tritón, un satélite de Neptuno, e incluso de la Sputnik Planitia de Plutón, una depresión llena de nitrógeno helado en una región del planeta enano. Además, es probable que haya un mar joven bajo la corteza helada de Mimas, una diminuta luna de Saturno. Del mismo modo, las imágenes de Ceres tomadas en 2015 por la misión *Dawn* de la NASA parecen apuntar a la existencia de actividad geológica en este planeta enano. Estos datos, combinados con pruebas adicionales de la presencia de vapor de agua y de la detección provisional de carbonatos en la superficie de este astro, también sugieren la existencia de un océano parecido a los anteriores. Más sorprendente todavía es el descubrimiento de un equipo de investigadores, que en 2024 halló pruebas de actividad geotérmica incluso en el interior de los mundos helados Eris y Makemake, dos cuerpos minúsculos situados en el cinturón de Kuiper. El metano detectado en sus superficies por el telescopio espacial James Webb indica, quizá, la existencia de procesos térmicos que generarían este gas en sus núcleos rocosos.

Estos objetos son muy interesantes por sí mismos desde el punto de vista geológico y pueden proporcionar indicios relevantes sobre la formación y la evolución del sistema solar. Sin embargo, no creemos que constituyan candidatos tan prometedores para albergar seres vivos como pueden serlo Europa, Encélado y Titán. La conclusión es evidente: algunos de los satélites de Júpiter y Saturno deberían explorarse a fondo. Incluso si no se hallan formas de vida en los océanos que hay bajo su superficie (ni en los lagos de metano de Titán), estas lunas podrían aportar conocimientos nuevos y muy importantes sobre el concepto de habitabilidad.

En todo caso, el hallazgo de miles de planetas extrasolares y sistemas planetarios en las últimas tres décadas ha llevado a los astrónomos a mostrarse más ambiciosos y a ampliar su búsqueda más allá de la periferia del Sol, en dirección a la Vía Láctea. El desarrollo de esta exploración es el siguiente paso en nuestro recorrido.

9

La vida está ahí fuera. La búsqueda astronómica

> Si no busco, en ese caso estoy perdido. Desgraciado de mí, entonces.
>
> Así es como encaro las cosas: proseguir, proseguir, eso es lo necesario.
>
> VINCENT VAN GOGH, *Cartas a Theo*

No cabe duda de que encontrar alguna forma de vida en Marte o Venus o en uno de los satélites del sistema solar supondría un descubrimiento trascendental. Sin embargo, a menos que esos seres vivos hicieran gala de un linaje independiente por completo de cualquier criatura de la Tierra (*una genuina segunda génesis*), cabría siempre la sospecha de su procedencia, es decir, la posibilidad de que el origen fuera el mismo en ambos casos y de que simplemente se tratase del transporte (en un proceso denominado *panspermia*) de un organismo de una ubicación a otra (por ejemplo, a través del potente impacto de algún asteroide). En consecuencia, es indudable que detectar muestras de procesos vitales en un objeto extrasolar (un exoplaneta) remoto sería un hallazgo mucho más emocionante, con repercusiones capitales que irían más allá de las meramente científicas. De hecho, produciría un cambio radical en la comprensión del lugar que ocupa el ser humano en el universo. No obstante, a no ser que una civilización alienígena tecnológicamente avanzada nos visite de manera presencial, en un futuro no muy lejano esto solo se podrá lograr a distancia, mediante el empleo de varios telescopios, espaciales y terrestres.

El primer paso en esta dirección tiene que ser la detección de los propios exoplanetas. El principal problema al que se enfrentan los astrónomos a este respecto es que estos son millones de veces, y en ocasiones miles de millones de veces, menos brillantes que las estrellas alrededor de las cuales orbitan. Por ejemplo, la luminosidad del Sol es mil millones de veces superior a la de cualquier cuerpo rocoso de un tamaño similar a la Tierra que gire a su alrededor. De este modo, la luz reflejada por un objeto de estas características se ve completamente superada por la potente radiación procedente del astro central del sistema. Para salvar este obstáculo, los investigadores han ideado una serie de ingeniosas técnicas de observación. Dado que aquí nos interesa de forma específica la búsqueda de formas de vida, no se explicarán en detalle todos los métodos empleados en esta tarea, sino que solo se proporcionará un breve resumen de los principales procedimientos utilizados a tal fin, antes de pasar a describir los que esperamos que nos permitan alcanzar este monumental descubrimiento: los *biomarcadores.*

La detección de exoplanetas

La mayoría de los exoplanetas conocidos en la actualidad han sido detectados mediante uno de los dos métodos siguientes: *tránsitos fotométricos* o *variaciones en la velocidad radial.* La primera de estas técnicas se basa en el hecho de que la luminosidad observada de una estrella, vista desde la Tierra, disminuye de forma muy leve cuando un objeto opaco que gira a su alrededor cruza frente a ella (un fenómeno denominado «tránsito»). Lo normal es que este descenso sea del 1 por ciento. La segunda se refiere a la física de dos cuerpos unidos mediante la atracción gravitatoria y que rotan alrededor de su centro de masas. Lo cierto es que los planetas no orbitan alrededor de estrellas estacionarias, sino que ambos objetos dan vueltas en torno a un centro de masas común, ligados como están por la fuerza de la gravedad. A menos que la orientación del sistema con respecto al observador sea perfectamente azimutal, esto se traduce en pequeñas oscilaciones de la estrella (porque su masa suele ser muy superior a la de su compañero), en ocasiones hacia la Tierra y otras veces en sentido contrario, a causa del efecto que sobre ella tiene el planeta. La velocidad radial (es decir, a lo largo de la línea de visión) de este movimiento puede calcularse gracias al desplazamiento periódico de las líneas espectrales en la luz estelar, debido al conocido *efecto Doppler*: las ondas electromagnéticas se ven comprimidas y, por lo tanto, desplazadas levemente hacia el azul cuando la fuente se mueve hacia el observador, mientras que sufren el efecto contrario y un corrimiento hacia el rojo cuando el movimiento se realiza en sentido opuesto. Desde luego, este fenómeno es más marcado cuanto mayor sea la relación entre ambas masas, ya que entonces el efecto es más pronunciado, los desplazamientos son más amplios y se facilita la detección. Hay que tener en cuenta que la magnitud que miden los astrónomos a este respecto es la proyección de la verdadera velocidad estelar sobre la línea de visión, es decir, solo es posible obtener directamente su componente radial cuando se observa el sistema de canto. Por consiguiente, al aplicar una de las leyes del movimiento planetario, enunciadas por Kepler en el siglo XVII, a las mediciones registradas, lo que se obtiene habitualmente es solo el valor *mínimo* de la masa del planeta. Sea como fuere, lo cierto es que este método arroja cifras muy parecidas a las exactas para casos en los que se producen *tránsitos*, ya que estos últimos solo se pueden apreciar cuando se observa la órbita prácticamente de perfil.

Esta segunda técnica fue la utilizada para descubrir la mayoría de los exoplanetas conocidos hasta el lanzamiento del telescopio espacial Kepler en 2009. A partir de ese momento, la mayor parte de las detecciones fue lograda mediante el método de los tránsitos. A finales de 2023, se habían encontrado más de cuatro mil de estos cuerpos de esta manera, frente a poco más de un millar localizados a través de mediciones de velocidades radiales. Hablando con propiedad, se dice que se produce un tránsito cuando un planeta pasa frente a su estrella (visto desde la Tierra) o, por lo general, cuando el objeto de menor tamaño de un par cruza por delante del otro, más grande. Si es al revés, se habla de *ocultación*. Evidentemente, este tipo de fenómenos no es visible en todos los casos, ya que se requiere que el plano de la órbita esté alineado a la perfección con el observador. Dado que la distribución de la inclinación orbital es aleatoria, es fácil demostrar que la probabilidad de observar un tránsito en un sistema estelar cualquiera viene dada de forma aproximada por la relación entre el radio de la estrella y el de la órbita (suponiendo que esta sea circular; si es elíptica, se debe tomar el tamaño de su semieje mayor). Como era de esperar, esto significa que los planetas más cercanos al centro del sistema tienen una mayor probabilidad de producir tránsitos observables. Esta alcanza un valor promedio en estos casos de un 10 por ciento, cantidad que disminuye al aumentar la distancia. Por ejemplo, para un cuerpo opaco que gire en torno a un astro similar al Sol, sin excentricidad y con un diámetro comparable al terrestre, ese valor es inferior al 0,5 por ciento. En consecuencia, la catalogación de objetos extrasolares mediante este método requiere la observación de cientos de miles de estrellas. El hercúleo esfuerzo realizado en este sentido ha dado lugar a varios millares de detecciones. De hecho, la misión *Kepler* realizó más de 2.660 durante sus 9,6 años en funcionamiento, para lo que tuvo que examinar más de medio millón de candidatas.

A su vez, la disminución de brillo observada durante un tránsito es aproximadamente equivalente a la proporción de la superficie estelar oculta por el paso del planeta. Por lo tanto, los astrónomos pueden determinar el radio del objeto interpuesto a partir de la reducción de flujo, ya que lo normal es que sean capaces de estimar el diámetro de la estrella a partir de su luminosidad y su temperatura. Como ya se ha indicado con anterioridad, en los casos en que se producen este tipo de fenómenos, la geometría implica que la órbita se observa casi de perfil. Por otro lado, las mediciones de velocidad radial permiten conocer la masa planetaria y esta información, junto con el valor calculado para el diámetro, determina la densidad media, ya que esta no es sino la masa dividida por el volumen. Este dato es fundamental de cara a la búsqueda de seres vivos, porque permite identificar objetos semejantes a la Tierra: los mundos rocosos, como el nuestro o Marte, son más densos que los gigantes gaseosos, como Júpiter o Saturno. En este sentido, cabe destacar que las observaciones del sistema TRAPPIST-1, una sorprendente agrupación de siete exoplanetas de un tamaño parecido al terrestre que orbitan alrededor de una enana roja a unos cuarenta años luz de nosotros, han demostrado que todos ellos son rocosos y que tienen densidades muy similares.

Un inconveniente de este método es que puede conducir a una tasa relativamente alta de falsos positivos, los cuales tienen tres fuentes principales. La primera de ellas es que hay sistemas binarios eclipsantes en los que una de las estrellas pasa frente al borde de la otra (visto desde la Tierra) y produce una disminución muy leve de la luminosidad, como la que se observa en un tránsito planetario. Después, hay casos así en los que además se puede dar la casualidad de que haya un tercer astro en algún punto de la línea de visión, que dé la impresión de un eclipse menos pronunciado que el real, con resultados parecidos. Por último, hay enanas blancas (densos remanentes estelares procedentes de los núcleos de objetos de tamaño similar al Sol) que tienen dimensiones equiparables a algunos planetas (este puede ser también el caso de las enanas marrones, nubes de hidrógeno que no alcanzaron una masa suficiente como para prender las reacciones nucleares en su interior) y, por lo tanto, dan lugar a un descenso del flujo asimilable al producido por un exoplaneta gigante. En todos estos casos, los astrónomos necesitan datos de observaciones adicionales para descartar las detecciones erróneas.

Otras técnicas utilizadas en la búsqueda de exoplanetas son, por ejemplo, las *microlentes gravitatorias*, en las que la gravedad de un sistema estelar aumenta la luz recibida de una estrella situada en línea recta detrás de él, conforme a un patrón muy característico. A finales de 2023 se habían descubierto más de doscientos objetos extrasolares de este modo. También se puede emplear la *astronomía de posición*, que consiste en observar con gran precisión los cambios minúsculos en la posición de una estrella con respecto al cielo de fondo, debidos a su oscilación en torno al centro de masas. No obstante, este método solo ha conducido a un par de descubrimientos hasta el momento. Una forma de lograr hallazgos de este tipo, que sin duda ganará más relevancia con telescopios venideros, es la *observación directa*, en la que se detectan cuerpos opacos a través de sus propias emisiones térmicas. Con la tecnología disponible en la actualidad, a finales de 2023 se habían realizado unas setenta identificaciones de esta manera. Otro procedimiento interesante es la *medición del período de los púlsares*, estrellas de neutrones rotatorias que emiten pulsos de radio detectables a intervalos regulares y cuyas anomalías pueden indicar la presencia de planetas en rotación a su alrededor. Se han identificado más de media docena de estos inusuales objetos.

Como ya se ha señalado, aquí nos interesan sobre todo los métodos que puedan conducir a la detección de signos de seres vivos y es muy probable que la *observación directa* se convierta en una potente herramienta en este sentido, con el advenimiento de la próxima generación de instrumentos de gran tamaño. Por ejemplo, los telescopios espaciales equipados con coronógrafos serán capaces de bloquear la luz de la estrella central del sistema, lo que permitirá examinar sus planetas, del mismo modo que alguien podría utilizar su mano para protegerse los ojos del sol. También hay propuestas para enviar un mecanismo de *ocultación estelar* a un punto concreto en el espacio entre la dirección del objeto que se va a observar y el aparato de observación, para evitar que llegue a este la cegadora luminosidad del astro.

Sea como fuere, descubrir exoplanetas es solo el primer paso en nuestro recorrido. El objetivo principal es identificar cuáles de ellos son habitables o, mejor aún, cuáles de ellos albergan de verdad seres vivos.

Exoplanetas habitables

La mayoría de los astrónomos están de acuerdo en que el criterio más sencillo para que un objeto sea considerado «habitable» se refiere a su capacidad para albergar agua líquida estable de forma duradera en una superficie rocosa. En otras palabras, si pudiéramos detectar *de manera directa* la presencia de un lago o mar en la corteza de un exoplaneta, este se consideraría automáticamente habitable. Es posible que se pueda hacer un hallazgo así gracias a la próxima generación de telescopios espaciales.

La idea que subyace a las observaciones propuestas a este fin se basa en el hecho de que los océanos (y las lagunas) reflejan la luz de forma diferente a como lo hace la tierra firme, cuando se los mira bajo un ángulo indirecto (un fenómeno denominado reflexión especular). Cabe recordar en este sentido que ya se detectó algo así en Titán, el satélite de Saturno (aunque, en ese caso, el líquido fuera metano y no agua). Además, dado que los exoplanetas giran sobre su eje al mismo tiempo que rotan en torno a la estrella central del sistema, es posible ver diferentes partes de su superficie en cada momento, iluminadas bajo ángulos distintos (algo parecido a las fases de la Luna). Como mares y lagos reflejan la luz mejor que la roca, los investigadores han podido utilizar simulaciones informáticas y análisis cuidadosos de la radiación que se debería detectar en cada caso para demostrar que es posible cartografiar la reflectividad superficial (una propiedad denominada *albedo*) y emplearla para descubrir la presencia de grandes masas líquidas. La comparación de los resultados así obtenidos con datos reales de la Tierra, conseguidos mediante observaciones a gran distancia realizadas por la misión *EPOXI* de la NASA, ha permitido a científicos de la Universidad de Washington concluir que los futuros telescopios espaciales, con diámetros superiores a los seis metros, deberían ser capaces de detectar reflexiones especulares en varios exoplanetas (entre uno y diez) que orbitan en la zona habitable alrededor de las estrellas más cercanas similares al Sol o menores que este. Del mismo modo, los investigadores han desarrollado herramientas de análisis de datos que serían capaces, en potencia, de discernir los océanos de la tierra firme, así como de percibir las variaciones debidas a la nubosidad cambiante. Esto se lograría a través de mapas de la superficie planetaria, elaborados mediante observaciones directas (de nuevo, con telescopios venideros).

En ausencia (hasta ahora) de imágenes directas de estas masas líquidas, los astrónomos han recurrido a otros métodos para decidir si un exoplaneta puede considerarse habitable. Idealmente, esto incluye la determinación observacional de su temperatura y su presión atmosféricas, así como la detección de vapor de agua en su envoltura gaseosa. En términos más generales, un cuerpo rocoso (similar a la Tierra) que orbita alrededor de una estrella central puede considerarse susceptible de albergar formas de vida si se halla en la zona de habitabilidad estimada del sistema. Cabe señalar en este sentido que los astrobiólogos incluso han intentado identificar objetos «superhabitables», es decir, aquellos que en principio podrían ser más adecuados para la presencia de seres vivos que la propia Tierra. En este capítulo, no se considerará la posibilidad de que haya criaturas vivas en satélites de exoplanetas gigantes (*exolunas*), porque su detección supera las capacidades de los instrumentos actuales. De hecho, hasta la fecha, no se ha encontrado ni una sola de ellas cuyo descubrimiento haya sido confirmado de manera inequívoca, aunque hay varias candidatas al respecto (por ejemplo, en noviembre de 2022, se informó de una posible exoluna en torno al planeta Kepler-1513b). Tampoco se tomarán en consideración las formas de vida que pueda haber en océanos ocultos bajo las superficies heladas de algunos mundos extrasolares, ya que es poco probable que este tipo de organismos se consiga descubrir a distancia en un futuro no demasiado lejano.

Hay dos factores más que condicionan nuestras expectativas de encontrar seres vivos en exoplanetas. El primero de ellos es la duración, según las predicciones teóricas, de la estrella central. Si nuestro caso sirve de ejemplo en este sentido, es necesario que esta (que es la fuente primaria de la energía de todos los procesos vitales) se mantenga constante durante al menos un par de miles de millones de años, antes de que puedan aparecer biomarcadores *detectables* en los planetas que orbitan a su alrededor. Por ejemplo, cantidades elevadas de oxígeno en la atmósfera se consideran una buena señal en este sentido (aunque no serían concluyentes). Sin embargo, se requieren dos cosas para que sea posible la detección de ese gas de origen biológico: en primer lugar, que haya una fotosíntesis oxigénica y, después, tiempo para que se oxide todo el hierro de la superficie, antes de que empiece a aumentar la concentración atmosférica. Además, para que esto ocurra puede ser necesario que el carbono orgánico sea enterrado. Las estrellas más grandes son ávidas consumidoras de su combustible nuclear, de modo que su duración es menor cuanto mayor es su masa. Por ejemplo, la fase estable del Sol, en la que este realiza la combustión del hidrógeno, puede durar unos diez mil millones de años. En cambio, en un objeto que fuese diez veces más grande, duraría veinte millones de años. Por lo tanto, solo cabe esperar que haya biosferas activas y detectables en torno a estrellas de masa no superior a 1,5 veces la solar.

Hay un segundo factor que puede determinar la capacidad de albergar seres vivos, incluso para planetas similares al nuestro en la zona habitable. Este se refiere a un posible *límite inferior* de la masa estelar necesaria para que en el sistema pueda haber objetos susceptibles de estar habitados. No es nada trivial, ya que las enanas rojas de tipo M, de dimensiones comprendidas entre las 0,08 y las 0,5 masas solares, representan alrededor del 70 por ciento de todas las estrellas de la Vía Láctea (aunque se trata de objetos tan poco luminosos que ninguno de ellos es perceptible a simple vista desde la Tierra). Además, su pequeño tamaño implica que también son las de más larga duración. Se espera que un astro de esta clase, que sea la mitad de grande que el Sol, permanezca estable durante casi sesenta mil millones de años, mientras que, si tiene una décima parte de la masa solar, podría hacerlo durante billones de años. De este modo, las estrellas de este tipo pueden ofrecer, al menos en teoría, un lapso más prolongado para la aparición y la evolución de los seres vivos. Por otro lado, los astrónomos han especulado con la posibilidad de que hasta el 80 por ciento de las enanas rojas de esta clase tengan planetas en sus zonas habitables.

No obstante, a pesar de estos atributos en apariencia positivos, lo cierto es que se han planteado varias objeciones respecto a la capacidad de las enanas rojas de clase M de albergar planetas susceptibles de ser habitados. A continuación, se exponen algunas de ellas. En primer lugar, esta clase de estrellas experimenta a menudo intensas fulguraciones (emisiones de radiación asociadas a eyecciones coronales). La frecuencia y la importancia de estas erupciones aumentan cuanto menor sea la masa de la fuente, pero incluso las menos activas en este sentido presentan episodios significativos de este tipo, sobre todo, en el ultravioleta y en rayos X, durante los primeros mil millones de años de existencia. Cualquier objeto rocoso sometido a estos dramáticos sucesos podría perder su atmósfera, su océano o ambos y quedar convertido por completo en un páramo yermo antes de que la estrella haya entrado siquiera en su larga fase de combustión de hidrógeno (la denominada *secuencia principal*). Después, dado que la zona habitable de las enanas rojas de tipo M está mucho más cerca del centro del sistema (debido a su escasa luminosidad), es posible que los planetas que lo componen tengan órbitas síncronas (como nuestra Luna o Encélado alrededor de Saturno) por efecto de la atracción gravitatoria. El resultado es que presentarían siempre la misma cara al astro central y esto podría generar enormes diferencias térmicas entre las mitades iluminada y oculta, con gases congelados en esta última y una superficie abrasada en la primera. Por todo ello, los científicos solían ser bastante escépticos respecto a la capacidad de los cuerpos con órbitas de este tipo para albergar una biosfera. En caso de que hubiera seres vivos, pensaban, estos deberían estar confinados en la eterna y estrecha zona crepuscular que separa los dos lados.

Sin embargo, las opiniones acerca de estos temas han empezado a cambiar en los últimos años. En primer lugar, unos cuantos investigadores sugirieron que estos cuerpos podían estar protegidos por campos magnéticos de los efectos nocivos de las fulguraciones, lo que también podría mitigar los efectos del viento estelar e impedir la desaparición de la atmósfera y los océanos. Después, las simulaciones informáticas permitieron identificar fenómenos atmosféricos que, en caso de actuar en envolturas gaseosas de densidad suficiente, permitirían la circulación y la distribución del calor del lado diurno al nocturno. Por ejemplo, cabría esperar vientos de mucha intensidad, en los que gases calientes a gran altura soplarían hacia la cara más fría, mientras que cerca del suelo se produciría el proceso inverso. Además, un modelo realizado por un grupo de científicos de la Universidad de Exeter, en el Reino Unido, demostró que el polvo de minerales en suspensión podía enfriar la mitad expuesta y calentar la oculta de los planetas con órbitas síncronas, lo que ampliaría la zona habitable. Estos mismos investigadores identificaron un mecanismo plausible de retroalimentación, el cual podría aumentar la cantidad de partículas en suspensión y retrasar la pérdida de agua en el hemisferio iluminado (en objetos en el límite interior de la zona habitable), lo que permitiría conservar durante más tiempo las posibilidades de albergar seres vivos. Como resultado de estas y de otras propuestas similares, y quizá también por efecto del principio según el cual «es más fácil buscar algo bajo una farola» (el hecho de que muchos de los exoplanetas descubiertos en la zona habitable orbitan alrededor de enanas rojas de tipo M y que estos hayan sido los primeros en ser estudiados), los objetos de esta clase se han convertido en blanco principal en la búsqueda de formas de vida extrasolares. En concreto, se tiene la esperanza de que el telescopio espacial James Webb permita al menos responder a la cuestión de la presencia de atmósferas estables en cuerpos en torno a estrellas de esta clase. No obstante, dado que cualquier señal potencial de biomarcadores en estos casos puede ser muy débil, es posible que ni siquiera un instrumento tan avanzado como este proporcione mucha información. En palabras de Jacob Bean, astrónomo de la Universidad de Chicago: «Puede que sean [las observaciones con el telescopio espacial James Webb] lo suficientemente detalladas como para indicar la presencia de una atmósfera, pero la probabilidad de que revelen algo acerca de biomarcadores en estos mundos rocosos... No creo que nada de eso ocurra, la verdad».

Sin embargo, siempre es posible que se produzca una sorpresa y algunos astrónomos son más optimistas. Por ejemplo, la astrofísica Sara Seager, del MIT, mantiene la esperanza de que JWST pueda determinar la presencia de vapor de agua en las atmósferas de exoplanetas en la zona habitable de enanas rojas de tipo M (algo que a su vez podría indicar la existencia de agua líquida en su superficie). Sea como fuere, e independientemente de los descubrimientos concretos que se puedan realizar gracias al telescopio espacial James Webb, no cabe duda de que este potente aparato permitirá sacar a la luz la enorme diversidad de los exoplanetas, además de ofrecernos la oportunidad por primera vez de echar un vistazo a las atmósferas de mundos potencialmente habitables (o, al menos, de saber si estas envolturas gaseosas están presentes).

Prueba de vida

Supongamos que se descubre un planeta similar al nuestro en la zona habitable de una estrella parecida al Sol o de una enana roja de tipo M. ¿Cómo podría saberse si alberga formas de vida? Aparte de la larga lista de dificultades técnicas que plantean los intentos de responder a esta cuestión (y que se describirán más adelante), existen otros obstáculos relacionados con la propia evolución de los seres vivos. Baste señalar como ejemplo que es muy probable que alguien que hubiera observado la Tierra hace tres mil millones de años, con telescopios análogos a los disponibles en la actualidad, no habría sido capaz de identificar signo alguno de la presencia de organismos, a pesar de que estos habían aparecido más de quinientos millones de años antes. Lo relevante en este sentido es que no se pueden detectar biomarcadores inequívocos antes de que los procesos vitales hayan tenido tiempo suficiente para modificar su entorno atmosférico y superficial, en un grado discernible con claridad mediante observaciones telescópicas. Un efecto de este calibre en el hábitat es parte de lo que se ha denominado «construcción de nicho». Hay que aclarar que cuando se habla de biomarcadores en exoplanetas se quiere hacer referencia a cualquier característica, sustancia o factor que pueda utilizarse como evidencia de la presencia pasada o presente de formas de vida. Por su propia naturaleza, lo más probable es que cualquier señal en este sentido que no sea la detección inequívoca de una especie inteligente y tecnológicamente avanzada (mediante un tecnomarcador) sea solo *indicativa* de la existencia de seres vivos.

Ya se ha mencionado que uno de los mejores ejemplos de construcción de nichos ecológicos en la Tierra es el aumento de la concentración atmosférica de oxígeno, mediante la fotosíntesis oxigénica realizada por diminutas criaturas conocidas como cianobacterias (o algas verdeazuladas). Hace unos dos mil cuatrocientos millones de años, ese elemento estaba prácticamente ausente de la envoltura gaseosa de nuestro planeta. Sin embargo, en torno a esa época, su porcentaje aumentó en varios órdenes de magnitud en un plazo relativamente corto, un suceso que se conoce como «la gran oxidación». Con posterioridad a este acontecimiento, solo se produjo otro incremento importante entre setecientos cincuenta y cuatrocientos sesenta millones de años atrás, tras lo que los niveles de ese gas alcanzaron sus valores actuales. De hecho, es posible que la aparición y la diversificación de los organismos terrestres pluricelulares de gran tamaño tuviera que esperar a este segundo episodio, tanto en los océanos como en la atmósfera.

Otro ejemplo del efecto que pueden tener los seres vivos sobre el entorno de un planeta, bastante más siniestro en este caso, es el cambio climático antropogénico que la Tierra experimenta en la actualidad, con los consecuentes descenso en biodiversidad y aumento en la acidez de los mares. Parece que, por primera vez en los cuatro mil quinientos millones de años de existencia de la biosfera terrestre, los seres humanos seremos capaces de determinar su futuro. Para citar algunos números a este respecto, baste decir que la acidez de los océanos ha aumentado alrededor de un 30 por ciento en los más de doscientos cincuenta años transcurridos desde el inicio de la Revolución Industrial, debido al incremento de la concentración de dióxido de carbono en la atmósfera. Por su parte, la biodiversidad se refiere a la variedad de formas de vida e incluye tanto el número de especies como su diversidad genética y sus interacciones en el seno de ecosistemas complejos. Pues bien, los autores de un informe de Naciones Unidas publicado en 2019 lanzaron la advertencia de que hasta un millón de especies (de un total estimado de 8,7 millones) están amenazadas de extinción.

Uno de los muchos retos a los que se enfrenta la detección de formas de vida en exoplanetas es la eliminación de «falsos positivos», aparentes biomarcadores que se deben en realidad a procesos *abióticos* (es decir, que no implican seres vivos). Ya han surgido problemas de este tipo en los casos de supuestos descubrimientos en Marte y Venus. Sin embargo, es evidente que esta dificultad es mucho más pronunciada cuando se dispone de una cantidad relativamente limitada de datos telescópicos, obtenidos mediante observaciones realizadas a grandes distancias. En consecuencia, en lugar de analizar todas las posibles evidencias en este sentido y de considerar todo el conjunto de técnicas empleadas, nos centraremos en aquellas que a nuestro entender ofrecen las mejores posibilidades de lograr el hallazgo de organismos extrasolares (suponiendo que existan) en un futuro no demasiado lejano.

La idea de que es posible detectar la presencia de seres vivos en otros planetas mediante la observación de biomarcadores gaseosos no es nueva. Ya en 1965, James Lovelock, creador de la «hipótesis Gaia», según la cual las criaturas vivas forman un sistema sinérgico con su entorno inorgánico, publicó un artículo titulado «Una base física para experimentos de detección de la vida». En este trabajo, se señalaba de forma premonitoria a los gases que no están en equilibrio con el resto de la atmósfera como uno de los indicadores en este sentido. En él se puede leer: «Buscad compuestos en la atmósfera planetaria que sean incompatibles a largo plazo. Por ejemplo, el oxígeno y los hidrocarburos coexisten en la atmósfera terrestre». Por su parte, el biólogo molecular y pionero de la inteligencia artificial

Joshua Lederberg dio a la imprenta ese mismo año un texto acerca de posibles métodos para descubrir biomarcadores e hizo especial énfasis en Marte.

El concepto subyacente a esta búsqueda es simple. El metabolismo es una de las características de los seres vivos y genera una serie de productos secundarios que pueden acumularse en la atmósfera con el paso del tiempo. Si hubiera alguna manera de detectar esos compuestos en exoplanetas, estos podrían albergar formas de vida, al menos, en principio.

Este proceso es sencillo en teoría: se trata de encontrar gases que no puedan ser el resultado de reacciones exclusivamente abióticas o que sean incapaces de mantenerse en equilibrio térmico y químico en la atmósfera durante períodos prolongados. En este último caso, su presencia indica una producción ininterrumpida en grandes cantidades, cuya fuente conocida más probable serían los seres vivos.

Para determinar las sustancias concretas que se deben buscar, los científicos planetarios, los atmosféricos y los astrofísicos han adoptado dos estrategias diferenciadas, pero complementarias. En primer lugar, dado que la mismísima Tierra está repleta de formas de vida, la han considerado como si fuera un exoplaneta más y han examinado con minuciosidad los espectros de su atmósfera. Esto ha sido posible gracias a sondas especiales que han echado la vista atrás y han recogido datos de nuestro planeta a gran distancia (por ejemplo, la misión *EPOXI* lo observó durante varios meses desde casi 50 millones de kilómetros). Por otro lado, los investigadores han analizado la *luz cenicienta,* el reflejo de la radiación solar en la superficie terrestre, que ilumina la cara oculta de la Luna.

Como plan B, se han ejecutado miles de simulaciones informáticas de atmósferas de exoplanetas y se ha examinado y trazado con minuciosidad su evolución, en un amplio conjunto de escenarios y para varios tipos de estrellas centrales. Naturalmente, los científicos intentaron asegurarse de que las vías químicas consideradas incluyeran los principales procesos que podían generar moléculas identificables, así como todos los mecanismos por los que se podían destruir y eliminar estas.

A partir de estos intensos esfuerzos, los investigadores pudieron elaborar una lista bastante corta de los principales candidatos a biomarcadores gaseosos (incluye el *oxígeno molecular*, el *ozono* y el *monóxido de dinitrógeno*, además del *vapor de agua* y del *metano* en destacados papeles secundarios).

El primer integrante de esta relación (consistente en dos átomos de oxígeno unidos entre sí) es la sustancia más estudiada del conjunto, seguida en un cercano segundo puesto por el ozono (estrechamente emparentado con el anterior, ya que su composición incluye tres oxígenos). El hecho de que el oxígeno tenga un papel tan destacado en la lista no es sorprendente. En primer lugar, el que hay en la Tierra ha sido generado casi en exclusiva por bacterias fotosintéticas y plantas, que lo emiten como producto secundario de su metabolismo. Después, se ha convertido en un componente destacado de la atmósfera terrestre, donde representa un 21 por ciento en número de moléculas. De hecho, su concentración es unos cien millones de veces superior a la que cabría esperar a partir de simples procesos en equilibrio (abióticos). En tercer lugar, presenta rasgos espectrales que en teoría se pueden detectar a distancia, un aspecto que es muy importante en la búsqueda práctica de seres vivos. Por ejemplo, el oxígeno molecular tiene una línea de absorción relativamente marcada en la región del espectro correspondiente a la radiación visible y al infrarrojo cercano, en la longitud de onda de los 760 nanómetros (un nanómetro es la milmillonésima parte de un metro). Este rasgo presenta la ventaja añadida de no solaparse con otras características similares, debidas a los gases más habituales. Por último, una razón adicional que hace de este elemento un biomarcador con un gran potencial radica en que las simulaciones informáticas han demostrado que, en planetas similares a la Tierra, que orbitan en concreto alrededor de estrellas parecidas al Sol, no cabría esperar acumulaciones apreciables de dicho gas a partir de procesos abióticos (como los geológicos o los fotoquímicos, en los que la radiación incidente disocia moléculas de agua o de dióxido de carbono y emite oxígeno). En otras palabras, el hallazgo de concentraciones elevadas de esta sustancia (por ejemplo, del orden del 20 por ciento) en un exoplaneta con las características mencionadas constituiría una prueba muy alentadora de la presencia de formas de vida. No obstante, es necesario advertir que varios estudios que han simulado los procesos atmosféricos de posibles mundos alienígenas han demostrado que se podrían producir acumulaciones de oxígeno abiótico en cuerpos de sistemas que girasen en torno a astros de otra clase (en concreto, de enanas rojas de tipo M). Por ejemplo, en objetos rocosos extrasolares con tasas de evaporación oceánica muy elevadas, debidas a un efecto invernadero desbocado, la radiación de la estrella central podría disociar el vapor de agua (el hidrógeno se perdería en el espacio, pero el otro componente de la molécula se conservaría, lo que daría lugar a una concentración relativamente alta de este elemento). Otro mecanismo abiótico identificado en este sentido, capaz de producir acumulaciones de oxígeno molecular similares a las terrestres, es la descomposición del agua líquida en la propia superficie planetaria, mediante la acción catalizadora del óxido de titanio. De este modo, estudios detallados han insistido, con razón, en el peligro que representan a este respecto los «falsos positivos». Esto quiere decir que la detección de oxígeno molecular (u ozono, véase más adelante) *por sí misma* no se puede considerar una prueba definitiva de la presencia de seres vivos. Al mismo tiempo, la producción abiótica de estos gases puede dejar otras pistas, las cuales servirían para determinar el origen no biológico del proceso. Por ejemplo, si el oxígeno fuese resultante en realidad de la descomposición del vapor de agua, este último podría ser sospechosamente escaso en la atmósfera.

Como ya se ha señalado, la falta de equilibrio químico y térmico es otro indicador de la presencia de formas de vida. En este sentido, un estudio se propuso analizar este aspecto en la atmósfera terrestre, para identificar la descompensación más pronunciada en términos de la potencia (tasa de energía suministrada por unidad de tiempo) necesaria para generarla. Este trabajo llegó a la conclusión de que se trataba de la presencia simultánea de grandes concentraciones de oxígeno molecular, de nitrógeno molecular y de agua líquida. En ausencia de la actuación de seres vivos, estas sustancias habrían experimentado una serie de reacciones entre sí, resultantes en un estado estable, alcanzado mediante la producción de nitratos (sales que contienen un grupo con un átomo de nitrógeno y tres de oxígeno) disueltos en los océanos. Por consiguiente, un exoplaneta en el que se identificasen estos tres ingredientes, algo que en principio podría conseguirse con la próxima generación de telescopios, sería un candidato destacado para albergar organismos. La presencia de agua líquida podría deducirse de la detección de su reflexión especular, la del oxígeno molecular a través de sus características espectrales en el infrarrojo cercano y la del nitrógeno molecular por su línea de absorción en los 4.100 nanómetros, resultante de las colisiones entre las moléculas de este elemento. No obstante, hay que subrayar que el hecho de que esta combinación de rasgos observacionales sea detectable en potencia no implica que esto sea algo fácil de lograr ni inminente. Por el contrario, simplemente sirve para plantear un reto muy encomiable de cara a un futuro relativamente cercano.

El ozono es otro biomarcador que encierra un gran potencial. En la estratosfera terrestre, es un producto de reacciones fotoquímicas, en las que la radiación ultravioleta del Sol separa en dos el oxígeno molecular y los átomos resultantes se recombinan con más moléculas de ese mismo elemento para constituir el trío que es el ozono (por lo general, con ayuda del nitrógeno, que absorbe energía). Lo que hace que esta sustancia sea tan prometedora por derecho propio (aparte del hecho de que su formación requiere oxígeno) es que las líneas de absorción de su espectro se encuentran en el ultravioleta y en el infrarrojo medio, por lo que no se solapan con ninguna de las prominentes características mencionadas con anterioridad.

Otro candidato excelente a biomarcador gaseoso (al menos, para las formas de vida tal y como las conocemos) es el monóxido de dinitrógeno, integrado por dos átomos de nitrógeno y uno de oxígeno. En la actualidad, en la Tierra esta sustancia suele ser producto de la acción de microbios y hay muy pocas fuentes abióticas que la originen (aunque los rayos lo hacen). Sin embargo, estos mecanismos solo pueden dar lugar a concentraciones extremadamente pequeñas. En exoplanetas en órbita en torno a estrellas con una actividad magnética muy pronunciada, la radiación ultravioleta podría crear cantidades adicionales de la molécula, pero sería posible (al menos en teoría) distinguirlas de las de origen biológico, ya que cabría esperar una presencia abundante de otros compuestos asociados a este proceso (como otros óxidos de nitrógeno).

En este contexto, también se suele mencionar el metano y se analiza su presencia (como ya se ha visto en el caso de las observaciones y los experimentos en Marte). Esta sustancia es el hidrocarburo más estable (desde el punto de vista termodinámico) en contextos reductores (por ejemplo, aquellos en los que predomina el hidrógeno). Puede ser generada por microorganismos unicelulares (metanógenos), pero también es el resultado de varios procesos abióticos, como ocurre en Titán, el satélite de Saturno, donde es muy abundante. Aun así, es un indicador muy útil, porque si se halla presente junto a oxígeno u ozono (o a otros gases oxidantes), constituye una evidencia bastante sólida de la existencia de seres vivos. La razón es que no puede durar mucho tiempo en una atmósfera con moléculas que contengan oxígeno, no más que se puede garantizar la presencia simultánea y en una misma ubicación de grandes cantidades de estudiantes y de un copioso suministro de Oreos. Esto es así porque el metano reacciona enseguida con el oxígeno molecular, para formar dióxido de carbono y agua, lo que quiere decir que, si ambos se detectan a un mismo tiempo, el primero de ellos debe ser repuesto de manera continua. El modo más fácil de lograr esto son los procesos vitales. Lo contrario también es cierto. Para mantener los niveles de oxígeno en una mezcla gaseosa repleta de metano, hay que reponer constantemente ese elemento, lo que de nuevo se consigue con más facilidad a través de mecanismos que involucran seres vivos. Por otro lado, la presencia a un mismo tiempo de dióxido de carbono (que suele implicar una atmósfera neutra u oxidante) y metano también sería indicativa de la posible actuación de microbios, ya que esta última sustancia solo podría ser producto de fuentes biológicas o de las reacciones de algunos minerales con el agua (lo que a su vez sería cuando menos una prueba indirecta de la existencia de esta última en estado líquido en la superficie planetaria). Como ya se ha señalado en capítulos anteriores, los impactos de asteroides de grandes dimensiones pueden generar entornos reductores momentáneos, del tipo Miller-Urey. Estas condiciones serían transitorias, pero podrían durar millones de años, dependiendo del calibre de la colisión. Detectar una atmósfera de esta clase sería apasionante desde el punto de vista de la química prebiótica, si bien este descubrimiento podría arrojar señales contradictorias en lo que se refiere al hallazgo de formas de vida.

No obstante, a diferencia del caso de Marte, en el que un vehículo robótico recorre su superficie al mismo tiempo que un satélite artificial orbita a su alrededor, es difícil detectar metano en exoplanetas, incluso por sí solo. Su línea espectral más intensa en el infrarrojo se encuentra entre los 7.000 y los 8.000 nanómetros, donde se solapa con otras características del monóxido de dinitrógeno y del agua. En consecuencia, un hallazgo fiable en un mundo extrasolar requeriría de telescopios con un altísimo poder de resolución. Además de esta dificultad técnica, la evolución de la atmósfera terrestre parece sugerir que la detección simultánea de oxígeno y metano es una quimera. En nuestro planeta, en la actualidad, la concentración de este último es tan baja (alrededor de 1,6 partes por millón) que sus rasgos espectrales serían indetectables. Por otra parte, es posible que este nivel fuera más elevado en la Tierra primigenia (por ejemplo, durante el período *Arcaico*, hace entre dos mil quinientos y cuatro mil millones de años), pero en aquel entonces el oxígeno estaba ausente por completo. Un mejor indicador de la presencia de posibles formas de vida durante esa época habría sido la detección al mismo tiempo de dióxido de carbono y metano (quizá acompañados de agua líquida y nitrógeno).

Por último, cabe mencionar la prometedora posibilidad de que reacciones fotoquímicas, junto con elevadas concentraciones de metano, formen una *neblina orgánica*, similar a la bruma anaranjada que se observa en Titán, el satélite de Saturno. Esta absorbe la radiación ultravioleta y produce un rasgo muy distintivo en la luz reflejada. La existencia de esta bruma por sí misma no supone la presencia de seres vivos, pero indica planetas potencialmente habitables, merecedores de un análisis más detallado. Por otro lado, este tipo de fenómenos podría ser el resultado de colisiones de gran calibre, con los resultantes entornos transitorios desplazados del equilibrio.

Debido al riesgo de obtener falsos positivos, no hay un único biomarcador gaseoso que pueda considerarse por sí solo como una evidencia concluyente de la presencia de seres vivos. Por ello, los astrónomos toman en consideración también otros gases, aparte de los candidatos más prometedores. Algunos ejemplos en esta categoría son sustancias que contienen azufre. Estas tienen una importancia secundaria para este fin, porque si bien es cierto que algunas de ellas, como el anhídrido sulfúrico o el dióxido de azufre, son producto directo del metabolismo, también lo es que la actividad volcánica y las fuentes hidrotermales las liberan en cantidades mucho mayores. Más interesantes quizá a este respecto serían otros miembros menos conocidos de esta familia. Varios estudios han demostrado que la radiación ultravioleta de algunos tipos de estrellas podría catalizar una abundante producción de etano a partir de compuestos organosulfurados más complejos, como el *dimetilsulfuro* (DMS) y el *disulfuro de dimetilo*. Por lo tanto, la observación de cantidades anormalmente altas de etano podría ser indicativa de una biosfera rica en azufre. Además, dado que este hidrocarburo tiene características espectrales muy marcadas en el infrarrojo medio, su detección es, sin lugar a dudas, factible. Como se verá más adelante en este capítulo, en septiembre de 2023 se anunció el llamativo descubrimiento de dimetilsulfuro en un exoplaneta (aunque hasta la fecha se trata de un resultado muy provisional). En la Tierra, la mayor parte del DMS en la atmósfera ha sido emitida por el fitoplancton en el mar, aunque hay que investigar más sobre posibles vías abióticas para producirlo.

Los científicos también han examinado el *clorometano*, un gas clorado que suele ser emitido por algunas plantas y algas, así como por la materia orgánica en descomposición. No obstante, también puede ser generado por procesos abióticos, como la actividad volcánica. La principal característica que hace que resulte menos atractivo es el hecho de que, en la mayoría de los casos, no puede sobrevivir mucho tiempo en la atmósfera de un exoplaneta, ya que reacciona enseguida con iones hidróxido (resultantes de la separación del agua y consistentes en un átomo de hidrógeno y otro de oxígeno). En este sentido, el único lugar en el que cabría encontrarlo es en la envoltura gaseosa de objetos en órbita alrededor de enanas rojas de tipo M carentes de fulguraciones, ya que en estos casos no se produce la disociación por radiación de las moléculas de agua.

Aparte de generar biomarcadores gaseosos en la atmósfera, los seres vivos también pueden alterar el entorno planetario de otros modos. Por ejemplo, podrían cambiar las propiedades de reflexión o absorción de la superficie o producir variaciones estacionales, o dependientes del tiempo de cualquier otra forma, en el espectro observado. En la siguiente sección, se considerarán brevemente algunas de estas posibles evidencias *superficiales* de la presencia de formas de vida.

Vivir al límite

El biomarcador superficial que más interés ha generado es el denominado *borde rojo de vegetación* (BRV), un fenómeno causado por las plantas. Este se refiere al pronunciado salto que tiene la radiación reflejada por las especies botánicas en el infrarrojo cercano del espectro. En efecto, la clorofila absorbe la mayor parte de la luz visible (por ejemplo, en los colores azul y rojo en el intervalo de longitudes de onda comprendidas entre los 660 y los 700 nanómetros), pero la dispersa y refleja en el infrarrojo cercano (de 750 a 1.100 nanómetros). En consecuencia, hay una abrupta discontinuidad en la reflectancia de la vegetación, casi como un escalón, que pasa de ser un 5 por ciento para una longitud de onda de 680 nanómetros (luz roja) a cerca del 50 por ciento a 760 nanómetros (infrarrojo cercano). Por cierto, este es el motivo por el que el follaje brilla con intensidad en las imágenes tomadas en esta última frecuencia y por el que los satélites artificiales que observan la Tierra emplean a menudo el BRV para analizar el estado de bosques y zonas arboladas.

Sea como fuere, las estimaciones han demostrado que la detección de este fenómeno en exoplanetas similares a la Tierra será muy complicada. Incluso un telescopio con un poder de resolución relativamente alto necesitaría no solo que una buena parte de la superficie estuviese cubierta de vegetación, sino que estas regiones estuviesen despejadas durante períodos no desdeñables del día (de media). Este último requisito puede no ser fácil de satisfacer, ya que, al menos en el caso de la Tierra, los datos de los satélites geoestacionarios sugieren que la cubierta nubosa aumenta mucho sobre las zonas boscosas.

El BRV es sin duda un biomarcador válido (ya que no se conocen fuentes abióticas que puedan dar lugar a falsos positivos), pero el hecho de que se base de forma muy concreta en las propiedades de la vegetación terrestre hace que su vigencia sea incierta en el caso de exoplanetas. Por ejemplo, es posible que pigmentos vegetales distintos a la clorofila produzcan «bordes» o rasgos característicos de otro tipo en longitudes de onda distintas de las anteriores (a su vez, estas discontinuidades pueden ser susceptibles de generar resultados engañosos de otra índole).

Los investigadores han considerado también la *quiralidad* como posible biomarcador superficial. Esta consiste en que las moléculas resultantes de los procesos vitales son asimétricas respecto a sus imágenes especulares. Por ejemplo, la mayoría de los aminoácidos pueden darse en configuraciones levógiras y dextrógiras, pero los seres vivos terrestres solo utilizan la primera de ellas. Asumiendo que esta preferencia sea universal, la detección de este rasgo podría ser indicativa de una abundante presencia de formas de vida en una superficie planetaria. Sin embargo, lograr observar este extremo no es tarea fácil, aunque quizá pueda conseguirse mediante *espectroscopía de polarización*. La luz consiste en un campo eléctrico y otro magnético, oscilantes y perpendiculares en todo momento entre sí. Por convención, «polarización» se refiere a la orientación del primero y puede ser lineal, si ambos oscilan sobre planos fijos, o circular, cuando rotan a velocidad constante en torno a un eje (en el sentido de las agujas del reloj o a la inversa) que apunta en la dirección de desplazamiento de la onda. La absorción de la radiación por parte de los pigmentos botánicos puede dar lugar a una cierta polarización lineal, la cual se ha observado, por ejemplo, en la luz cenicienta. Este fenómeno es relativamente pronunciado en la región visible del espectro, mientras que es muy tenue en el infrarrojo cercano, al contrario de lo que ocurre con la reflectancia en el BRV. Sin embargo, la dispersión debida al polvo en suspensión puede conducir a resultados similares, de modo que siempre hay un riesgo de sufrir falsos positivos. Por otro lado, la polarización circular proporciona una huella más fiable de los efectos ópticos de los aminoácidos, pero al mismo tiempo genera una señal muy débil, por lo que es probable que sea imposible detectarla.

Aparte de los biomarcadores permanentes gaseosos y superficiales, los astrónomos han considerado la posibilidad de utilizar otros indicadores *variables en el tiempo*. Estos incluyen, por ejemplo, las concentraciones cambiantes de gases como el dióxido de carbono, el oxígeno molecular y el metano o las modificaciones en la reflexión de la luz (albedo) de la superficie planetaria. En la Tierra, este tipo de variaciones se observa, sobre todo, por los ciclos estacionales y por las consecuentes alteraciones en la vegetación. Sin embargo, dado que los cambios que cabe esperar a causa de este mecanismo son, en el mejor de los casos, de unos cuantos puntos porcentuales (y también son susceptibles de presentar falsos positivos), la detección fiable de esta clase de señales parece estar más allá de la capacidad de nuestros telescopios, incluso de la próxima generación.

Somos conscientes de que la exposición de este tema tiene que ser, por su propia naturaleza, un asunto bastante técnico.

No obstante, el panorama general que se presenta es muy sencillo, a la par que interesante: estamos a punto de descubrir formas de vida en sistemas extrasolares o, al menos, podremos establecer, dentro de poco, límites significativos a su abundancia (en caso de que no se haya producido una detección). De cualquier manera, no cabe duda de que los primeros indicios en este sentido procederán de biomarcadores gaseosos. Estas sustancias podrían revelar un desequilibrio atmosférico o haberse producido en una biosfera mediante la fotosíntesis. Los astrónomos se han dado cuenta de que es probable que la evidencia más prometedora a este respecto provenga del descubrimiento de una concentración elevada de oxígeno molecular (posiblemente, a través del ozono). Sin embargo, los científicos pensaban hasta hace poco que el telescopio espacial James Webb no sería capaz de encontrar este gas. El motivo era bastante sencillo. Ese aparato no se había diseñado para analizar las concentraciones atmosféricas en planetas lejanos, ni siquiera para buscar objetos con una alta probabilidad de ser habitables. Por el contrario, su propósito original era observar las regiones más alejadas del universo, más lejos de lo que el Hubble pudo llegar nunca, y obtener imágenes de las primeras galaxias que se formaron. El JWST, dotado en exclusiva de visión en el infrarrojo, se suponía incapaz de percibir las características espectrales más destacadas del oxígeno. No obstante, los astrónomos tienen solución para todo y no se dan nunca por vencidos cuando se trata de sacar provecho a instrumentos tan notables como este. En consecuencia, un equipo de la Universidad de Washington, dirigido por el astrobiólogo Joshua Krissansen-Totton, dio un primer paso en esta dirección y produjo en 2018 un fascinante resultado teórico. Emplearon simulaciones informáticas para demostrar que era plausible que JWST fuese capaz de detectar el biomarcador debido al estado de desequilibrio del par metano y dióxido de carbono. En concreto, llegaron a la conclusión de que este telescopio podría detectar la presencia de este último gas y, al mismo tiempo, estimar un límite a la abundancia del primero, con lo que se podrían descartar los mecanismos abióticos conocidos para su producción (con una seguridad del 90 por ciento). A este respecto, resulta especialmente alentador el hecho de que JWST lograse esta proeza en el exoplaneta del que más se ha hablado en los últimos tiempos (TRAPPIST-1e), el cual se encuentra en la zona habitable de una enana roja con una masa equivalente al 9 por ciento de la solar. TRAPPIST-1e es similar a la Tierra en tamaño, densidad, temperatura superficial y en la radiación que recibe de su estrella. Esto lo convierte de manera automática en uno de los cuerpos extrasolares merecedores de un análisis más detallado, en lo que se refiere a sus posibilidades de albergar seres vivos. Otro sistema que ha recibido mucha atención en este sentido es TOI-700, que contiene dos planetas similares al nuestro (TOI-700d y TOI-700e) en su zona habitable.

Los astrónomos tampoco han tirado la toalla del todo en lo que se refiere a la detección de oxígeno. En 2020, un grupo de investigadores del Centro de Vuelo Espacial Goddard de la NASA, dirigido por Thomas Fauchez, concluyó que JWST podría observar, en teoría, una característica espectral de ese gas en la longitud de onda de los 6.400 nanómetros, que hasta entonces no se había estudiado a fondo en la exploración extrasolar. Fauchez y sus colegas demostraron que las moléculas de este elemento en la atmósfera de un exoplaneta pueden sufrir colisiones (entre ellas mismas o con otros componentes de la mezcla) y absorber radiación infrarroja en esa frecuencia. Esto crea una prominente línea de absorción en el espectro, detectable (en teoría) en objetos de sistemas relativamente cercanos. Un descubrimiento de este tipo por parte del telescopio espacial James Webb sería extremadamente prometedor, aunque un solo biomarcador gaseoso no constituya por sí mismo una prueba irrefutable de la presencia de seres vivos.

En todo caso, este potente instrumento ya demostró sus inigualables capacidades en este sentido cuando obtuvo en 2022 varios espectros muy detallados del exoplaneta gigante WASP-39b, en el que pudo identificar dióxido de carbono. Esta era la primera vez que se encontraba dicha sustancia en un objeto de este tipo, a pesar de lo cual no se albergan esperanzas de localizar allí seres vivos. Se trata de un gigante gaseoso (con una masa equivalente a 0,28 veces la de Júpiter) que orbita a muy poca distancia de su estrella (su período de traslación es de solo cuatro días terrestres), lo que hace que la temperatura en su superficie sea muy elevada (en torno a 900 grados centígrados). Por lo tanto, pertenece a la clase denominada «Júpiter caliente». Más impresionante aún fue la detección, realizada en septiembre de 2023 gracias a JWST por un equipo de la Universidad de Cambridge, dirigido por Nikku Madhusudhan, de metano y dióxido de carbono en la atmósfera de K2-18b, un exoplaneta de los llamados subneptunos, con un radio equivalente a 2,6 veces el terrestre y una masa que es 8,6 veces la de la Tierra. La aparente abundancia de los dos gases encontrados (ambos en torno al 1 por ciento), junto con la ausencia de amoníaco, es cuando menos consistente con algunos modelos, que apuntan a la presencia de un océano superficial bajo una atmósfera rica en hidrógeno (ya que este volumen de agua actuaría como sumidero de amoníaco y lo extraería de la envoltura gaseosa). No es probable que este metano sea resultado de procesos vitales, porque en entornos reductores como este puede generarse con facilidad mediante reacciones fotoquímicas entre carbono e hidrógeno. Los mundos de este tipo han sido bautizados como *hicéanos* (acrónimo de hidrógeno y océano). Más intrigante aún es el potencial descubrimiento de huellas de dimetilsulfuro, aunque en el momento de enviar este libro a imprenta no se había alcanzado una relevancia estadística convincente a este respecto. De confirmarse este hallazgo, sería el primer posible indicio de la existencia de formas de vida extraterrestre, ya que esta sustancia se ha propuesto como un posible biomarcador en planetas hicéanos. Como ya se ha dicho con anterioridad en este capítulo, el DMS es producido en la Tierra, por ejemplo, por algas microscópicas marinas. No obstante, es necesario señalar que un estudio publicado en enero de 2024 por un equipo del Centro de Investigación Ames de la NASA, dirigido por Nicholas Wogan, sugirió que las observaciones de K2-18b realizadas con el telescopio espacial James Webb podrían explicarse si este fuera un exoplaneta de los denominados minineptunos, rico en gas y sin superficie habitable. Sea como fuere, no cabe duda de que estos resultados espolearán intentos venideros por caracterizar las atmósferas de los mundos hicéanos candidatos a albergar organismos. En concreto, las próximas observaciones de JWST permitirán confirmar (o refutar) la presencia de dimetilsulfuro en cantidades significativas en K2-18b.

Para determinar el tipo de composición atmosférica que se consideraría una prueba convincente de la presencia de seres vivos en planetas rocosos, el astrobiólogo David Catling y sus colegas de la Universidad de Washington se propusieron elaborar un marco estadístico para evaluar la probabilidad de que ciertos datos en las observaciones constituyeran una detección genuina y no un falso positivo. A continuación, se ofrecen algunos ejemplos de sus resultados. Estimaron que el hallazgo de un objeto de tamaño similar al terrestre en la zona habitable de su sistema estelar, unido a la confirmación de la existencia de un océano superficial de agua líquida (a través de la observación de una reflexión especular, por ejemplo) y de una atmósfera rica en oxígeno molecular, que además contuviese monóxido de dinitrógeno y metano, elevaría la probabilidad de que estuviese habitado a un valor entre el 90 y el 100 por ciento. En cambio, este porcentaje descendería al 66 por ciento para un exoplaneta con las mismas características, pero en cuya envoltura gaseosa solo se hubiera encontrado oxígeno molecular, junto a dióxido de carbono y vapor de agua. Del mismo modo, un objeto similar, para el que *solo* se hubiera detectado oxígeno molecular, *solo* una bruma de compuestos orgánicos con una gran cantidad de metano o *solo* rasgos espectrales indicativos del borde rojo de la vegetación, se consideraría deshabitado. Incluso una cantidad menor de rasgos de este tipo llevaría a esta última conclusión.

Hay que tener en cuenta el reto que supone la determinación de la composición atmosférica en exoplanetas. Cabe recordar en este sentido que incluso la mera localización de estos objetos era algo imposible hace solo unas tres décadas.

Detección de biomarcadores

En la actualidad, la técnica más prometedora para la detección de biomarcadores gaseosos es la *espectroscopía de absorción* (a veces denominada en este contexto *espectroscopía de transmisión* o *de tránsito*). Este método fue sugerido por primera vez por los astrofísicos Sara Seager, del MIT, y Dimitar Sasselov, de Harvard, nada más descubrirse el primer exoplaneta que pasaba por delante de su estrella. Muy poco después de la publicación del fundamento teórico, un grupo de astrónomos de Harvard, dirigido por David Charbonneau, empleó por primera vez este principio con éxito para identificar un gas concreto en la atmósfera de un objeto con un tamaño similar al de Júpiter: HD 209458b. El elemento encontrado era sodio atómico, que no está relacionado con los seres vivos.

La idea subyacente es brillante por su sencillez. Cuando un exoplaneta pasa por delante de su estrella, una parte de la luz emitida por esta atraviesa las capas superiores de la atmósfera, en su trayectoria hacia la Tierra. Una fracción de esta radiación es absorbida por los gases que hay en esas regiones y la composición de esta mezcla determina las longitudes de onda en las que esto ocurre y en las que no. Por consiguiente, al obtener un espectro durante el tránsito y otro en condiciones normales, los astrónomos pueden calcular el patrón de transmisión. A continuación, se utilizan esos datos observacionales (junto con las frecuencias en las que se sabe que una determinada molécula absorbe la radiación) para descubrir las sustancias presentes de forma abundante en esas regiones. Las estimaciones de la intensidad esperada de la señal demuestran que con esta técnica se pueden caracterizar las envolturas gaseosas de objetos del tamaño de la Tierra en torno a enanas rojas de tipo M, pero no de cuerpos de diámetro parecido alrededor de estrellas más brillantes, similares al Sol. En particular, los investigadores esperan ser capaces de detectar vapor de agua (de haberlo) en las atmósferas (si es que existen) de los cuerpos que orbitan alrededor de TRAPPIST-1 y Próxima Centauri (el astro más cercano al sistema solar), dos enanas rojas de tipo M. Cabe destacar que alrededor de esta última se han localizado dos exoplanetas (y un tercer candidato), uno de los cuales se encuentra en la zona habitable. Como ya se ha mencionado, TRAPPIST-1e se ha considerado especialmente atractivo, ya que no solo cumple este último requisito (hay otros tres integrantes de este sistema que lo hacen), sino que es el más parecido a la Tierra en términos de masa, tamaño y distancia orbital. De encontrarse vapor de agua en su atmósfera, se podría inferir que esta sustancia existe también en estado líquido en su superficie. Las observaciones ya han confirmado que TRAPPIST-1e carece de una atmósfera libre de nubes y dominada por el hidrógeno, lo que significa que, si existe de hecho una envoltura gaseosa a su alrededor, esta sería con toda probabilidad muy compacta, como la de los objetos parecidos a la Tierra en el sistema solar. Otro exoplaneta que ha llamado la atención de forma considerable es LP 890-9c, también conocido como SPECULOOS-2c. Se trata de una *supertierra*, con toda probabilidad rocosa y un tercio aproximadamente más grande que nuestro hogar. Gira en la zona habitable de una enana roja a unos cien años luz de nosotros.

El caso es que ya se empieza a disponer de resultados en este sentido. En diciembre de 2022, se presentaron los hallazgos preliminares de las observaciones realizadas por JWST en TRAPPIST-1. En concreto, el astrónomo de la Universidad de Montreal Björn Benneke informó de los primeros análisis con ese instrumento de TRAPPIST-1g, el penúltimo objeto por distancia a la estrella central. Este es el mayor integrante del sistema, con un radio equivalente a 1,154 veces el terrestre. Hasta el momento, solo se ha podido determinar que es muy poco probable que este cuerpo disponga de una capa primigenia de gases rica en hidrógeno, algo que la astrónoma de la Universidad Cornell Nikole Lewis y su equipo ya habían demostrado gracias al telescopio espacial Hubble. En efecto, una envoltura gaseosa de ese tipo estaría físicamente dilatada, debido a su bajísima densidad, por lo que sería relativamente fácil de detectar. En cambio, TRAPPIST-1g carece de una atmósfera tan extensa, lo que podría significar que dispone de una más densa, compacta y parecida a la terrestre, tal vez compuesta de moléculas más pesadas, como dióxido de carbono, nitrógeno molecular y agua. También existe la posibilidad de que carezca de ella por completo. Olivia Lim, de la Universidad de Montreal, presentó sus observaciones preliminares de TRAPPIST-1b, el planeta más cercano a la estrella central. Sus datos también sugieren que dicho objeto, al igual que en el caso anterior, carece de una atmósfera dilatada, rica en hidrógeno. Otros estudios posteriores, debidos a Thomas Greene y a sus colaboradores del Centro de Investigación Ames de la NASA, demostraron que lo más probable es que TRAPPIST-1b sea una roca pelada, sin dióxido de carbono en su envoltura gaseosa. Sea como fuere, ninguno de estos dos cuerpos se encuentra en la zona habitable del sistema. En junio de 2023, otro equipo internacional de investigadores del Instituto Max Planck de Astronomía, en Alemania, dirigido por Sebastian Zieba, utilizó el telescopio espacial James Webb para determinar la cantidad de energía térmica emitida por el planeta rocoso TRAPPIST-1c. Sus resultados sugieren (todavía con algunas incertidumbres dependientes del modelo) que la atmósfera, en este caso, si es que existe, es de una delgadez extrema. Estos hallazgos son sumamente interesantes, ya que, como señaló Laura Kreidberg, también del Instituto Max Planck y coautora del trabajo, TRAPPIST-1c es, en cierto sentido, un gemelo de Venus: ambos son aproximadamente del mismo tamaño y reciben una cantidad similar de radiación de sus respectivas estrellas. Por lo tanto, señaló Kreidberg, «Creímos que podría tener una densa atmósfera de dióxido de carbono, como Venus». Sin embargo, modelos posteriores, elaborados por un grupo independiente de científicos, demostraron que la formación pasada de sustancias volátiles en TRAPPIST-1c había sido muy limitada (en comparación con la Tierra y Venus) o había perdido una cantidad sustancial de dióxido de carbono durante una fase temprana de fugas hidrodinámicas. Sea como fuere, exámenes posteriores con sofisticadas simulaciones informáticas plantearon la posibilidad de una notable presencia de oxígeno o de vapor de agua. En todo caso, cabe destacar que tanto TRAPPIST-1b como TRAPPIST-1c se encuentran dentro de lo que se conoce como el límite para el efecto invernadero desbocado, una región en la que podrían haber sufrido una pérdida completa de sus envolturas gaseosas por efecto de la radiación. Por el contrario, TRAPPIST-1e y TRAPPIST-1f se hallan en la zona habitable y es probable que hayan disfrutado de una abundancia de vapor de agua durante un período relativamente breve en las fases iniciales del sistema. Por consiguiente, tal vez no hayan sufrido una erosión atmosférica total. Es más, un estudio publicado en agosto de 2023 por el astrónomo Franck Selsis y sus colegas de la Universidad de Burdeos sugiere que, si algunos objetos en este sistema transportasen parte de su calor interno por radiación, en lugar de hacerlo en exclusiva por convección (mediante el movimiento de fluidos), sus superficies permanecerían lo bastante frías como para darles una oportunidad de conservar el agua. Por supuesto, siempre es posible que todos estos cuerpos se hayan formado sin atmósfera alguna. En este sentido, otro trabajo publicado en febrero de 2024 sugería que el rápido movimiento orbital de TRAPPIST-1e podía generar calentamiento atmosférico a través de corrientes eléctricas y, por lo tanto, producir la completa desaparición de su envoltura gaseosa. A este respecto cabe destacar que los resultados de las observaciones de las emisiones térmicas de otros dos exoplanetas, LHS 3844b y GJ 1252b, también fueron consistentes con la ausencia de una atmósfera.

Aparte de la espectroscopía de absorción, los investigadores también han utilizado la técnica denominada, en ocasiones, *espectroscopía de ocultación*. Esta se basa en la diferencia entre los espectros obtenidos durante las fases de completa visibilidad de la cara iluminada del exoplaneta y aquellos en que esta es eclipsada por la estrella alrededor de la cual orbita. Sin embargo, dado que en este caso la reducción del flujo depende no solo del tamaño del planeta, sino también de su temperatura (que determina sus emisiones térmicas), resulta que este método es más adecuado (si es que puede emplearse en absoluto) para longitudes de onda comprendidas en el infrarrojo, entre los 8.000 y los 30.000 nanómetros. Por desgracia, la capacidad de resolución necesaria para estas observaciones es mayor incluso que la que puede alcanzar JWST sin fallos. Hay unas cuantas técnicas adicionales disponibles en la actualidad, pero la probabilidad de detectar biomarcadores con ellas en un futuro no demasiado lejano es menor que la ofrecida por estas.

La cuestión entonces es decidir cuál es la mejor manera de seguir adelante. El Informe Decenal, publicado por la Academia Nacional de Ciencias de Estados Unidos en noviembre de 2021, no dejaba lugar a dudas. Este tipo de documentos ve la luz cada diez años y en ellos se esbozan las «rutas para lograr descubrimientos en los campos de la astrofísica y la astronomía» que se van a recorrer en la década siguiente. Las recomendaciones realizadas en este sentido por el comité que elaboró el texto daban prioridad absoluta a la búsqueda de formas de vida extraterrestre. En consecuencia, este organismo pedía a la NASA que diera comienzo al desarrollo de una misión capaz de determinar si la vida era común, escasa o se encontraba absolutamente ausente en la Vía Láctea. Para lograr este objetivo, proponían la *toma directa de imágenes* de planetas con un tamaño similar a la Tierra en la zona habitable de sus sistemas respectivos, así como análisis espectroscópicos para caracterizar su composición atmosférica. La propuesta es examinar en primer lugar más de un centenar de estrellas y sus correspondientes exoplanetas, con el fin de identificar unas dos docenas de candidatos a un estudio más exhaustivo. Se espera que la misión sugerida sea capaz de detectar, en los mundos seleccionados, la presencia de moléculas como agua, dióxido de carbono, oxígeno y metano, precisamente el tipo de biomarcadores descrito con anterioridad y el que podría proporcionar las pruebas más convincentes a este respecto. El telescopio espacial previsto tendría unos 6 metros de diámetro y la capacidad de realizar observaciones en una amplia gama de longitudes de onda, desde el ultravioleta hasta el infrarrojo, pasando por el visible. En consecuencia, el proyecto fue bautizado como Gran Telescopio Infrarrojo Óptico Ultravioleta (LUVOIR, por sus siglas en inglés). Además, debería contar con un coronógrafo, para bloquear de forma efectiva la luz de la estrella central del sistema, lo que permitiría a los astrónomos obtener imágenes directas de exoplanetas rocosos de pequeño tamaño. El comité encargado del informe decenal estimó que un aparato así podría lanzarse al espacio a mediados de la década de 2040. También recomendó que en los próximos diez años se completara al menos un instrumento terrestre extremadamente grande, de unos 30 metros de diámetro. En el contexto del tema que nos ocupa, cabría esperar que un telescopio así pudiera descubrir y examinar objetos con masas similares a la Tierra en las zonas habitables de sus respectivos sistemas, obtener imágenes directas de otros cuerpos de mayor tamaño y, mediante espectroscopía de alta resolución, caracterizar las atmósferas durante los tránsitos. El arsenal de dispositivos que se podría emplear con este aparato permitiría a los científicos estudiar las primeras etapas de la formación planetaria, así como los discos protoplanetarios alrededor de estrellas jóvenes.

Se habrá observado que la mayoría de los biomarcadores descritos hasta ahora se refieren a formas de vida tal y como las conocemos. Por supuesto, esto plantea la cuestión de la medida en que podemos estar seguros de que todos los seres vivos del universo comparten dichas características con los terrestres.

10

La vida diferente a como la conocemos. El diseño de formas de vida naturales y antinaturales

Lo antinatural también es natural.

Johann Wolfgang von Goethe

Biólogos y químicos han logrado demostrar que los componentes básicos de los seres vivos, tal y como los conocemos, pueden generarse a partir del cianuro (aunque cueste creerlo, porque esta sustancia es considerada hoy en día un veneno mortal), el azufre y la radiación ultravioleta procedente del Sol, mediante una serie de reacciones que cada vez se conocen mejor. Este marco general sugiere que al menos las formas de vida terrestre podrían haber aparecido de modo natural, a partir de moléculas disponibles en la Tierra primigenia. Sin embargo, supongamos que en nuestras futuras exploraciones de la galaxia encontráramos organismos con una química subyacente diferente a esta. ¿Sabríamos decir si estas criaturas también habían surgido de manera espontánea? Por el contrario, ¿qué aspectos podrían indicar que no lo hicieron? En otras palabras, es necesario identificar las características a las que prestar atención en este sentido, que permitan distinguir los seres vivos naturales de los artificiales, resultado de un diseño intencionado por parte de alienígenas inteligentes. En este punto, hay que aclarar que solo se tomarán en consideración a este respecto formas de vida orgánicas y no electrónicas (inteligencia artificial). Al final de este capítulo se analizará con brevedad la posibilidad de máquinas inteligentes.

Tal vez el mejor modo de abordar esta cuestión y de ser capaces de reconocer el origen sintético de una criatura sea diseñar o crear una nosotros mismos. Esto puede sonar demasiado ambicioso, sobre todo cuando ni siquiera hemos sido capaces de sintetizar todos los ingredientes de los procesos vitales que sí se conocen, mediante unas reacciones que estamos casi seguros de que pueden conducir a la aparición de seres vivos (tal y como son en la Tierra). ¿Hay razones para imaginar siquiera que unos fundamentos moleculares diferentes podrían dar lugar a organismos de otro tipo? Disponemos de al menos un motivo para ser optimistas respecto a las posibilidades de éxito de este proyecto: la química moderna ofrece miles de maneras de fabricar nuevas sustancias, incluso a través de mecanismos que quizá nunca podrían darse en la naturaleza. Se trata de un repertorio realmente vasto, sobre todo en comparación con el conjunto relativamente pequeño de variaciones sobre una misma melodía que se están interpretando ahora mismo en los intentos de llegar a las moléculas de los procesos vitales terrestres. Como resultado de todo esto, un creador de formas de vida, con suficientes conocimientos e imaginación, ya fuese humano o alienígena, debería ser capaz, al menos en teoría, de idear múltiples modelos alternativos para los seres vivos. De hecho, los investigadores exploran en la actualidad este incipiente campo a partir de pequeñas alteraciones de las rutas que creen sucedieron en realidad en nuestro planeta, para luego modificarlas y avanzar paso a paso hacia propuestas cada vez más diferenciadas, las cuales podrían, algún día, dar lugar a criaturas vivas muy distintas. A continuación, se mencionan algunos ejemplos de estos empeños, tan audaces como fascinantes.

La mayoría de las moléculas de los procesos vitales en la Tierra hacen gala de una quiralidad característica. Los nucleótidos que componen el ADN y el ARN y los aminoácidos que construyen las proteínas presentan este rasgo y no se pueden superponer a sus imágenes especulares, como nuestras manos derecha e izquierda. Así, los ácidos nucleicos son dextrógiros, mientras que los otros son levógiros. En consecuencia, quizá lo más sencillo sea construir una versión invertida de los seres vivos terrestres, en la que se sustituyan sus componentes originales por sus copias idénticas, pero con una simetría opuesta. Este es el objetivo que intentan alcanzar algunos audaces científicos. Por ejemplo, el equipo del biólogo Ting Zhu, ahora en la Universidad Westlake de Hangzhou, ha empleado rutas químicas para sintetizar fragmentos de ADN y ARN con esta propiedad trastocada. También utilizaron vías sintéticas para generar enzimas proteicas de quiralidad inversa a la natural, las cuales usaron a su vez para replicar cadenas de ácido desoxirribonucleico acordes, es decir, una imagen reflejada en el espejo de una proteína típica de las formas de vida en la Tierra, que puede añadir fragmentos a una secuencia de ADN con la misma característica, mediante RCP especular. Es más, en una etapa posterior, los investigadores obtuvieron una versión transformada en este sentido de una polimerasa, de modo que podían transcribir el ADN invertido en ácido ribonucleico de la misma clase. El objetivo último de estos experimentos es la síntesis de un ribosoma de quiralidad opuesta que pueda utilizarse para traducir un ARN mensajero especular en proteínas alteradas de la misma manera. En caso de que estos ensayos lograsen ensamblar células vivas en el laboratorio, se sabría con certeza que estas son el resultado de una creación artificial, ya que serían diferentes de cualquier otro organismo existente en nuestro planeta. Sea como fuere, no sería una gran sorpresa descubrir formas de vida de simetría distinta a la nuestra en algún objeto de la Vía Láctea, dado que la preferencia de las moléculas vitales por una quiralidad determinada fue, casi con toda seguridad, accidental y que una cualquiera de las versiones de una sustancia tiene igual probabilidad de aparecer que la otra. Se ha mencionado con anterioridad una investigación publicada en 2023 que sugiere que es probable que la magnetita fuera el agente natural adecuado para producir la homoquiralidad observada hoy en día. A este respecto, cabe destacar que este proceso discrimina las moléculas dextrógiras o levógiras en función del sentido del campo magnético aplicado y que este es distinto en los hemisferios norte y sur. De este modo, la asimetría intrínseca de los componentes básicos de los seres vivos puede deberse al remoto acontecimiento aleatorio de su lugar primigenio de aparición.

En relación con las formas de vida celular que son habituales, se plantea otro interrogante: saber si es posible construir membranas a partir de ingredientes de origen inorgánico. Cabe recordar que estas barreras aportan la importante característica de la compartimentación. Por un lado, constituyen un límite físico para los procesos vitales y, por el otro, rigen el transporte molecular en ambos sentidos. Para investigar la posibilidad de que existan estructuras similares pero de constitución diferente a la conocida, el bioquímico Neal Devaraj y sus colegas de la Universidad de California en San Diego trabajan en una serie de reacciones que podrían desencadenar la formación y la reproducción de vesículas. En concreto, han aprovechado una clase de métodos, merecedores del premio Nobel, conocidos como «química de clic», que a menudo se emplean para conectar pequeñas unidades entre sí y crear moléculas más grandes. El grupo de Devaraj ha utilizado este mecanismo y ha unido dos lípidos monocatenarios para obtener un fosfolípido bicatenario, muy similar a las sustancias de este tipo que se observan en la biología actual. Estos fosfolípidos sintéticos forman bicapas del mismo modo que los encontrados en la naturaleza. No obstante, el proceso celular que se sigue para fabricar estos productos requiere una serie de enzimas muy complejas, mientras que la vía seguida en la química de clic es tan sencilla y rápida que no necesita catalizadores de ese tipo. Lo que tal vez resulte más interesante de estos experimentos (y que puede darse o no en condiciones prebióticas realistas en un exoplaneta) es que el grupo de Devaraj ha logrado desarrollar un catalizador para esta reacción, que es capaz de facilitar incluso su propia síntesis, es decir, siempre que se proporcionen los ingredientes adecuados, estas membranas artificiales podrían crecer y dividirse de manera indefinida, para desempeñar el papel de la barrera en protocélulas de origen no biológico.

Aún más intrigante es, por supuesto, la cuestión de las posibles modificaciones que se pueden hacer a las moléculas cruciales de la biología, el ADN y el ARN. Esta investigación se ha visto espoleada por el hecho de que se sabe, tras décadas de ambiciosos experimentos de síntesis, que hay muchas variantes de ácidos nucleicos que parecen poder servir como material genético perfectamente viable. ¿Acaso podría emplearse alguna de ellas como base para el diseño de formas de vida artificiales? Es posible que esto parezca ciencia ficción, pero el laboratorio de Szostak intenta con mucha determinación desarrollar un genoma sintético, basado en una variación de la estructura del ADN, que de hecho ¡podría mejorar incluso su capacidad de hacer copias de sí mismo! En concreto, Szostak y sus colegas trabajan en una molécula denominada *ADN de amidofosfatos*, cuya estructura química es idéntica a la del ácido desoxirribonucleico, excepto porque se ha sustituido un átomo de oxígeno en una posición determinada de cada azúcar por otro de nitrógeno. El resultado es que los nucleótidos modificados son mucho más reactivos y que la replicación es mucho más sencilla sin la ayuda de enzimas. Hay que decir que el equipo de Szostak aún no ha conseguido la duplicación completa de fragmentos cortos de las hebras de este ADN sintético, pero los científicos involucrados en el proyecto creen que el momento en que serían capaces de construir células vivas con este material genético, distinto del habitual, podría estar a la vuelta de la esquina. No cabe duda de que el hallazgo de un exoplaneta con formas de vida que empleasen esta versión del ADN, u otra similar, sería fascinante, pero, con base en nuestro conocimiento actual, no se podría descartar totalmente el origen natural de dichos organismos.

Los ejemplos considerados hasta el momento no se han alejado demasiado de la biología terrestre. Esto lleva a plantearse la posible existencia de seres vivos basados en una química totalmente diferente. Dicho de otro modo, saber si nosotros mismos, otra especie inteligente o la naturaleza podrían alumbrar algo distinto por completo de las formas de vida ya conocidas. Esta es una tarea con un atractivo increíble para los investigadores, si bien es muy exigente, y supone un reto de gran envergadura para la ciencia del siglo que viene. El descubrimiento de numerosos lagos de metano y etano en la superficie de Titán, el satélite de Saturno (descrito en el capítulo 8), ha sido un acicate a la exploración en este campo. No obstante, los científicos se han dado cuenta de que es muy difícil trabajar en el laboratorio con metano líquido y, en consecuencia, han centrado su atención en otros disolventes orgánicos no polares, como el hidrocarburo denominado *decano* (que consta de 10 átomos de carbono y 22 de hidrógeno). De hecho, ya en 1991, el químico Hironobu Kunieda y sus colegas de la Universidad Nacional de Yokohama consiguieron producir vesículas con membranas del revés a partir de esta sustancia. «Del revés» quiere decir que, a diferencia de las barreras celulares habituales, las obtenidas en este caso orientaban el extremo polar de los lípidos hacia el interior, mientras que las partes hidrófobas (que repelen el agua) apuntaban hacia el disolvente (que muestra ese mismo comportamiento de repulsión). Es interesante destacar que las vesículas de Kunieda, a pesar de que estaban dadas la vuelta y de que sus constituyentes moleculares eran muy diferentes a los usuales, tenían la apariencia que se suele observar en las formas de vida conocidas, lo cual conduce de manera lógica a la siguiente cuestión acerca de la posibilidad de construir polímeros genéticos que sustituyan al ARN y al ADN en disolventes no polares, como este. Lo cierto es que no se conoce todavía la respuesta a este interrogante, pero algunos equipos han encontrado este reto irresistible. En consecuencia, no es sorprendente que los esfuerzos en este sentido avancen a toda velocidad.

Esto plantea de nuevo la posibilidad de que haya seres vivos en el gélido Titán, quizá incluso nadando felizmente en esos lagos de metano y etano. Sin embargo, como ya se ha señalado en el capítulo 8, por muy tentadora que resulte esta hipótesis, lo cierto es que estas sustancias son disolventes tan poco eficaces que podría ser imposible desarrollar reacciones complejas en este entorno tan inhóspito. Por lo tanto, por el momento, hay que admitir que las propuestas de formas de vida en Titán, muy diferentes a las conocidas, pertenecen al ámbito de la ciencia ficción.

Sea como fuere, la noción de que puedan surgir seres vivos en otros disolventes, aparte del agua, no ha dejado de atraer a los investigadores. El químico Steven Benner y sus colegas de la Universidad de Florida consideraron con mucho detalle esta posibilidad en un artículo publicado en 2004. En este trabajo, llegaron a la conclusión (aunque provisional) de que las formas de vida «pueden existir en una amplia gama de entornos. Esto incluye sistemas a bajas temperaturas y con disolventes no acuosos».

Entre las sustancias que los científicos han considerado a lo largo de los años para estas funciones, destaca el amoníaco (compuesto por un átomo de nitrógeno unido a tres de hidrógeno). Dado que este producto (al igual que el agua) es muy abundante en el universo, la posibilidad de que hubiera seres extraterrestres que lo usaran como disolvente fue planteada ya en una fecha tan temprana como 1954 por el genetista británico J. B. S. Haldane. También como el agua, el amoníaco puede disolver muchas moléculas orgánicas, pero además puede hacerlo con unos cuantos metales. No obstante, es dudosa su capacidad para alcanzar concentraciones suficientemente altas de compuestos prebióticos y para mantenerlos unidos, de manera que se pueda realizar la síntesis de sistemas autorreproducibles.

La lista de candidatos a este respecto incluye, entre otros, al ácido sulfhídrico (compuesto por dos átomos de hidrógeno unidos a uno de azufre), que presenta unas propiedades químicas muy parecidas a las del agua, pero que también es famoso por su penetrante olor a huevos podridos. Además, es muy abundante en zonas con actividad volcánica (como Ío, el satélite de Júpiter). Sin embargo, un obstáculo insalvable en este sentido es el hecho de que este producto solo se presenta en estado líquido en un rango de temperaturas relativamente estrecho (entre los 85 y los 60 grados centígrados bajo cero), aunque este intervalo sea algo más amplio para presiones elevadas.

La presunta detección de fosfina en la atmósfera de Venus (mencionada en el capítulo 7) ha vuelto a despertar el interés por la existencia de seres vivos de algún tipo en las nubes de ese planeta. Como tal vez fuera de esperar, dado que estas formaciones nubosas están hechas sobre todo de ácido sulfúrico, surgió la cuestión de la capacidad que tendría esta sustancia para servir de disolvente de las moléculas de los procesos vitales. El principal obstáculo en este sentido es que se trata de un potente agente deshidratante, capaz de sustraer el agua de la estructura química de muchos compuestos. Por ejemplo, basta con añadir unas gotas del líquido concentrado a un montón de granos de azúcar para obtener una masa negruzca en una pila humeante. A pesar de ello, el bioquímico William Bains y sus colegas del MIT se plantearon en un artículo publicado en abril de 2021 la cuestión de la posible adaptación de microorganismos al empleo del ácido sulfúrico como disolvente, para lo que tomaron las nubes de Venus como ejemplo. De manera sorprendente, llegaron a la conclusión de que había microbios capaces de tolerar su presencia en concentraciones elevadas, pero que era necesario investigar más para saber si, y de qué modo, era posible en realidad que *apareciesen* formas de vida en disoluciones como estas.

Dado que un sistema de información es una de las características fundamentales de la evolución por medio de la selección natural, otros grupos de científicos han dado pasos incipientes en la creación de nuevos materiales capaces de almacenar y transmitir instrucciones mediante su replicación. Hasta ahora, son muy pocos los datos almacenados en las secuencias de estos novedosos polímeros, pero se trata de un empeño fascinante, del que se están sentando las bases en este mismo momento. En el futuro, el diseño de alternativas al ADN puede ser tan común que se convierta en un proyecto de instituto, del mismo modo que la extracción y la edición del material genético han pasado de ser logros merecedores del premio Nobel a tareas escolares rutinarias, además de constituir una lucrativa actividad para los *biohackers*.

Entonces, al imaginar alternativas a las formas de vida conocidas, la cuestión que se plantea es saber si es posible ir más allá de sustitutos sintéticos del ADN y del ARN. Por ejemplo, la existencia de seres basados en el silicio, en lugar del carbono, es una vieja idea (propuesta por primera vez en 1891 por el astrónomo alemán Julius Scheiner), que ha sido debatida en profundidad. Parte del hecho de que ambos elementos están en el mismo grupo en la tabla periódica y tienen propiedades químicas similares, hasta cierto punto. No obstante, las reducidas posibilidades del silicio, en cuanto a las reacciones en las que puede participar, han llevado a muchos científicos a la conclusión de que sería muy difícil, o incluso imposible, emplearlo para construir organismos (Carl Sagan se refirió a esta noción como «chovinismo del carbono»). Los astrobiólogos del MIT Janusz Petkowski, William Bains y Sara Seager presentaron en 2020 una evaluación exhaustiva de la viabilidad de una bioquímica desarrollada a partir de este elemento. Su conclusión general fue que «la formación de muchos grupos funcionales cruciales desde el punto de vista biológico es mucho menos favorable en el caso del silicio que en el de sus homólogos de carbono». En consecuencia, infirieron que «la química del carbono es la química de la vida, la química del silicio es la química de las rocas».

En un estudio de un tipo muy diferente al anterior, un grupo de astrobiólogos de la Universidad Estatal de Arizona examinó en 2022 una propuesta de bioquímica universal más susceptible de generalización. Mediante bases de datos del genoma, investigaron la composición enzimática de bacterias, arqueas y eucariontes, con lo que incluyeron en el trabajo a la mayor parte de los procesos y las especies presentes en la Tierra. Esto les permitió identificar patrones estadísticos en las funciones enzimáticas, que podrían ser independientes de los componentes de nuestro planeta. En teoría, estos descubrimientos servirían para aportar algunas ideas acerca de las posibilidades de que surgieran seres vivos en entornos alienígenas, pero también para el diseño de formas de vida sintéticas. En todo caso, sus aplicaciones prácticas son, por el momento, muy limitadas.

¿Adónde nos lleva la discusión anterior? Existe un amplio ámbito molecular que todavía no ha sido explorado y que tiene el potencial de sentar los cimientos del diseño de formas de vida artificiales, pero basadas en la química. Estos organismos no podrían surgir nunca de manera espontánea en la naturaleza, ni en la Tierra ni en ningún otro planeta. Generarlos puede ser un reto científico muy estimulante. Sin embargo, existe la preocupación generalizada de que este tipo de criaturas escape a nuestro control y desate el caos en el mundo. A este respecto, cabe indicar que cualquier ser vivo diseñado de este modo dependería de «nutrientes» sintetizados a través de reacciones que no se dan en la naturaleza y que, por tanto, estos microorganismos primigenios estarían confinados en el laboratorio en que fueron producidos. Tal vez sea una suerte que la creación de formas de vida artificiales y diferenciadas desde el punto de vista químico, capaces de sobrevivir por sí mismas en el medio, sea algo tan complejo que durante mucho tiempo pertenecerá solo al ámbito de la ciencia ficción. No obstante, si mediante alguna misión espacial, todavía muy remota, se lograsen descubrir criaturas de este tipo, se podría discernir si su origen fue o no artificial.

Sin embargo, hay otra rama de la vida tal y como (todavía) no es conocido, que no está basada en la bioquímica y cuya existencia (o no) depende del modo en que se contesten estas preguntas: según han sugerido algunos informáticos visionarios, ¿se convertirá la inteligencia artificial en la forma de vida dominante en la Tierra?; en caso afirmativo, ¿cabría esperar que llegara a ser la principal especie «inteligente» de la Vía Láctea? En la actualidad, estas cuestiones no tienen respuesta. Sin embargo, se sabe que la evolución biológica en nuestro planeta no se ha detenido, pero que ya ha sido superada con creces por los desarrollos culturales y tecnológicos. Esto ha dado pie a especulaciones generalizadas acerca de nuestra posible sustitución por la IA en el futuro.

En concreto, uno de los aspectos más intrigantes de esta cuestión es la *consciencia*. Filósofos, psicólogos, neurocientíficos e informáticos han debatido con vehemencia si esta es una propiedad exclusiva de los cerebros orgánicos, como los poseídos, por ejemplo, por los humanos y otros primates. En principio, debería ser irrelevante que los impulsos eléctricos del sistema se canalicen a través de neuronas de origen orgánico o de circuitos impresos en silicio. Lo que tal vez sea más importante es el «diseño» de sus redes, la naturaleza de sus conexiones, la capacidad de observarse y percibirse a sí mismo y el modo en que se reciben los impulsos del mundo exterior, incluidos, sobre todo, los de otros seres similares. Sea como fuere, por el momento es imposible saber si las inteligencias electrónicas, a pesar de que sus habilidades sean superiores a las nuestras en algunos aspectos, tales como la velocidad de cálculo y la memoria, son conscientes de sí mismas. No tenemos ni idea de si pueden desarrollar una «verdadera personalidad», si solo son buenas a la hora de copiar cualquier cosa o si poseerán en un futuro una vida interna. Tal vez lo más importante a este respecto sea que hasta el momento no hayamos podido averiguar si la consciencia es una propiedad *emergente*, que cualquier ordenador lo bastante avanzado, sofisticado y complejo adquirirá en última instancia. Es famosa la afirmación del científico informático Edsger W. Dijkstra, quien dijo en una ocasión que esta pregunta es irrelevante y meramente lingüística, como plantearse si los submarinos construidos por los seres humanos pueden nadar. Debemos admitir que los autores no pensamos de ese modo. Si las máquinas no son capaces más que de imitar aquellos aspectos de la mente humana que son susceptibles de un tratamiento matemático o estadístico, mientras que prescinden de muchas facetas de nuestras emociones y de nuestro comportamiento, tal vez no estemos dispuestos a conceder a sus experiencias el mismo valor que otorgamos a las nuestras. En ese caso, un hipotético futuro posterior al predominio de la humanidad parecería más bien vacío, carente de significado y, bueno, inhumano. Por otro lado, si los ordenadores pueden llegar a ser en realidad conscientes, habría que aceptar el hecho de que su futura hegemonía, tanto en nuestro planeta como en otras partes del universo, es una consecuencia inevitable de la evolución, en el sentido más amplio del término. Sin embargo, habría que reconocer que incluso si la IA no adquiere nunca una consciencia, puede tener un impacto drástico en el futuro desarrollo cultural de la vida. Del mismo modo que las redes sociales ya han tenido un efecto significativo en la sociedad, al pasar a dominar el significado y el empleo del lenguaje, la inteligencia artificial puede dictar en el futuro (al menos a cierto nivel) el relato de la comunicación global.

Hay muchos aspectos que diferenciarían las formas de vida basadas en la IA de aquellas que son conocidas, incluso en lo que respecta a los métodos que se deberían emplear para buscarlas. En los capítulos 5 y 6 se ha visto que lo más probable es que las criaturas orgánicas requieran un entorno en una superficie planetaria, en la que habrían surgido a partir de la química, antes de evolucionar. No obstante, si unos seres posteriores a la humanidad dieran el salto y se convirtieran en mentes inorgánicas por completo, ya no necesitarían ni «lagunas tibias» ni atmósferas para sobrevivir. Incluso podrían preferir un medio carente de gravedad (es decir, el espacio exterior), sobre todo si tienen interés en construir artefactos de gran tamaño, de modo que buscar formas de vida inteligente de este tipo en exoplanetas «habitables» sería una pérdida de tiempo, porque es posible que los cerebros no biológicos desarrollen capacidades en el espacio que los humanos no podemos ni siquiera imaginar.

Cabe pensar que hay límites químicos, metabólicos y energéticos al tamaño y la capacidad de procesamiento de los cerebros orgánicos. Incluso puede que ya nos encontremos muy cerca de ellos. Sin embargo, estas barreras no son aplicables en el caso de máquinas electrónicas de inteligencia artificial y, por lo tanto, estas no se ven constreñidas por ellas. Quizá estas fronteras sean todavía menos válidas por lo que respecta a los ordenadores cuánticos, de modo que, conforme a cualquier definición de pensamiento, consciencia o comprensión que se quiera adoptar y a sus implicaciones, la habilidad, la intensidad y la memoria que pueden alcanzar los sistemas nerviosos biológicos, del tipo de los que poseemos los seres humanos, se verán sin duda ampliamente superadas por las deslumbrantes meditaciones de que serán capaces las máquinas basadas en la IA.

La conclusión de esta breve discusión es el reconocimiento de que el conocido papel dominante de las formas biológicas de inteligencia puede no ser más que una fase relativamente breve y transitoria en la evolución de los seres complejos. Una etapa más duradera e ignota podría estar gobernada por criaturas surgidas del futuro del aprendizaje automático. Volveremos sobre este tema en el capítulo 12, cuando se trate de la búsqueda de civilizaciones avanzadas.

11

A la caza de la inteligencia. Reflexiones preliminares

La voz del intelecto es apagada, pero no descansa hasta haber logrado hacerse oír.

SIGMUND FREUD, *El porvenir de una ilusión*

En lo que respecta a especies extraterrestres dotadas de inteligencia (en términos de sus habilidades cognitivas) y tecnológicamente competentes (aquellas capaces de generar huellas detectables de un desarrollo pronunciado en este sentido), nuestros conocimientos se asientan sobre cimientos mucho menos sólidos que al considerar otros organismos más sencillos. Los motivos son obvios. Por un lado, se sabe, a partir de las observaciones de galaxias muy lejanas, que las leyes de la física y de la química son universales. Del mismo modo, hay buenas razones para creer que cierto tipo de darwinismo molecular es ubicuo. Por el otro, ni siquiera podemos estimar la probabilidad de que *surjan* formas de vida alienígena en algún planeta y mucho menos de que estas *evolucionen* hasta volverse inteligentes y producir una civilización con una técnica avanzada. También hay que admitir que, en caso de que existan tales seres, no tenemos ni la más mínima idea de cuáles podrían ser sus prioridades. Basta con pensar en la gran variedad de motivaciones que hubo tras los esfuerzos de los humanos en el pasado (por ejemplo, existenciales, medioambientales, económicas, ideológicas, políticas, nacionalistas, egoístas, religiosas, etc.). Como un caso extremo que ilustra lo mucho que podría diferir una cultura extraterrestre de nuestras ingenuas expectativas, se ha sugerido que tal vez se trate de criaturas profundamente contemplativas y retraídas. Sin duda, esto requeriría una historia evolutiva muy distinta a la nuestra. De forma más especulativa todavía, cabe imaginar a mentes dotadas de una IA hiperavanzada, que se habrían dado cuenta de que es más fácil pensar y realizar algunas tareas computacionales a baja temperatura. En consecuencia, se alejarían todo lo posible de las estrellas, hasta alcanzar las regiones más recónditas de la galaxia. En el extremo opuesto de un espectro de potenciales comportamientos, tal vez sean expansionistas o incluso posean una agresividad feroz, superior a la nuestra. De hecho, esta parece ser la previsión de quienes han reflexionado sobre presumibles avenidas de desarrollo civilizatorio. Nuestra ignorancia a este respecto se ve agravada por el hecho de que ni siquiera se sabe cuántas etapas, de las muchas que por lo visto fueron necesarias para la aparición de una especie inteligente en nuestro planeta, son en realidad imprescindibles. Tampoco cuántas son específicas al caso concreto del cerebro humano.

A pesar de ello, hay varias cosas relevantes que sí se saben. En primer lugar, cualquier mente *detectable* debe de haber alcanzado un nivel tecnológico superior al nuestro, dado que hasta la fecha todos los esfuerzos por encontrar seres inteligentes extraterrestres habrían sido incapaces de captar la mayoría de nuestras propias transmisiones. Después, con base en la forma en que se diseñan y realizan estos programas de búsqueda en la actualidad, si se quiere que la civilización alienígena cuente con una probabilidad no nula de detección, esta debe de haber sido capaz de realizar emisiones durante al menos varios milenios, porque, de otro modo, la señal podría no haber llegado hasta la Tierra. Este requisito tiene consecuencias trascendentales. De creer a los expertos en inteligencia artificial, el lapso estimado entre la invención de las comunicaciones por radio y láser y el momento en el que la IA empezaría a dominar a los cerebros biológicos no es muy superior a unos pocos siglos (es posible que sea incluso menos). Aunque la estimación anterior estuviese errada en mil años, lo cierto es que, si este desarrollo es inevitable, la mayor parte de las mentes avanzadas en el universo (si es que existen) residirían ya en máquinas y no en cuerpos orgánicos. La constatación de este hecho debería orientar, al menos parcialmente, nuestros esfuerzos para buscar seres extraterrestres con estas características, ya que incluso los aparatos mecánicos y electrónicos probablemente necesiten fuentes de energía y de materias primas. También pueden crear enormes proyectos de ingeniería en el espacio. Como consecuencia de todo lo anterior, es probable que debamos intentar detectar emisiones de radiación infrarroja de origen artificial, pues estas podrían delatar el calor residual de estas estructuras, algo que es prácticamente imposible de ocultar. Del mismo modo, deberíamos prestar atención a presuntas «violaciones» de las leyes de la física, ya que una supuesta civilización alienígena, de gran longevidad, podría disponer de la capacidad de alterar su entorno cósmico de manera profunda e inesperada. Por ejemplo, es posible que pueda modificar el clima en su planeta natal (suponiendo que todavía resida en su superficie), de forma que la nubosidad atmosférica podría presentar patrones inusuales. Es más, a diferencia de la búsqueda de biomarcadores más sencillos, nuestras iniciativas no deberían restringirse a los objetos habitables. Por el contrario, las proximidades de fuentes energéticas de alta intensidad (tales como estrellas muy calientes y grandes o incluso agujeros negros) pueden ser más prometedoras en este sentido.

El astrónomo Frank Drake, pionero y portavoz de los primeros esfuerzos para detectar formas de vida inteligente fuera de nuestro planeta, intentó a principios de la década de 1960 abordar de manera cuantitativa las numerosas incertidumbres involucradas en la estimación del número de civilizaciones capaces de realizar comunicaciones interestelares en la Vía Láctea. Para ello, formuló la ecuación que lleva su nombre y que permite calcular una probabilidad heurística. A pesar de que esta expresión no permite dar respuesta a los principales interrogantes para los que se diseñó en un principio, merece la pena examinarla a la luz de algunos de los avances que se han producido desde su presentación. Por desgracia, Drake falleció mientras escribíamos este libro, el 2 de septiembre de 2022.

La ecuación de Drake

La ecuación de Drake es el producto de una serie de probabilidades y adopta la siguiente forma (el significado de los distintos símbolos se describe a continuación):

$$N = R^* f_p \, n_e \, f_l \, f_i \, f_c \, L$$

N es la cantidad que se quiere estimar, el número que se espera encontrar de civilizaciones en nuestra galaxia con una tecnología que les permita realizar comunicaciones interestelares.

R* es la tasa promedio de formación estelar en la Vía Láctea.

$\mathbf{f_p}$ es la fracción de esas estrellas que tienen planetas a su alrededor.

$\mathbf{n_e}$ es la cantidad media de objetos por sistema planetario que tienen el *potencial* de que surjan y evolucionen seres vivos en ellos.

$\mathbf{f_l}$ es el porcentaje de cuerpos considerados en el apartado precedente en los que *de hecho* aparecen organismos.

$\mathbf{f_i}$ es la proporción de los anteriores que evolucionan hasta convertirse en criaturas *inteligentes.*

$\mathbf{f_c}$ es la fracción de estas que desarrollan la *tecnología* necesaria para realizar comunicaciones interestelares detectables.

L es el período de *tiempo* durante el cual estas civilizaciones emiten señales susceptibles de detección.

La primera de estas variables, R^*, se conoce desde finales de la década de 1960. Las estimaciones a este respecto se basan, sobre todo, en observaciones, como las emisiones en el ultravioleta que hay en la galaxia procedentes de estrellas jóvenes, y en censos estelares para diferentes intervalos de edad. En general, los distintos métodos empleados arrojan de manera consistente un valor de R^* de entre *uno y diez nacimientos al año.* El principal avance de la última década en este campo han sido las observaciones realizadas con el telescopio espacial Kepler, junto con otros aparatos, las cuales han permitido obtener evaluaciones bastante fiables de los dos factores siguientes en la ecuación de Drake. En efecto, el descubrimiento de más de cinco mil exoplanetas mediante una serie de técnicas (tránsitos, mediciones de la velocidad radial, microlentes gravitatorias, imágenes directas y otras, descritas en el capítulo 9) y el análisis estadístico realizado a partir de estos datos han permitido concluir que la fracción de estrellas alrededor de las cuales orbitan planetas, f_p, es del orden de la *unidad*, es decir, casi todas tienen objetos de este tipo a su alrededor. Por lo que respecta al número de estos en cada sistema con la capacidad de permitir la aparición y la evolución de seres vivos, n_e, los astrónomos lo suelen considerar equivalente al porcentaje de estrellas con cuerpos rocosos de tamaño similar al terrestre en la zona habitable. Cabe recordar que esta última región es el rango de distancias al astro central que permite la presencia de agua líquida en la superficie de un planeta. Con base, sobre todo, en los datos de Kepler, esta fracción es aproximadamente igual a 0,2 (en una estimación conservadora), es decir, hay objetos así en uno de cada cinco casos. No obstante, hay que insistir en que este valor está plagado de incertidumbres, las cuales podrían hacerlo aumentar o disminuir. Por ejemplo, ya se ha visto el caso en el sistema solar de algunos satélites de Júpiter y Saturno, que esconden vastos océanos bajo su capa externa, los cuales podrían, en teoría, albergar formas de vida. Sin embargo, ninguno de ellos se encuentra en la zona habitable del Sol, de modo que es posible que n_e sea más alto. Por otro lado, ya se ha mencionado que no está claro que los cuerpos en esta región alrededor de enanas rojas de tipo M puedan en realidad estar habitados, debido a una serie de factores nocivos, tales como las fulguraciones estelares y la sincronía orbital. Esto podría hacer que n_e descendiera.

No se dispone de información sobre la que realizar estimaciones fiables de f_l (la fracción de objetos potencialmente habitables en los que en realidad surgen formas de vida) ni de f_i (el porcentaje de los anteriores en los que aparecen criaturas inteligentes), ya que aún no se han descubierto organismos alienígenas. Algunos investigadores han señalado el hecho de que los seres vivos en la Tierra surgieron con relativa rapidez (apenas unos cientos de millones de años después de que la corteza se hubiera enfriado lo bastante como para presentar agua líquida) como demostración de que la abiogénesis (el proceso por el que la química se transforma en biología) debe de ser algo muy común. Sin embargo, un análisis estadístico detallado de la cuestión ha demostrado que no se puede llegar a esta conclusión a partir de un solo ejemplo conocido. La temprana aparición de microorganismos en nuestro planeta constituye un indicio de que estos *podrían* ser abundantes en la galaxia (si lo son también unas condiciones similares a las que había en la Tierra primigenia), pero este argumento no es concluyente y, además, no deja de ser consistente, desde un punto de vista estadístico, con una probabilidad intrínseca arbitrariamente baja. Por otro lado, es cierto que descubrir, aunque solo fuera un caso aislado, seres vivos independientes del linaje terrestre (una «segunda génesis») aportaría una evidencia mucho más sólida de que la abiogénesis no es un suceso extraordinariamente raro en el universo.

Como se verá más adelante en este mismo capítulo, algunos de los que se muestran más escépticos acerca de la existencia de seres extraterrestres inteligentes afirman que el desarrollo del cerebro humano implicó tantas contingencias y tantos acontecimientos improbables que las posibilidades de que algo así vuelva a suceder en un exoplaneta, f_i, son extremadamente bajas. Al mismo tiempo, hay quienes sugieren que, una vez que aparecen formas de vida, es prácticamente inevitable que estas evolucionen hasta lograr algún tipo de inteligencia.

Los dos últimos factores en la ecuación de Drake, f_c y L, se conocen aún peor. El primero de ellos, que representa la proporción de civilizaciones avanzadas que alcanzan un nivel tecnológico suficiente como para producir señales susceptibles de ser captadas, no está libre de ambigüedades, porque depende de la sensibilidad lograda por los aparatos de quienes reciben esa comunicación. Para que esta pueda ser *detectable*, hace falta que los seres que llevan a cabo la recepción alcancen ellos mismos un cierto grado de conocimiento técnico. A este respecto, solo se puede decir que, si los humanos transmitiéramos impulsos electromagnéticos con los medios más sofisticados disponibles en la actualidad, otras criaturas cercanas que hubiesen alcanzado una etapa comparable de desarrollo podrían, tal vez, detectarlos, aunque a duras penas.

Del mismo modo, tampoco se conoce *L*, el lapso durante el cual una civilización tecnológicamente avanzada puede emitir señales detectables. Varios analistas de la ecuación de Drake han afirmado, en ocasiones pasadas y por diferentes motivos, que este parámetro podría adoptar valores que van del milenio a los cien millones de años. La posibilidad de causar la propia extinción mediante el holocausto nuclear puede ser el argumento más sólido a favor de adoptar el límite más bajo. Por otro lado, el astrobiólogo David Grinspoon adujo que una vez que una especie se ha desarrollado lo suficiente es capaz de superar todas las amenazas a su supervivencia, por lo que podría subsistir durante un período ilimitado. Carl Sagan y el astrofísico soviético Iosif Shklovsky se mostraron optimistas al respecto y defendieron cantidades del orden de los cien millones de años. No obstante, los autores de este texto hemos de admitir que, aparte de hacer notar el hecho de que los humanos hemos sobrevivido hasta el momento como una civilización casi tecnológica durante menos de un siglo, no tenemos ni idea del valor que se debe adoptar para este factor. Sea como fuere, hay que decir que la manera de abordar esta cuestión puede haber sido errónea desde el principio. Si unas máquinas de origen no biológico van a dominar las civilizaciones avanzadas en el futuro, tal y como predicen los expertos en IA, entonces hay que revisar por completo el concepto que hay tras *L*, ya que las formas inorgánicas de inteligencia podrían, en teoría, subsistir y seguir adelante con la evolución durante miles de millones de años.

Dadas todas estas incertidumbres, intentar asignar valores concretos a los factores desconocidos en la ecuación de Drake y usarlos en el cálculo es solo un ameno pasatiempo. Los grandes avances logrados por la astronomía en las últimas tres décadas han permitido determinar con cierta seguridad que R^* es igual a 10, más o menos, que f_p está en torno a la unidad y que 0,2 es una estimación conservadora de n_e. El resto de los parámetros son poco más que conjeturas evaluadas a ojo de mal cubero. Supongamos que el porcentaje de planetas en los que surgen *de hecho* formas de vida (de aquellos que *podrían* albergarlas), f_ℓ se sitúa alrededor de 0,1. En cuanto a la fracción de estas que evolucionan hasta la aparición de criaturas inteligentes, seamos optimistas y atribuyámosle también a f_i algo similar a 0,1 (aunque muchos investigadores son escépticos a este respecto: por ejemplo, en la Tierra hubo límites geoquímicos que retrasaron la aparición de animales de gran tamaño durante cuatro mil millones de años). Se puede asumir con un poco más de seguridad que si una especie alcanza este logro, también conquistará la tecnología necesaria para las comunicaciones interestelares (aunque algunos de nuestros antepasados, como *Homo habilis, Homo erectus* y los neandertales no lo hicieron antes de extinguirse). Por lo tanto, y de manera muy optimista, pongamos que f_c es igual a 1. Como ya se ha señalado más arriba, no tenemos ni idea del valor de *L*. Ignoremos de momento la posibilidad de que surja una IA no biológica y examinemos lo que se obtiene al tomar los límites máximo (cien millones de años) y mínimo (un milenio). Con todos estos números, se obtiene la cantidad estimada de civilizaciones en la Vía Láctea que habrían conquistado la tecnología necesaria para las comunicaciones interestelares. Así:

$$N(\text{mín.}) = 10 \times 1 \times 0{,}2 \times 0{,}1 \times 0{,}1 \times 1 \times 1.000 = 20$$
$$N(\text{máx.}) = 10 \times 1 \times 0{,}2 \times 0{,}1 \times 0{,}1 \times 1 \times 100.000.000 = 2.000.000$$

Dada la inmensa incertidumbre en los valores de al menos tres de estos parámetros, esa cantidad se puede reducir con facilidad a 1 (lo que significa que estaríamos solos en la galaxia) o elevar a muchos millones (lo que implicaría que somos miembros de una comunidad galáctica bastante grande). En este sentido, la ecuación de Drake no logra mucho, aparte de poner de relieve nuestra ignorancia. Por supuesto, si se da por buena la predicción según la cual las civilizaciones tecnológicamente avanzadas en el universo serían sustituidas por máquinas inorgánicas (las cuales podrían sobrevivir sin dificultad durante miles de millones de años), entonces *N* podría ser aún mayor.

Ha habido intentos de modificar y mejorar de diversas maneras los parámetros en la ecuación. Por ejemplo, se ha dicho que la fracción de planetas habitables en los que surgen en realidad formas de vida no sería constante, sino una función del tiempo (ya que, por ejemplo, los elementos de mayor masa que podían formar planetas parecidos a la Tierra eran muy poco abundantes en las primeras etapas del universo). Sin embargo, estas sutilezas adicionales no consiguen superar la carencia subyacente de datos fiables.

A pesar de sus evidentes limitaciones, la ecuación de Drake se ha utilizado en los últimos años para alcanzar dos conclusiones relevantes. El astrofísico de la Universidad de Rochester Adam Frank y el astrónomo de la Universidad de Washington Woodruff Sullivan pusieron de relieve en 2016 la primera de ellas. Estos investigadores se hicieron la siguiente e intrigante pregunta: ¿cuántas civilizaciones tecnológicamente avanzadas habían existido a lo largo de *toda* la historia del universo? Al plantear el interrogante de esta manera, en lugar de intentar averiguar el número de las que son coincidentes en el tiempo con la nuestra, pudieron eliminar *L*, el factor altamente variable que refleja el lapso medio que podría durar una sociedad de ese tipo. Además, Frank y Sullivan, en su intento de responder a esta formulación alternativa de la cuestión, tuvieron el acierto de reunir en un solo múltiplo los tres primeros parámetros de la ecuación de Drake (que se conocen mediante observaciones astronómicas), de modo que este queda como sigue:

$$f = M f_p n_e$$

donde *M* es el número total de estrellas que se estima existen en el universo. Del mismo modo, combinaron el producto de los tres factores restantes (desconocidos) en uno solo:

$$U = f_l f_i f_c$$

En consecuencia, la nueva fórmula para la cantidad total *T* de civilizaciones tecnológicamente avanzadas que han existido en cualquier momento en el universo se reduce a la sencilla expresión:

$$T = \mathbf{fU}$$

en la que **f** es conocida gracias a observaciones astronómicas y **U** engloba todos los imponderables en la ecuación de Drake. En otras palabras, esta fórmula evalúa la probabilidad de que surjan formas de vida que evolucionen hasta dar lugar a criaturas inteligentes y que estas desarrollen una civilización avanzada desde el punto de vista técnico, lo que podría denominarse «probabilidad biotecnológica». Cuantitativamente hablando, se sabe a raíz de las observaciones astronómicas que hay cerca de cien mil millones de estrellas en una galaxia típica y, gracias al telescopio espacial Hubble (y a los datos iniciales de JWST), se ha podido averiguar que existe al menos un billón de estas en el espacio observable. Si se tiene todo esto en cuenta, la conclusión es evidente (tomando como antes $f_p = 1$ y $n_e = 0{,}2$): a no ser que la probabilidad biotecnológica sea inferior a uno entre veinte mil millones de billones ($2 \cdot 10^{22}$ en notación formal), *¡los seres humanos no seríamos la única especie en la historia del universo que ha desarrollado una civilización tecnológicamente avanzada!* Por supuesto, como no tenemos ni idea del valor de esa probabilidad biotecnológica, no es posible concluir en realidad, a partir de este hecho, que *deben* haber existido sociedades con esas características. No obstante, este sencillo ejercicio permite descubrir lo remota que tendría que ser esa posibilidad para que no haya habido otros casos parecidos al nuestro en los trece mil ochocientos millones de años transcurridos desde el nacimiento del cosmos.

El otro planteamiento interesante derivado de la ecuación de Drake se debe a la astrofísica del MIT Sara Seager. Esta propuso en 2013 una expresión que respondía a un concepto parecido, para estimar el número *N* de planetas con formas de vida detectables mediante biomarcadores gaseosos. Su fórmula alternativa es la siguiente:

$$N = N^* F_Q F_{HZ} F_O F_L F_S$$

donde los factores a la derecha de la igualdad representan, en orden consecutivo: el número de estrellas observadas en un cierto catálogo astronómico; la fracción de estas susceptibles de albergar sistemas planetarios (el subíndice *Q* se refiere a *quiet*, el vocablo en inglés con el que esta investigadora designó a los astros que no son variables y no dificultan la búsqueda de exoplanetas por ello); la proporción de los miembros de este subconjunto que tienen objetos rocosos en su zona habitable; el porcentaje de estos que puede ser observado en la actualidad; la fracción de los anteriores que albergan seres vivos (de cualquier tipo), y la de los que están habitados en realidad y presentan biomarcadores susceptibles de ser detectados.

En vista de los intensos esfuerzos que se realizan en la actualidad para encontrar formas de vida, Seager intentó evaluar estos parámetros para los instrumentos disponibles en este momento. Utilizó estimaciones basadas en las expectativas de localizar exoplanetas gracias a los datos de la misión TESS y de detectar biomarcadores mediante JWST. Se cree que el número de estrellas en el catálogo de TESS que son adecuadas en este aspecto ronda las treinta mil. De estas, se espera que en torno al 60 por ciento no varíe demasiado en magnitud, lo que quiere decir que los objetos que orbitan a su alrededor podrían ser detectados mediante el método de los tránsitos. Por otro lado, como ya se ha dicho antes, se sabe que la proporción de cuerpos rocosos en la zona habitable es del 0,2 (según un valor conservador) y que la de planetas que pasan por delante de su estrella (y que, por lo tanto, pueden ser descubiertos por TESS) se encuentra en torno al 0,1 para enanas rojas de tipo M, de los cuales solo el 1 por ciento tienen atmósferas susceptibles de ser observadas en detalle y descritas, al menos en parte, por JWST.

La multiplicación de estos números arroja un valor inicial de $N = 3{,}6\ F_L\ F_S$, donde estos dos últimos parámetros son tan desconocidos en la expresión de Seager como lo eran sus equivalentes en la de Drake. Si se adopta para F_L (el porcentaje de planetas que albergan seres vivos) la misma estimación que en el caso anterior (un optimista 0,1) y se asume (de nuevo, con mucho optimismo) que la proporción de estos en los que hay biomarcadores detectables mediante espectroscopía es también de 0,1, se obtiene la cantidad total de casos para los que la combinación de datos de TESS y de JSWT permitiría la detección de formas de vida. Resulta así la decepcionante cifra de ¡0,036! Este sencillo ejercicio permite ilustrar la magnitud del reto que representa la búsqueda de biomarcadores. Incluso con la unión de unos aparatos tan potentes como los mencionados hace falta tener mucha suerte para lograrlo. Por otro lado, la buena noticia es que la próxima generación de telescopios (tanto espaciales como terrestres) permitirá aumentar de manera significativa las probabilidades de conseguirlo.

Volviendo ahora al tema de las civilizaciones tecnológicamente avanzadas de seres extraterrestres, ya se observó en el capítulo 1 que la ausencia de pruebas de su existencia en la Vía Láctea supuso una gran sorpresa para el famoso físico Enrico Fermi. Tanto es así que su perplejidad dio nombre a la conocida *paradoja de Fermi*.

¿Dónde están?

Puede que Enrico Fermi fuera el último físico capaz de realizar tanto análisis teóricos originales y complejos como innovadores ensayos empíricos. En 1926, descubrió las leyes estadísticas (hoy en día conocidas como «estadística de Fermi-Dirac») que se cumplen en el caso de partículas tales como electrones y neutrinos, denominadas en la actualidad de manera colectiva como «fermiones». Tras el descubrimiento de la fisión nuclear (el proceso por el que el núcleo atómico de un elemento enorme se divide en dos de menor tamaño), se dio cuenta enseguida de que este suceso podía emitir neutrones libres, los cuales tenían la capacidad de iniciar una reacción en cadena. A raíz de esto, dirigió una serie de experimentos clásicos en laboratorios improvisados construidos en una pista de *squash*, situada bajo las gradas del estadio Stagg Field de la Universidad de Chicago. Este esfuerzo condujo con mucha rapidez a la primera fisión controlada. Sus trabajos sobre la radiactividad artificial y sobre las reacciones nucleares provocadas por neutrones lentos fueron galardonados con el premio Nobel de Física en 1938.

Como ya se ha apuntado de pasada en el primer capítulo, la anécdota que dio pie a la paradoja de Fermi ocurrió durante una visita veraniega que el científico italiano realizó al Laboratorio de Los Álamos en 1950. Al parecer, todo sucedió antes de un almuerzo con los también físicos Emil Konopinski, Edward Teller y Herbert York. El primero de ellos afirmó más tarde que cuando se dirigían al comedor intercambiaron bromas sobre una viñeta aparecida en la revista *The New Yorker*. En esta se veía a unos alienígenas que robaban cubos de basura de las calles de Nueva York. Más tarde, en medio de la comida, Fermi retomó de repente el tema con la pregunta que da título a esta sección, pero formulada de manera distinta: «¿Dónde está todo el mundo?». Expresaba así su sorpresa por la ausencia de indicios que apuntaran a la existencia de otras civilizaciones en la Vía Láctea. Este interrogante dio lugar al concepto que subyace tras la paradoja de Fermi. Como curiosidad, cabe señalar que el hecho de bautizar en su honor este dilema no es sino otro ejemplo de un fenómeno conocido como «ley de Stigler». Según esta, ningún descubrimiento recibe el nombre de quien hizo el hallazgo en primer lugar. En efecto, el visionario científico ruso y pionero del vuelo espacial Konstantin Tsiolkovsky había abordado este mismo asunto en un breve artículo, publicado ya en 1933. Es más, hasta creyó haber encontrado la solución a esta aparente contradicción: en su opinión, los extraterrestres habrían hallado a los humanos tan inmaduros que ni se habrían planteado un mero contacto y, ni de lejos, un encuentro.

Volviendo a la paradoja, lo cierto es que el desconcierto de Fermi estaba justificado. Incluso mediante los motores de propulsión química de los que dispone la humanidad en este momento (y con la ayuda de lo que se conoce como *asistencia gravitatoria*, que consiste en aprovechar la atracción de un objeto astronómico para cambiar la dirección de una nave espacial y aumentar su velocidad), sería posible alcanzar hasta los rincones más recónditos de nuestra galaxia en un plazo entre diez y cien veces menor que la edad de la propia Vía Láctea. Es más, el enigma de no haber encontrado hasta ahora huellas de civilizaciones avanzadas se hace todavía más profundo e inexplicable cuando se tiene en cuenta el hecho de que su tecnología no debió de quedarse estancada en nuestros lentísimos (relativamente hablando) cohetes. Por el contrario, es de esperar que hubieran logrado desplazarse por el espacio a una fracción significativa de la velocidad de la luz. No quedan ahí las cosas. El misterio es aún más irresoluble si se asume que alguna de estas sondas interestelares sería capaz, al menos en teoría, de replicarse a sí misma.

No se conoce a ciencia cierta la solución a la paradoja de Fermi. Sin embargo, a lo largo de los años transcurridos desde que el físico italiano formuló su célebre interrogante, se han sugerido más de un centenar de posibles respuestas. En cierto sentido, la más sencilla es, por supuesto, pensar que en realidad estamos solos en la galaxia y que no existen otras criaturas inteligentes capaces de desarrollar una tecnología o que este tipo de civilizaciones son tan poco habituales y distantes que la probabilidad de que se produzca un encuentro es prácticamente nula.

Uno de los primeros escépticos a este respecto fue el cosmólogo Brandon Carter, un distinguido físico teórico conocido por sus aportaciones en el campo de los agujeros negros y por formular el llamado *principio antrópico*, según el cual cabe esperar que las observaciones acerca de la estructura actual del universo, del valor que toman las constantes de la naturaleza y las leyes de la física, arrojen resultados acordes a los necesarios para la propia existencia del observador. Hace ya cuatro décadas, Carter planteó dudas sobre la posibilidad de que hubieran aparecido formas de vida extrasolares complejas o inteligentes. Su postura estaba basada en la aparente y curiosa coincidencia que se da entre el lapso que han empleado los organismos vivos terrestres en surgir y evolucionar hasta llegar a los humanos (unos cuatro mil millones de años) y la «ventana de oportunidad» que ofreció el Sol para este proceso. Según sus estimaciones, este período se extendería desde hace unos tres mil ochocientos millones de años, cuando el bombardeo por asteroides de nuestro planeta empezó a remitir, hasta dentro de unos ochocientos millones de años, momento en el que nuestra estrella alcanzará una temperatura tan elevada, como parte de su conversión en una gigante roja, que hará de la Tierra un mundo yermo. Por consiguiente, los seres vivos debieron de aparecer aquí con relativa rapidez (en términos astronómicos), porque de otro modo no habría dado tiempo a que surgieran los humanos antes de que se desvaneciera dicha oportunidad.

Hay que admitir que a primera vista la coincidencia (hasta un factor de dos) entre ambos intervalos (básicamente, la duración de la estrella central del sistema, nuestro Sol en este caso, y los miles de millones de años necesarios para la aparición de una especie inteligente en un objeto habitable, como la Tierra) es sorprendente. *A priori*, parecería que se trata de lapsos independientes por completo. El tiempo que tarda en producirse este último acontecimiento viene determinado por procesos químicos y biológicos en la superficie planetaria, mientras que el otro está regido por el combustible disponible para las reacciones de fusión nuclear que tienen lugar en su interior, por su luminosidad y por el equilibrio entre estos factores y la fuerza de la gravedad. A partir de esta inesperada concordancia, Carter afirmó ser capaz de demostrar que el plazo necesario para el primer desarrollo era *habitualmente* (es decir, casi siempre) mucho mayor que el concedido por las estrellas a los planetas de su zona habitable. Por lo tanto, las formas de vida dotadas de capacidades intelectuales avanzadas serían muy poco usuales. Según este argumento, la Tierra sería una de las poquísimas excepciones a esta regla.

A continuación, se ofrece una explicación muy breve de este razonamiento en términos meramente cualitativos. Consideremos dos escalas temporales. La primera de ellas se refiere a la aparición de formas de vida inteligente en la superficie de un exoplaneta. La otra, a la duración de la estrella central del sistema al que este pertenece. Si ambas son independientes por completo, la probabilidad de que sean del mismo orden de magnitud es muy remota. Por el contrario, cuando hay dos variables que no están relacionadas entre sí en modo alguno y que pueden adoptar valores dentro de un rango muy amplio, lo más probable es que una de ellas sea mucho mayor que la otra. No obstante, si *por lo general* el tiempo necesario para la primera fuera notoriamente más corto que el correspondiente a la otra, sería muy difícil encontrar una razón por la que ambos intervalos deberían ser coincidentes (hasta un factor de dos) *en el primer sistema* en el que se tiene constancia de que se cumple aquella (el solar). En lugar de eso, se debería constatar que la evolución había hecho surgir alguna especie dotada de capacidades intelectuales avanzadas cuando la edad de la Tierra era mucho menor (por ejemplo, de solo cien millones de años). Por otro lado, si *por lo general* el tiempo necesario para la primera variable fuera notoriamente más largo que el correspondiente a la otra (lo que querría decir que *habitualmente* no aparecen criaturas inteligentes durante la ventana de oportunidad ofrecida por la estrella), cabría *esperar* que ambos intervalos fueran casi iguales en el único caso en el que se sabe que hay seres con esa característica. Esto es así porque solo en las rarísimas instancias en que se diera esa equivalencia habría alguna posibilidad de que pudieran aparecer formas de vida inteligente (ya que el lapso necesario para el desarrollo de organismos así tiene que ser siempre menor o igual a la duración estelar). Por lo tanto, a partir de la similitud observada entre los dos períodos en el sistema solar, Carter llegó a la conclusión de que *habitualmente* no hay tiempo suficiente para que surjan civilizaciones tecnológicas. La Tierra sería un caso excepcional.

En un artículo publicado en 1999, uno de nosotros (Livio) se propuso analizar este razonamiento. Observó que, si se pudiese demostrar que el tiempo evolutivo aumenta al hacerlo la duración de la estrella, cabría *esperar* que los dos intervalos fuesen casi idénticos en el primer sistema en el que se sabe que existen organismos complejos. La razón es sencilla. La primera de estas variables no puede ser superior a la otra, ya que todas las formas de vida necesitan la luz estelar como fuente de energía. Al mismo tiempo, se sabe que el número de estrellas aumenta a la par que su longevidad (hay muchas más de baja masa y estas viven más tiempo). A raíz de esto, Livio utilizó un sencillo modelo para demostrar que ambos factores podían estar relacionados (al menos en teoría), en lugar de ser independientes por completo. Por ejemplo, la radiación ultravioleta incidente en el planeta podría provocar un aumento inicial en la proporción de oxígeno (y ozono) en su atmósfera, al descomponer las moléculas de agua. Por sus propiedades absorbentes, el ozono es necesario para proteger de los rayos en esa frecuencia a las incipientes criaturas pluricelulares de la superficie. De manera todavía más general, y como ya se ha visto en el capítulo 3, esta radiación desempeña un papel importante en los procesos relacionados con la aparición de los seres vivos. Lo que resulta determinante en este sentido es que la intensidad y el espectro de la luz emitida por la estrella dependen del tipo estelar, de su temperatura superficial y de su luminosidad (las mismas características que condicionan su duración). Por lo tanto, Livio sugirió que la pesimista conclusión de Carter sobre la ausencia de civilizaciones extraterrestres podría no ser cierta del todo. Es más, el elevado lapso que tardó la concentración de oxígeno en el caso de la Tierra en aumentar hasta los niveles adecuados para desempeñar esta función protectora (coincidentes por lo demás con los necesarios para satisfacer los requisitos energéticos de animales de gran tamaño) podría proporcionar una sencilla explicación al tardío surgimiento de organismos avanzados. El zoólogo británico Matthew Cobb llegó a la conclusión de que este retraso (de unos tres a cuatro mil millones de años) significa que no existe un impulso evolutivo significativo hacia la complejidad ni la pluricelularidad. Al igual que Carter, infirió que las especies inteligentes debían de ser muy poco habituales. Contrariamente a esta opinión, el requisito de una atmósfera rica en oxígeno sugiere que de hecho aparecieron seres complejos en la Tierra con mucha rapidez, una vez que lo permitieron los altos niveles de ese gas.

El astrofísico Milan Ćirković y sus colegas del Observatorio Astronómico de Belgrado plantearon otra objeción, de una naturaleza más fundamental, al argumento de Carter. Señalaron que, debido a varios fenómenos astrofísicos y planetarios potencialmente catastróficos para los seres vivos (tales como brotes de rayos gamma, explosiones de supernovas, episodios de glaciaciones globales, etc.), los dos lapsos manejados por Carter en su razonamiento (la duración estelar y el tiempo necesario para la aparición de criaturas inteligentes) no disponen de una definición particularmente buena, lo que hace que su análisis se vea debilitado de manera considerable.

Ya se ha mencionado aquí a otro escéptico de la existencia de formas de vida extrasolares, el cosmólogo, astrobiólogo y escritor Paul Davies. Su pesimismo parte de la convicción de que las leyes fundamentales de la física y la química son «indiferentes a la vida», es decir, en su opinión, no hay nada en ellas que privilegie a la *vida* como un estado final preferido o como un objetivo último. Es más, afirma que hasta el momento ni siquiera se ha propuesto «un argumento teórico convincente que demuestre la existencia de un principio universal según el cual la complejidad organizativa debe aumentar en todos los casos». Dicho de otro modo, Davies defiende que no hay nada que impida que un caldo caótico de productos químicos se mantenga en ese estado para siempre (¡aunque, como ya se ha visto, no es así como surgieron los seres vivos!). Por otro lado, él mismo se esforzó por otorgar un carácter más específico y probabilista a su escepticismo y propuso el siguiente argumento: supongamos que la aparición de un organismo requiere de una secuencia concreta de diez reacciones imprescindibles y muy precisas (él asume que este número subestima, si acaso, la cantidad real necesaria). Del mismo modo, supongamos que cada una de estas etapas tiene una probabilidad de producirse (durante el período en el que un exoplaneta es habitable) del 1 por ciento (de nuevo, un porcentaje que considera optimista). Entonces, la probabilidad combinada de que ocurra ese proceso es de uno entre cien trillones, indescriptiblemente remota. En ese caso, las posibilidades de que hubiera un segundo mundo habitado en nuestra galaxia (aparte de la Tierra) serían despreciables y ni siquiera la existencia estimada de cientos de millones de planetas con las condiciones adecuadas en la Vía Láctea podría cambiar este resultado. Según la sombría conclusión a la que llegaba Davies: «Es probable que seamos los únicos seres inteligentes en el universo observable y no me sorprendería en absoluto que el sistema solar contuviera la única forma de vida en el universo observable».

Los autores pensamos que las investigaciones actuales en el campo de la química prebiótica hacen que estas especulaciones sean prematuras. Como se ha indicado en los capítulos 2 al 5, los descubrimientos más recientes logrados por quienes se dedican a este tema parecen indicar que todo el enfoque desde el que se abordaba esta cuestión en las últimas cuatro décadas era erróneo. Los debates del tipo del huevo y la gallina tuvieron su origen en un planteamiento que daba por hecho que se debían encontrar maneras de construir las primeras células incorporando un subsistema (por ejemplo, el informativo, el metabólico, la compartimentación, etc.) a la vez, en un engranaje en el que cada uno de ellos sentaba las bases para la aparición del siguiente. Esto ha cambiado de forma drástica en los últimos años. La teoría actual y los resultados empíricos sugieren que se podrían obtener los componentes básicos de *todos* los subsistemas al mismo tiempo. Los trabajos en el laboratorio apuntan a que las protocélulas, a pesar de ser entidades muy complejas, podrían haber surgido a partir de una mezcla de sustancias dominada por los compuestos necesarios para los procesos vitales y no de las caóticas combinaciones generadas por el experimento de Miller-Urey, por ejemplo. En consecuencia, en lugar de suponer una sucesión de pasos consecutivos, ahora los científicos intentan esbozar una vía completa y coherente hacia los seres vivos que integre todos los datos obtenidos mediante estudios de química prebiótica, junto con las observaciones de la geología, las ciencias atmosféricas y la astrofísica. Esto no quiere decir que ya se conozca la probabilidad de que se dé ese desarrollo. Esta puede ser muy pequeña a pesar de todo, pero es prematuro asumir que es posible estimar su valor.

El físico y escritor John Gribbin coincide con Davies en la escasez de civilizaciones tecnológicamente avanzadas. Firmó un libro que lleva un título bastante deprimente en nuestra opinión: *Solos en el universo: El milagro de la vida en la Tierra.* En esta obra, procedía a enumerar una serie de propiedades del sistema solar (tales como las características del Sol, la presencia de un gigante gaseoso como Júpiter, etc.) y una larga lista de acontecimientos cósmicos sucedidos durante la existencia de la Tierra (entre otros, la formación de la Luna, a raíz de una colisión con un planetoide del tamaño de Marte, o el impacto con un asteroide que provocó la extinción de los dinosaurios), que a su juicio eran responsables en última instancia de la aparición de una especie singular e inteligente en nuestro planeta. Concluía el texto con una afirmación categórica: «Las razones por las que estamos aquí forman una cadena tan inverosímil que la posibilidad de que alguna otra civilización tecnológica exista en la Vía Láctea en la actualidad es remotísima. Estamos solos, y lo mejor es que nos hagamos a la idea».[9]

Tanto Davies como Gribbin expresaron sus motivos para creer en la escasez de seres inteligentes en la galaxia cerca de una década después de que el geólogo Peter Ward y el astrónomo Donald Brownlee publicaran su controvertida, bien documentada y sistemática obra *Rare Earth: Why Complex Life Is Uncommon in the Universe.* En ella, presentaron una larga lista de factores (desde la existencia de una tectónica de placas hasta la presencia de un satélite relativamente grande) y de contingencias muy improbables que en su opinión habían desempeñado un papel fundamental en la aparición de formas de vida compleja en la Tierra. Según su punto de vista, la conclusión era insoslayable: puede ser que los microbios sean comunes en el universo, pero es probable que los seres dotados de capacidades intelectuales superiores sean muy escasos. No obstante, debemos decir que los autores de este libro albergamos la sospecha de que Ward y Brownlee partieron de sus conclusiones y se dedicaron a buscar argumentos favorables a estas.

También es posible analizar esta cuestión a la luz de la ecuación de Drake. Si repasamos sus componentes en orden, lo cierto es que si cualquiera de sus últimos cinco factores, $n_e f_l f_i f_c$ L, adoptase un valor extremadamente bajo (o si lo hiciesen más de uno), el resultado sería la escasez de especies tecnológicamente avanzadas. A modo de ejemplo, en el capítulo 6 ya se ha mencionado que hay estudios que sugieren que los impactos de asteroides en la Tierra primigenia pudieron ser relevantes en la aparición de los seres vivos. La razón principal es que la interacción del núcleo caliente de hierro de los meteoritos con el agua pudo acelerar la acumulación de ácido cianhídrico, el cual, como se ha visto en el capítulo 3, fue crucial para la química prebiótica terrestre en lagos y sedimentos (sobre todo, en forma de ferrocianuro). Dado que la formación de un cinturón estable de asteroides y que el mecanismo que empujaba a sus integrantes a abandonarlo para dirigirse hacia nuestro planeta requirió (en nuestro caso) la presencia de dos gigantes gaseosos como Júpiter y Saturno, la ausencia de una disposición similar en otros sistemas estelares podría (en teoría) dar como resultado una menor probabilidad de que surjan formas de vida. No obstante, hay que aclarar que esto se trata solo de un ejemplo. No se sabe a ciencia cierta si las colisiones con rocas espaciales son en realidad un requisito indispensable en este desarrollo. Por otro lado, el período formativo de la Tierra debe de haber incluido una fase de bombardeo de intensidad gradualmente decreciente, con objetos relativamente grandes.

No obstante, los autores somos de la opinión de que, si es cierto que los humanos estamos solos en la Vía Láctea, esto no debe de ser solo porque los seres vivos no hayan conseguido *aparecer* en absoluto en otras partes, sino también porque el desarrollo de una especie inteligente y tecnológicamente avanzada, capaz de emitir señales susceptibles de detección, parece involucrar una serie de pasos con probabilidades bastante bajas de producirse. Baste decir a este respecto que ni siquiera está claro que una civilización así pudiera haber surgido en la Tierra de no haber sido por el fortuito impacto de un asteroide, hace unos sesenta y seis millones de años, que causó la extinción de los dinosaurios (y del 80 por ciento de todos los animales). Es más, se sabe que varios linajes primitivos de homínidos, los ancestros del *Homo sapiens*, se extinguieron mucho antes de desarrollar una tecnología más sofisticada que unos cuantos utensilios toscos y rudimentarios.

Otra posible solución a la paradoja de Fermi, aún dentro de la categoría general del «estamos solos», es que la *duración* de las civilizaciones tecnológicas, representada por el factor *L* en la ecuación de Drake, sea muy baja. Esto podría ser el resultado de catástrofes autoinducidas (como el exterminio nuclear) o de acontecimientos cósmicos de origen natural. No obstante, nos parece que esto es poco plausible. Es innegable que el holocausto atómico u otro desastre biotecnológico (como una pandemia fuera de control) podrían acabar con nuestra sociedad actual. Sin embargo, es menos probable que este tipo de cataclismos provocase la extinción completa de la especie. Además, es difícil creer que este sea el destino de *todas* las criaturas avanzadas en la galaxia. Del mismo modo, el impacto de un asteroide de gran tamaño o la explosión de una supernova cercana podrían tener efectos devastadores sobre cualquier forma de vida. Sin embargo, es de suponer que unas mentes excepcionalmente adelantadas (de existir) habrían desarrollado mecanismos adecuados para mitigar estos riesgos y defenderse de ellos. A este respecto, cabe mencionar la misión DART (acrónimo en inglés de Prueba de Redireccionamiento de un Asteroide Binario) de la NASA, que en septiembre de 2022 demostró que la colisión de una sonda del tamaño de un carrito de golf en una roca con el diámetro de un campo de béisbol (llamada *Dimorphos*) podía alterar su órbita. Por cierto, esta fue la primera ocasión en que los humanos modificamos a propósito la trayectoria de un objeto celeste, a la par que constituyó una pionera comprobación práctica de la tecnología para desviar asteroides.

Hay otra objeción, de naturaleza más filosófica, que los autores de este libro podemos oponer a las soluciones de la paradoja de Fermi basadas en la idea de que «estamos solos». El hecho de que seamos científicos no nos libra de las opiniones subjetivas ni nos hace inmunes a los sentimientos. En este sentido, pensamos que afirmar que ocupamos el único rincón habitado de la galaxia es bastante arrogante y demasiado antropocéntrico. Dicha creencia, sin evidencias observacionales ni pruebas empíricas convincentes que la respalden, pudo tener su lugar en la historia de la psicología humana previa a la revolución científica, pero no una vez que se produjo esta. En la actualidad, nos sentimos más inclinados a adoptar una postura más humilde, conocida como *principio de Copérnico.*

El astrónomo Nicolás Copérnico afirmó en el siglo XVI que la Tierra no se encuentra en el centro del sistema solar. En caso de que alguien se lo pregunte, hay razones de peso para elevar su modelo, que en primera instancia fue propuesto solo para explicar sus observaciones del firmamento, a nivel de *principio.* En efecto, en los siglos transcurridos desde que sus ideas fueron publicadas, parece que este aleccionador concepto (según el cual los humanos no ocupamos un lugar especial en el esquema cósmico de las cosas) ha sido respaldado en repetidas ocasiones por una larga serie de descubrimientos de gran calado.

En primer lugar, Charles Darwin demostró que nuestra especie no ocupa la cúspide de la creación, sino que solo somos un producto ordinario de la evolución por medio de la selección natural. Después, el astrónomo Harlow Shapley concluyó a principios del siglo XX que el sistema solar no se encuentra en el centro de la Vía Láctea. De hecho, se halla desplazado de este, a casi dos tercios del radio galáctico hacia el borde, en un barrio de las afueras. En tercer lugar, y como ya se ha indicado, las estimaciones más recientes, basadas en los hallazgos de exoplanetas, sitúan el número de los objetos de tamaño parecido a la Tierra en la zona habitable de sus sistemas en los cientos de millones, como poco. Por último, el astrónomo Edwin Hubble (que dio su nombre al telescopio espacial homónimo) demostró, ya en 1924, que existen otras galaxias aparte de la nuestra. Es más, estudios recientes del universo observable han estimado su cantidad en torno a la friolera de los dos billones. Ni siquiera la materia de la que estamos hechos (que es *bariónica*, es decir, ordinaria) parece representar más del 5 por ciento de los componentes del universo, mientras que el resto del cosmos incluye la *materia oscura* (que no emite ni absorbe luz alguna) y la *energía oscura* (que está presente en todo el espacio). Por si esto fuera poco, muchos físicos teóricos han especulado en los últimos años con la idea de que toda la realidad podría no ser sino una más de una enorme cantidad de posibilidades, un *multiverso*.

De esta manera, el principio de Copérnico aconseja el ejercicio de la humildad y sugiere que, desde un punto de vista exclusivamente físico, no somos sino una mota de polvo en la infinidad del espacio, más que una especie singular, lo bastante privilegiada como para poseer la única civilización tecnológicamente avanzada de toda la galaxia. En consecuencia, los autores no estamos dispuestos (por lo menos, de momento) a dar por buena la solución de que «estamos solos», a no ser que surja alguna evidencia concreta e inapelable que demuestre lo contrario.

Se han propuesto ideas de dos tipos más para responder a la paradoja de Fermi. Una amplia categoría de soluciones afirma que las civilizaciones extraterrestres han debido de visitarnos en el pasado o, incluso, aunque sea difícil de creer, que están aquí ahora mismo. Hasta la fecha, carecemos por completo de evidencias irrebatibles para defender esta hipótesis, pero es cierto que sería difícil refutar varios de los escenarios aducidos a este respecto. Por ejemplo, unos cuantos científicos, como el astrofísico Fred Hoyle y los biólogos Francis Crick y Leslie Orgel, han defendido la teoría de la *panspermia* (según la cual microbios y extremófilos procedentes del espacio habrían dado lugar a los seres vivos terrestres). No obstante, esta propuesta es bastante poco satisfactoria, porque no hace sino remitir la pregunta sobre el origen de las formas de vida a un entorno planetario anterior y desconocido. La razón por la que esta hipótesis podría ser relevante para responder a la paradoja de Fermi es que Crick y Orgel especularon con la idea de que este fenómeno podría haber sido deliberado, lo que significaría que la vida en la Tierra fue traída hasta aquí por alguna especie alienígena avanzada. Una de las maneras de comprobar esta clase de conjeturas sería buscar con más intensidad artefactos extraterrestres ocultos en el sistema solar. Más adelante se mencionarán algunos intentos en este sentido.

Un segundo tipo de respuestas es aún más radical y parece imitar el argumento de una película distópica de ciencia ficción de la saga *Matrix*. En pocas palabras, plantea que la humanidad, y tal vez incluso todo el universo observable, se halla atrapada sin saberlo en una simulación, diseñada y controlada por alguna civilización hiperavanzada. No hay modo alguno de demostrar la falsedad de una hipótesis así, pero darla por buena no ayuda en nada a la hora de averiguar el origen de los seres vivos, del mismo modo que la creencia en la panspermia o en la creación divina.

El último grupo de soluciones propuestas a la paradoja de Fermi parte de suponer que existen las civilizaciones tecnológicamente avanzadas, pero que todavía no hemos sido capaces de descubrirlas. Este presunto fracaso puede ser debido a que estos seres no tendrían interés real en divulgar su presencia (o tal vez incluso impidan de manera deliberada su detección) o a la inadecuación de nuestros aparatos o de nuestros métodos, que no habrían alcanzado todavía un nivel lo bastante elevado de desarrollo como para permitir este descubrimiento. Por ejemplo, puede ser que busquemos en los lugares incorrectos (criaturas extrasolares basadas en la IA podrían no estar limitadas a los planetas), que usemos técnicas inadecuadas (a lo mejor estos alienígenas ya no utilizan lo que para ellos sería la anticuada emisión de ondas de radio) o que simplemente seamos incapaces de identificar y descifrar las señales de unas mentes muy superiores a la nuestra. De las tres categorías generales que se han considerado hasta el momento de posibles soluciones a la paradoja de Fermi («estamos solos», «están aquí», «existen, pero todavía no los hemos encontrado»), esta es la que nos parece la más plausible. Dado que la tecnología se desarrolla con rapidez una vez descubierta y suponiendo que las civilizaciones avanzadas en este aspecto no sean en realidad ubicuas, la probabilidad de que alguna de ellas se encuentre en una etapa similar a la nuestra es relativamente baja. Por el contrario, es de suponer que ambas estarán separadas cientos, o incluso miles, de millones de años en lo que respecta a su habilidad técnica. En ese caso, y puesto que somos una especie relativamente joven en este terreno, es de esperar que seamos nosotros los que nos encontremos muy atrasados. Si, tal y como sugieren los gurús de la IA, fuese cierto que la inteligencia pasa a estar dominada por máquinas pensantes tras una fase relativamente breve de predominio biológico, incluso la premisa subyacente a la paradoja de Fermi podría ser errónea. Esta surgió a raíz de dar por sentado que todos los seres dotados de capacidades intelectuales superiores son expansionistas y se esforzarían por alcanzar todos los rincones de la galaxia. Sin embargo, de ser ciertas las anteriores predicciones, se modificarían por completo las implicaciones de la ecuación de Drake, por un lado, y, por el otro, puede que surjan soluciones novedosas a la paradoja de Fermi. Respecto a la primera, es posible que las culturas construidas por criaturas de carne y hueso tengan una duración muy breve, pero las máquinas podrían ser casi inmortales. Además, dado que estas no habrían evolucionado mediante selección natural (que privilegia la supervivencia del más apto), es posible que no estuviesen dotadas de las mismas tendencias agresivas que caracterizan a los humanos. Por ejemplo, tal vez no pretendan en absoluto colonizar toda la galaxia y, de este modo, no sería válido el argumento de Fermi respecto a su inexistencia. Tal vez, esta especie muy superior a la nuestra lleve una vida de estudio e introspección. Hasta donde sabemos, puede que se contenten con permanecer en su lugar de origen y considerar maneras de mejorar su mundo.

¿Qué consecuencias tendría la detección de un tecnomarcador? No cabe duda de que las repercusiones serían muy diferentes dependiendo de la presunta fuente de esta señal. Por ejemplo, una emisión cuyo origen se pudiese atribuir a un exoplaneta concreto nos indicaría la ubicación física de una civilización alienígena, con todas las implicaciones que puede llevar asociadas un descubrimiento así (como la posibilidad de entablar una comunicación). Por el contrario, si esta atribución fuese imposible y, además, la transmisión estuviese codificada, más allá de nuestra capacidad de comprensión, solo se derivarían aspectos más bien filosóficos de la misma, en vez de efectos prácticos inmediatos (por ejemplo, en lo que atañe a nuestra autoestima o a nuestras creencias religiosas).

12

A la caza de la inteligencia. La búsqueda

> Yo, por mi parte, no estoy tan impresionado por el éxito que estamos teniendo aquí con nuestra civilización como para estar dispuesto a pensar que somos el único lugar de este inmenso universo que contiene criaturas vivas y pensantes.
>
> WINSTON CHURCHILL,
> «¿Estamos solos en el universo?»

En 2016, uno de nosotros (Livio) visitó el Museo Nacional Churchill de Estados Unidos en Fulton (Misuri) y el director del centro, Timothy Riley, puso en sus manos un ensayo mecanografiado de Winston Churchill. Para su asombro, pudo comprobar que este breve texto de once páginas, titulado «¿Estamos solos en el universo?», contenía las clarividentes reflexiones del estadista británico acerca de la existencia de formas de vida extraterrestre. Parece ser que su autor completó el primer borrador en 1939, tal vez para el dominical londinense *News of the World*, en una fecha en que Europa se encontraba al borde de la guerra. Realizó algunas modificaciones a finales de la década de 1950, durante una estancia en el sur de Francia en la villa de su editor, Emery Reves. La esposa de este, Wendy Reves, entregó el manuscrito a los archivos del museo en la década de 1980. Riley asumió la dirección de esta institución en mayo de 2016 y descubrió el original, que nunca llegó a publicarse, entre sus fondos. La cita que encabeza este capítulo procede de ese intrigante escrito. Churchill añadió, con un toque sarcástico, que no creía que fuésemos «la clase más elevada de desarrollo mental y físico que jamás haya surgido en las inmensidades del tiempo y el espacio».

Muchas personas piensan así hoy en día, pero especular sobre este asunto es una cosa y otra muy distinta es demostrar que existen civilizaciones tecnológicamente avanzadas (sean de origen biológico o basadas en la IA). A continuación, se describirán con brevedad algunos de los intentos que han tenido lugar hasta el momento de hallar tecnomarcadores y se examinarán las propuestas de los pasos que dar a continuación.

Búsquedas electromagnéticas

Hasta la fecha, gran parte de los esfuerzos para detectar tecnomarcadores se han centrado en la búsqueda de señales de radio. Las principales razones son sencillas: la radiación electromagnética se desplaza a la velocidad de la luz, es relativamente fácil (y barata) de emitir y recibir y es el tipo de ondas que emplean nuestros propios aparatos de televisión y nuestros transistores. Al mismo tiempo, dado que no se conocen las frecuencias que podrían emplear estos seres extraterrestres, ni la naturaleza, la dirección ni el momento de sus comunicaciones, los intentos anteriores de localizar estas transmisiones hicieron algunas conjeturas al respecto. Por ejemplo, igual que en el caso de las formas de vida en general se ha adoptado el principio del «rastro acuático», en el frente tecnológico se ha dado prioridad al llamado «agujero del agua», el intervalo situado entre los 1,4 y los 1,7 gigahercios (los átomos de hidrógeno emiten en los 1,42 GHz y los iones hidróxido en los 1,67 GHz). Del mismo modo, una civilización avanzada podría detectar la presencia de organismos en otros mundos mediante análisis espectroscópicos de los tránsitos, por lo que se ha sugerido que también podría anunciar su propia existencia (suponiendo que quiera hacerlo y que aún habite la superficie de un planeta) cuando pasen por delante de la estrella central de su sistema. Ni que decir tiene que se ha prestado especial atención a los objetos situados en la zona habitable (incluido el conocido TRAPPIST-1).

Muchos de los esfuerzos realizados en el radio hasta la fecha han sido llevados a cabo por las diversas encarnaciones de los proyectos SETI, cuya versión moderna fue promovida por el astrónomo Frank Drake, conforme a las originales y estimulantes propuestas de los físicos Giuseppe Cocconi y Philip Morrison. Para ello, se han empleado observaciones en estas longitudes de onda, tales como las realizadas por el radiotelescopio de Green Bank, el Complejo Allen de Radiotelescopios, el Complejo Muy Grande Jansky, el Complejo Murchison de Campo Ancho y el LOFAR (acrónimo en inglés de Matriz de Observación de Baja Frecuencia). ¿Qué se ha descubierto? Por desgracia, nada hasta el momento, es decir, no se han detectado emisiones persistentes en las frecuencias utilizadas dentro de los límites observables. Sin embargo, el número de estrellas o sistemas estelares estudiados de forma metódica es todavía muy pequeño en comparación con la cantidad total de candidatos que hay en la galaxia, de manera que los datos son insuficientes para extraer conclusiones razonables. Ya de paso, cabe mencionar que la cara oculta de la Luna sería una ubicación perfecta para una instalación de estas características, ya que estaría prácticamente libre de contaminación debida a transmisiones de origen humano y, por tanto, alcanzaría una sensibilidad sin precedentes. En todo caso, ya se han construido y se siguen construyendo aparatos en la Tierra dedicados a investigaciones cosmológicas, con el objetivo de detectar emisiones de hidrógeno de las etapas iniciales del universo. Lo que pasa es que el rango de frecuencias empleado por estos instrumentos es exactamente el mismo que el utilizado por nuestras comunicaciones por radio. Por consiguiente, estos observatorios (terrestres, pero más aún en la cara oculta de la Luna) serían capaces de percibir (en teoría) los residuos de las transmisiones de este tipo procedentes de civilizaciones alienígenas similares a la nuestra.

Sea como fuere, una detección de 1977 produjo tanto entusiasmo en un primer momento que hasta recibió su propia denominación: la señal *Wow!* Esta fue registrada el 15 de agosto de 1977 en el radiotelescopio Big Ear de la Universidad Estatal de Ohio, dentro del proyecto SETI. El astrónomo Jerry Ehman la descubrió entre los datos unos días más tarde y escribió la interjección que le da nombre en las hojas impresas con los resultados del ordenador. Esta consistió en una emisión de banda muy estrecha cerca de los 1,4 GHz del hidrógeno, con una intensidad muy superior al ruido de fondo. Por desgracia, todos los intentos de captarla de nuevo han fracasado, a pesar de que se han realizado múltiples esfuerzos en este sentido (el más reciente de ellos fue el llevado a cabo en 2022 por el programa Breakthrough Listen, véase la descripción más adelante). En vista de esta incapacidad, los investigadores han llegado al consenso de que la señal *Wow!* no constituye un tecnomarcador genuino.

En 2022, astrónomos chinos detectaron con el Telescopio Esférico de Quinientos Metros de Apertura (FAST) una señal de radio que en principio podía proceder de una civilización extraterrestre, porque se observó en un ancho de banda muy estrecho en torno a los 1.140,604 MHz. Es más, parecía proceder de un exoplaneta rocoso llamado Kepler 438b, que se halla en la zona habitable de una enana roja. No obstante, al igual que en casos anteriores, fue descartada con rapidez y atribuida a interferencias de radiofrecuencias (IRF) procedentes de la Tierra. Los científicos llegaron a la conclusión de que, «aunque todavía no hemos determinado la causa exacta de esta señal, sus características de polarización sugieren que lo más probable es que se trate de una IRF».

El 20 de julio de 2015 se anunció una novedosa iniciativa que supone el intento más ambicioso en este terreno hasta la fecha: el programa conocido como Breakthrough Listen, que se puso en marcha en enero de 2016. El proyecto tiene previsto analizar el millón de estrellas más cercanas al Sol, así como el centro de la Vía Láctea, e incluso «escuchar» las cien galaxias más próximas a la nuestra, en busca de potenciales mensajes. Se inició con el apoyo económico del empresario Yuri Milner, que donó para ello cien millones de dólares, y pudo disponer de miles de horas de observación en los radiotelescopios de Green Bank, en el hemisferio norte, y de Parkes, en el sur.

No obstante, en los resultados publicados hasta 2022, no se habían encontrado tecnomarcadores confirmados, a pesar de lo cual el observatorio de Parkes detectó una intrigante señal en abril y mayo de 2019, en los 982,002 MHz. Esta parecía provenir de Próxima Centauri, la estrella más cercana al Sol y cuyo sistema estelar comprende al menos dos planetas, uno de los cuales es rocoso. Además, se observó que su longitud de onda se desplazaba levemente, de un modo que era coherente con el efecto Doppler de un objeto en órbita, pero inconsistente con el movimiento de los cuerpos conocidos en torno a Próxima Centauri. Fue bautizada como Breakthrough Listen Candidate 1 (BLC1), lo que sin duda es un reflejo de las esperanzas que albergaban los investigadores. Sin embargo, científicos veteranos en estas lides consideraron que su origen más probable era también algún tipo de interferencia de radiofrecuencias terrestres. Intentos posteriores no lograron hallarla de nuevo a finales de 2020 y, tras nuevos análisis en 2021, el equipo del proyecto llegó a la conclusión de que «BLC1 no es un tecnomarcador alienígena, sino más bien una distorsión por intermodulación que se desplaza electrónicamente, producto de elementos causantes de interferencias, de naturaleza local y variable con el tiempo, alineados con la cadencia de observación».

Un segundo tipo de señal electromagnética que ha sido objeto de búsqueda son los rayos láser colimados (es decir, que mantienen su forma a gran distancia) en el óptico y, en menor medida, en el infrarrojo. La idea es que una civilización tecnológicamente avanzada podría preferir el empleo de esta herramienta en sus comunicaciones interestelares. Sin embargo, en este caso, no se intentarían detectar pulsos de larga duración, sino que los estudios se han centrado, sobre todo, en los más breves. Para decepción generalizada, y a pesar de que media docena de trabajos han analizado más de veinte mil estrellas, no se han encontrado evidencias de emisiones de esta clase.

Dos de los objetos sometidos a este tipo de análisis merecen una mención especial aquí, a pesar de contar con nombres más bien insulsos: se trata de HD 139139 y KIC 8462852. El primero de ellos es una estrella similar al Sol, se halla a unos trescientos cincuenta años luz de nosotros y lo más probable es que forme parte de un sistema binario, con una enana roja como compañera de la componente principal. Destaca por sus «tránsitos aleatorios», ya que su luminosidad decrece a menudo (hasta en 28 ocasiones en un plazo de ochenta y siete días), de un modo similar a como lo haría a causa del paso de un planeta similar a la Tierra, excepto por el hecho de que los descensos no parecen ser periódicos. Como es natural en estos casos, se convirtió enseguida en blanco de quienes buscaban tecnomarcadores. En concreto, el proyecto Breakthrough Listen la observó con el radiotelescopio de Green Bank, pero no detectó ninguna señal.

El segundo de estos objetos, KIC 8462852, se conoce también como «estrella de Tabby» o «de Boyajian», en honor a la astrónoma Tabetha S. Boyajian, autora principal de un artículo de 2015 en el que se anunciaba el descubrimiento de sus irregulares fluctuaciones de luminosidad. Estas oscilaciones pueden suponer una reducción de hasta el 22 por ciento de su brillo y se han propuesto numerosas explicaciones para este peculiar comportamiento, aunque ninguna de ellas se considera satisfactoria por completo. Algunas de las hipótesis formuladas a este respecto van desde fragmentos resultantes de la destrucción de algún satélite arrancado de su planeta de origen, hasta descomunales estructuras eclipsantes construidas por alguna civilización alienígena, como una esfera de Dyson (una envoltura estelar diseñada para capturar una fracción considerable de la energía emitida por una estrella). No obstante, la búsqueda de señales ópticas y de radio procedentes de inteligencias extraterrestres en el período 2015-2017 no detectó nada en torno a KIC 8462852 que pudiera estar relacionado con aparatos de ningún tipo. El proyecto Breakthrough Listen también examinó este astro en 2019 con ayuda del Buscador de Planetas Automatizado del Observatorio Lick, pero solo obtuvo resultados negativos en lo que se refiere a pulsos de láser.

La ausencia de resultados positivos hasta el momento puede parecer desalentadora, pero hay que darse cuenta de que, dejando aparte el hecho de que no se sabe a ciencia cierta dónde ni cómo buscar, la fracción de la Vía Láctea alcanzada por nuestras propias emisiones electromagnéticas no supera ni el 1 por ciento de la misma. Para contar con mejores posibilidades de éxito, deberíamos esperar a que nuestras señales llegaran al menos a la mitad de los exoplanetas candidatos a albergar seres vivos, antes de esperar algún tipo de respuesta. Esto sitúa el momento más probable para la recepción de un mensaje en esta frecuencia de otra civilización de nuestra galaxia (suponiendo que exista y que utilice esta clase de tecnología) dentro de mil quinientos años. Además, existe la innegable posibilidad de que unas criaturas avanzadas consideren que la comunicación por radio (en el óptico o en el infrarrojo) es algo arcaico. De hecho, puede que el uso de estos aparatos haya sido efímero en la mayoría de los casos y, por lo tanto, que sean muy poco habituales en el presente en vastas regiones galácticas y cósmicas.

El interrogante que se plantea entonces es si existe algún tecnomarcador genérico que se pueda anticipar. Al menos en teoría, el consumo energético puede ser un rasgo distintivo de cualquier civilización tecnológicamente avanzada y el calor residual emitido parece ser prácticamente imposible de ocultar. En este sentido, es plausible que una de las fuentes más duraderas disponibles para unos seres muy desarrollados sea la radiación estelar. De este modo, una especie alienígena muy poderosa podría construir unas estructuras colosales denominadas esferas de Dyson para recolectar la energía de una estrella, de muchas o incluso de toda una galaxia. Otra posible fuente en este sentido es la fusión controlada del hidrógeno para formar núcleos de elementos más pesados. La humanidad inició investigaciones para lograr esta proeza en la década de 1940, pero no se confirmó una ligera ganancia neta de potencia (es decir, el dispositivo empleado produjo más energía de la que consumió) hasta 2024. Sea como fuere, tanto en este caso como en el anterior, las emisiones térmicas residuales y su huella en el infrarrojo medio, susceptible de ser observada, son resultados inevitables del funcionamiento de estos aparatos. La cuestión es que, incluso con la mayor eficiencia que cabe esperar en unos instrumentos tan sofisticados, la segunda ley de la termodinámica garantiza que algunos procesos son irreversibles. Una de las preocupaciones que suscita el empleo de estos métodos de búsqueda es que la señal debida al polvo que rodea la estrella podría enmascarar cualquier presunta detección en este sentido. A este respecto, se alberga la esperanza de que las fuentes naturales sean distinguibles, mediante espectroscopía, de las artificiales.

En 2015, se publicaron los resultados del mayor catálogo galáctico realizado hasta la fecha por el satélite Explorador de Infrarrojos de Campo Amplio (WISE, por sus siglas en inglés). Los investigadores en esta misión, dirigidos por el astrónomo Roger Griffith, de la Universidad Estatal de Pensilvania, examinaron unos cien mil objetos en busca de emisiones de gran intensidad en el infrarrojo medio (IRM). Pues bien, no hallaron ni uno solo en esa muestra que pudiera albergar una civilización alienígena que procesara del modo antes indicado más del 85 por ciento de la luz estelar en esa frecuencia y solo cincuenta ejemplares con magnitudes en el IRM congruentes con más del 50 por ciento de procesamiento. Tal vez lo más interesante fuera la identificación de cinco galaxias espirales pasivas que combinaban una alta luminosidad en esa longitud de onda con una muy baja en el ultravioleta cercano (UVC), de un modo que era inconsistente con la expectativa de elevadas tasas de formación estelar. No obstante, lo habitual es que el brillo en el UVC siga de cerca a esta última, ya que esta parte del espectro está dominada por estrellas jóvenes, mientras que el IRM es un reflejo de la masa total, porque aquí predominan los astros más pequeños, mucho más abundantes. En todo caso, no se ha descartado una explicación más prosaica para estas observaciones, como podría ser la presencia de grandes cantidades de polvo en el interior galáctico. Sea como fuere, estos objetos peculiares merecen estudios más detallados (tanto en lo que respecta a la búsqueda de seres inteligentes como a la astronomía convencional), antes de llegar a conclusiones precipitadas acerca de si estos indicios constituyen la firma de una especie dominante en la galaxia. Estos intrigantes hallazgos subrayan el hecho de que las iniciativas que pretenden encontrar criaturas extraterrestres dotadas de capacidades intelectuales superiores requieren muchos datos y a menudo conducen a descubrimientos científicos relevantes, aunque no estén relacionados con el objetivo inicial de la detección de tecnomarcadores.

Se han realizado muchas otras sugerencias acerca de lo que constituiría una huella indicativa de la presencia de una civilización tecnológicamente avanzada. Por ejemplo, diversas formas de contaminación atmosférica procedente de la industria, isótopos radiactivos con vidas medias muy cortas y quizá incluso un calentamiento global debido a los factores anteriores. Los autores pensamos que ninguno de estos aspectos ofrece una probabilidad de detección particularmente elevada, porque todos ellos son transitorios por necesidad. Básicamente, es de esperar que criaturas inteligentes sean capaces de resolver estos problemas o que se extingan a causa de ellos.

En el capítulo 10, se consideró con brevedad la posible existencia de especies no biológicas. Se observó allí que no cabe duda de que hay límites químicos y metabólicos al tamaño y a la capacidad de procesamiento de los cerebros orgánicos, pero que esas mismas barreras no tienen relevancia en el caso de los ordenadores cuánticos (ni siquiera de los convencionales). Eso quiere decir que la potencia y la idoneidad intelectuales de esos órganos serán superadas en la Tierra casi con toda seguridad por alguna forma de IA, dado que esta se encuentra en una etapa muy incipiente de su desarrollo. La única duda es el momento en que se producirá este acontecimiento. El científico informático Ray Kurzweil y otros visionarios creen que la «singularidad» (el dominio de la IA) es solo cuestión de unas pocas décadas. No obstante, incluso si tarda varios milenios en producirse, esto es un suspiro comparado con el tiempo que necesitó la evolución para la aparición de los humanos. Lapsos como estos no son sino un abrir y cerrar de ojos en términos de la duración de una estrella de masa similar a la del Sol, en cuyo entorno podría surgir una civilización tecnológicamente avanzada. Todo esto quiere decir que, al menos en teoría, nuestra especie podría ser muy inferior en cuanto a habilidades mentales a una raza alienígena muy desarrollada desde el punto de vista técnico.

Como ya se ha observado, el tema de la consciencia plantea otra importante cuestión. Investigadores y filósofos no han zanjado aún el debate de si se trata de una propiedad *emergente* (que en última instancia adquirirán todos los sistemas de computación lo bastante complejos para ello) o si es algo asociado en exclusiva a los cerebros orgánicos. En este caso, no importaría lo «inteligentes» que pudieran llegar a ser las máquinas, lo más probable es que no las consideráramos sino zombis filosóficos, carentes de la percepción de sí mismas y del medio que las rodea. No cabe duda de que encontrar seres así sería interesante por derecho propio, pero constituiría un hallazgo algo menos fascinante que la alternativa. Por otra parte, es casi seguro que el diseño de mecanismos robóticos eficaces a la hora de llevar a cabo tareas generales en el mundo real requerirá que sus circuitos modelen su entorno, a la par que vigilan sus estados internos. Esto tiene el potencial de conducir a la aparición espontánea y no deliberada de la consciencia. La cuestión de la forma en que podrían surgir deseos y valores de esta manera en dispositivos robóticos e informáticos es todavía más desconcertante y significativa. Después de todo, ¿por qué exploraría la galaxia una IA (o se ocultaría en ella) si careciera de la voluntad de hacerlo?

En relación con la búsqueda práctica de tecnomarcadores, la posibilidad de que las máquinas sustituyan al género humano introduce otro factor relevante. Se ha dicho con anterioridad que las criaturas orgánicas necesitaron una superficie planetaria (y un disolvente) para que se produjeran las reacciones que dieron lugar a su aparición. Sin embargo, si las mentes que sustituyan a las nuestras son de verdad totalmente electrónicas, ya no tendrían necesidad de agua líquida ni de una atmósfera. Tal vez incluso prefirieran un entorno de gravedad cero, sobre todo para la construcción de estructuras colosales. De este modo, los cerebros de origen no biológico podrían existir y prosperar en el espacio exterior y no sobre la corteza de un exoplaneta.

Es posible que el tipo de capacidades intelectuales orgánicas a las que estamos acostumbrados los humanos sean solo una breve fase en la evolución, antes de que las máquinas se hagan con el control. De haberse producido un desarrollo así en el caso de alienígenas inteligentes, sería muy poco verosímil que lográramos sorprenderlos en el corto lapso en que habrían estado confinados en cuerpos orgánicos. Por lo tanto, lo más probable es que si conseguimos detectar una civilización extraterrestre tecnológicamente avanzada, esta conste de seres electrónicos y que las criaturas dominantes no fueran ya de carne y hueso.

La búsqueda de la inteligencia alienígena se ha centrado hasta el momento en la detección de señales de radio u ópticas. Sin embargo, se debería prestar mucha más atención a posibles evidencias de proyectos de ingeniería artificiales, como las esferas de Dyson, construidas para recolectar buena parte de la energía de una estrella. También a la presencia de artefactos extraterrestres, ocultos dentro de nuestro propio sistema solar. De hecho, investigar esta última posibilidad es el objetivo del Proyecto Galileo, dirigido por el astrónomo Avi Loeb, de la Universidad de Harvard, un apasionado defensor de la búsqueda de tecnomarcadores. En julio de 2023, él y su equipo descubrieron restos de un meteorito que había caído en 2014 en las aguas frente a la costa de Papúa Nueva Guinea. Los fragmentos presentaban la forma de diminutas esferas de metal y Loeb y sus colaboradores llegaron a la conclusión, con base en la velocidad registrada del asteroide, de que este tenía una gran probabilidad de ser de origen interestelar. Hallaron unos 850 de estos glóbulos, con diámetros que variaban entre los 0,05 y los 1,3 milímetros, y analizaron los componentes de cerca de cincuenta. Loeb y su equipo afirmaron que cinco de estos mostraban elevadas proporciones de berilio, lantano y uranio y que procedían de fuera del sistema solar. En un primer momento, especularon con la idea de que podía tratarse de partes de una nave espacial alienígena o de otro tipo de artilugio. Las piezas recuperadas fueron trasladadas a Harvard y, tras exámenes adicionales, afirmaron en un artículo que su poco habitual composición «podía haberse originado a partir de un océano de magma muy diferenciado en un planeta extrasolar con núcleo de hierro o por medio de fuentes aún más exóticas». Un estudio realizado en fechas posteriores y de manera independiente por Patricio Gallardo, de la Universidad de Chicago, concluyó que la mezcla de materiales en las esferas era congruente con impurezas de cenizas de carbón, es decir, con contaminantes industriales antropogénicos. El equipo de Loeb no aceptó estos resultados, pero la mayoría de los astrónomos son escépticos en extremo ante la propuesta de que estos fragmentos puedan estar asociados en modo alguno a una nave espacial. De hecho, muchos encontraron las declaraciones de Loeb tan extravagantes que expresaron su preocupación por si sus especulaciones pudiesen dar una idea errónea de la manera en que se realiza en realidad la ciencia rigurosa. No obstante, debemos señalar que los autores estamos a favor de la noción en general de buscar dispositivos alienígenas dentro del sistema solar. A diferencia de las señales electromagnéticas, que podrían estar encriptadas hasta tal punto que ni siquiera fuéramos capaces de darnos cuenta de su origen artificial, los artefactos tecnológicos serían más fáciles de reconocer (si es que alguna vez se encuentran). En caso de no producirse este hallazgo, tal empeño podría conducir a descubrimientos inesperados y relevantes desde el punto de vista científico, no relacionados con el objetivo inicial, del mismo modo que ocurre con las emisiones de origen extraterrestre.

Otro objeto astronómico que ha generado un considerable debate y una notable controversia es el cuerpo interestelar detectado el 19 de octubre de 2017, cuando atravesaba el sistema solar. Se lo conoce mejor como Oumuamua, palabra hawaiana que se puede traducir de manera aproximada como «primer mensajero que viene de lejos» o «explorador». Lo que hizo que fuese tan intrigante, aparte de su evidente origen extrasolar, delatado por su velocidad y su trayectoria, fue su inusual forma de cigarro puro o de tortita, con entre 90 y 900 metros de largo frente a solo 35 a 167 metros de anchura y grosor. Además, no mostraba rastro alguno de coma, la envoltura nebulosa formada por la sublimación del núcleo de los cometas. En comparación, estas aglomeraciones de hielo y polvo suelen tener unos pocos kilómetros de diámetro. Debido a sus peculiares características, en un principio se pensó que Oumuamua era un asteroide, pero análisis posteriores realizados en 2018 pusieron de relieve que mostraba una aceleración de naturaleza no gravitatoria, a medida que abandonaba el sistema solar y se alejaba de este. Dadas estas inusuales propiedades, tal vez no sea de extrañar que Loeb sugiriera que podía tratarse de una sonda alienígena, fabricada con tecnología extraterrestre. Sin embargo, las observaciones realizadas por el Complejo Allen de Radiotelescopios del Instituto SETI y por el de Green Bank de Breakthrough Listen no detectaron señales fuera de lo común. Por otro lado, la astroquímica Jennifer Bergner, de la Universidad de California en Berkeley, y el astrónomo Darryl Seligman, de la Universidad Cornell, sugirieron en un artículo publicado en marzo de 2023 que los datos eran congruentes con un diminuto cometa, acelerado por cantidades muy pequeñas de hidrógeno gaseoso emitido desde un núcleo de hielo. Esto no quiere decir que todo el mundo esté de acuerdo en que este modelo sea correcto, pero la mayoría de los astrónomos opinan que la afirmación de que se trata de una sonda alienígena no tiene base alguna, a pesar de sus poco habituales características. En resumen, no supera la prueba de la máxima de Sagan: «Las afirmaciones extraordinarias requieren evidencias extraordinarias». Por cierto, un segundo objeto interestelar fue descubierto en 2019 por el astrónomo aficionado Gennadiy Borisov (y, consecuentemente, bautizado como 2I/Borisov), pero, en este caso, era evidente que se trataba de un cometa díscolo.

En general, hasta la fecha no se dispone de ninguna detección convincente de tecnomarcadores, aunque los investigadores también se han dado cuenta de que tal vez nuestros métodos sean erróneos hasta cierto punto. Junto a algunos de ellos, como el astrofísico de la Universidad de Cambridge Martin Rees, los autores creemos que es poco probable que, si nuestra búsqueda tuviera éxito, la señal observada fuera un mensaje sencillo, susceptible de descodificación. Por el contrario, podría tratarse de un producto secundario e involuntario (incluso el resultado de un accidente o de un fallo mecánico) de alguna máquina de gran complejidad, muy superior a nuestra capacidad de comprensión. Incluso aunque se recibieran comunicaciones alienígenas, es posible que no fuéramos capaces de reconocer su origen artificial, porque no sabríamos cómo descifrar su contenido, del mismo modo que un radioaficionado veterano que conociera solo la amplitud modulada (AM) sería incapaz de interpretar transmisiones modernas inalámbricas cifradas digitalmente. De hecho, las actuales técnicas de compresión de datos intentan que su contenido sea tan similar al irregular ruido de fondo como sea posible.

En conclusión, las conjeturas sobre seres con capacidades intelectuales desarrolladas y tecnológicamente avanzados incluyen muchas más incertidumbres que cuando se trata de formas de vida sencillas. En concreto, la búsqueda de inteligencias extraterrestres puede haber perseguido objetivos equivocados hasta la fecha. Es muy posible que las civilizaciones alienígenas de este tipo no sean orgánicas ni biológicas. Desde este punto de vista, puede que no permanezcan en la superficie planetaria en la que vivieron y evolucionaron sus antecesores de carne y hueso. Desde luego, seríamos incapaces de adivinar o predecir sus motivos, sus intenciones o su comportamiento. Por ello, los intentos de estimar los factores desconocidos en la ecuación de Drake podrían carecer de utilidad a la hora de buscar tecnomarcadores.

No se puede dar por terminado este capítulo sin mencionar al menos los presuntos avistamientos de objetos voladores no identificados (OVNI) o, como se los llama ahora, fenómenos anómalos no identificados (FANI). Es imposible pasar por alto este tema, sobre todo después del 26 de julio de 2023, cuando tres antiguos oficiales del Ejército de Estados Unidos declararon ante una comisión de investigación del Congreso de ese país que pensaban que el Gobierno estadounidense sabía mucho más sobre este asunto de lo que había comunicado a la opinión pública. En este sentido, ofrecieron un testimonio desconcertante acerca de avistamientos inexplicables e incluso de la posesión por parte gubernamental de lo que denominaron «materia orgánica no humana». No obstante, no entregaron prueba alguna para respaldar estas afirmaciones. De hecho, muchos expertos han señalado a lo largo de los años que una buena cantidad de esos acontecimientos podrían atribuirse a varios tipos de globos aerostáticos, aeronaves no tripuladas, fenómenos atmosféricos, ilusiones ópticas, luces parpadeantes de aviones comerciales o incluso bromas. La posición oficial del Pentágono fue que carecían de datos para vincular los FANI con actividades extraterrestres, aunque no descartan *a priori* tal posibilidad. Un grupo independiente de dieciséis expertos reunidos por la NASA tampoco consiguió encontrar pruebas irrefutables del origen interplanetario de estos fenómenos, pero reconocieron que algunos de ellos desafían todas las explicaciones lógicas. Los autores no hemos hallado nada en todos los presuntos avistamientos publicados que alcance el nivel extraordinario que deben satisfacer las evidencias de la existencia de civilizaciones alienígenas tecnológicamente avanzadas. Por lo tanto, para nosotros, los relatos de objetos volantes o fenómenos anómalos no identificados siguen siendo, por el momento, rasgos culturales de un interés intrínseco, más que descubrimientos científicos sólidos. A este respecto, nos parece muy apropiado el consejo de Jason Wright, astrobiólogo de la Universidad Estatal de Pensilvania: «Sé escéptico, pero no cínico».

Estas palabras nos llevan a presentar (en el próximo capítulo) un breve resumen del punto en el que nos parece que nos encontramos en nuestros esfuerzos por lograr en el laboratorio una célula viva a partir de productos químicos y por localizar en el espacio formas de vida extraterrestre.

13

Epílogo. ¿Un logro inminente?

Por eso, la tarea no es tanto ver lo que aún nadie ha visto como pensar lo que aún nadie ha pensado de aquello que todo el mundo ve.

ARTHUR SCHOPENHAUER, *Parerga y paralipómena II*

¿Cómo surgieron los seres vivos en nuestro planeta? ¿Han aparecido en otros rincones de la galaxia? Estos fueron los dos interrogantes fundamentales que nos hicimos al principio de este libro. La respuesta parece al alcance de la mano, pero todavía no somos capaces de contestarlos de forma concluyente. De hecho, deberíamos darnos cuenta ya de que tal vez nunca sepamos *con exactitud* lo que ocurrió en la superficie terrestre hace unos cuatro mil millones de años, cuando la química prebiótica originó unas protocélulas primigenias, ni cuándo estas comenzaron a evolucionar para dar lugar a algo parecido a las criaturas actuales. Sea como fuere, en los capítulos anteriores se ha visto la manera en que los investigadores, mediante conocimientos adquiridos a través de ingeniosos experimentos químicos, estudios geológicos, sofisticadas observaciones astronómicas e imaginativos planteamientos hipotéticos, han conseguido esbozar una vía plausible (aunque incompleta) que recorre todo el camino desde la formación de la Tierra hasta la aparición de los primeros organismos. Al mismo tiempo, se han presentado los asombrosos descubrimientos de astrónomos y astrobiólogos en las últimas tres décadas, hallazgos que nos han situado al borde de la capacidad de detectar formas de vida alienígena (en el supuesto de que estas no sean una auténtica rareza) o, al menos, de atribuir límites estadísticos significativos a su escasez.

La búsqueda del origen de los seres vivos o los intentos para detectar su presencia en mundos extrasolares pueden parecer algo arcano y muy alejado de nuestros problemas cotidianos, pero esta ha sido siempre la naturaleza de la investigación fundamental. En 1909, el célebre físico y químico sueco Svante Arrhenius publicó un fascinante libro titulado *The Life of the Universe*, el cual terminaba con las siguientes reflexiones:

> Nada más erróneo que afirmar que se ha malgastado el tiempo dedicado a teorizar sobre problemas cosmogónicos y que nunca se avanzará más allá de los conocimientos de los antiguos filósofos [...] La cultura y la civilización se expanden cuando la humanidad logra algún avance. En concreto, nos parece que el científico, en todas las épocas, habla en nombre de la especie humana.

A juzgar por la historia de la ciencia, estamos de acuerdo con la afirmación de que esta se puede presentar bajo dos formas: una es la aplicada y la otra es aquella para la que *todavía* no hay aplicación. El historiador irlandés W. E. H. Lecky atribuye una cita célebre en este sentido a Michael Faraday, el famoso autor de numerosos experimentos sobre electromagnetismo en el siglo XIX. Aquel describe en su libro de 1899 *Democracy and Liberty* un intercambio que sostuvo el científico inglés con William Gladstone, a la sazón canciller de Hacienda británico y responsable del presupuesto nacional:

> Un amigo íntimo de Faraday me contó en una ocasión cómo intentó explicar a Gladstone y a varios más un importante descubrimiento científico. Sin embargo, Gladstone se limitó a decir: «Pero, después de todo, ¿para qué sirve?». Faraday le respondió: «Muy señor mío, es muy probable que dentro de poco usted mismo ¡sea capaz de gravarlo con algún impuesto!».

En efecto, cuando James Watson y Francis Crick empezaron a construir modelos de la estructura del ADN, no podían ni imaginar que sus investigaciones darían lugar, por ejemplo, a una industria de la biotecnología y la genética que revolucionaría la medicina y facturaría cientos de miles de millones de dólares.

De modo que ¿en qué punto nos encontramos en lo que se refiere a los intentos de sintetizar células en el laboratorio o de detectar formas de vida extraterrestre? En la última década, se han logrado enormes avances en ambos campos y prevalece un creciente sentimiento de expectación, ante la perspectiva de que se puedan resolver dentro de poco todas las cuestiones restantes. Quizá el aspecto más fascinante de este progreso sean los nuevos interrogantes que se han planteado y que hasta hace poco ni siquiera sabíamos formular. A continuación, se presenta un resumen muy breve del estado en que se encuentra en la actualidad la ciencia sobre el origen y la abundancia de los seres vivos, junto con algunas de las preguntas que solo ahora hemos aprendido a realizar.

El origen de la vida

Los problemas sin resolver más relevantes que surgen en la senda que va de la química a la biología pueden dividirse en tres grupos: las cuestiones pendientes en la síntesis de los componentes básicos de los procesos vitales, los obstáculos asociados al ensamblaje de las células primigenias y los interrogantes relativos a la posterior evolución de esos primeros organismos. Por lo que respecta a la producción de nucleótidos, se tiene ahora a mano una ruta concisa y eficaz para fabricar los pirimidínicos (aquellos que incluyen a C y U). Como ya se ha visto, se puede trazar esta vía desde la captura de cianuro atmosférico en la forma de sales de ferrocianuro, que se acumulan con el paso del tiempo y generan depósitos de esta materia prima. El posterior procesado térmico de estas sustancias, mediante el calor y la presión de flujos de magma o de impactos de meteoritos, seguido por su enfriamiento y su filtración a las aguas subterráneas, dan lugar a una solución muy concentrada de agentes muy reactivos, tales como el cianuro y la cianamida. Una vez que estos salen a la superficie y reciben la radiación ultravioleta del Sol, producen azúcares simples con la ayuda de sulfitos procedentes de emisiones volcánicas. Sigue a esto la síntesis de los intermediarios 2AO y RAO, este último con sus extraordinarios cristales. Su reacción con el cianoacetileno, derivado a su vez de reservas de precipitados cristalinos, da como resultado el nucleósido alfa-anhidro-citidina, el cual se combina con iones sulfuro para producir el anómero α de la tiocitidina (en el que uno de los átomos de oxígeno ha sido sustituido por otro de azufre). La exposición a los rayos UV invierte entonces la orientación de la base nitrogenada y se obtiene beta-2-tiocitidina, que ya es un anómero relevante desde el punto de vista biológico. Además, esta molécula puede experimentar una desaminación (eliminación del grupo amino), para dar lugar a la 2-tiouridina. Estas versiones sulfuradas de C y U pueden entonces perder el azufre y generar así las formas canónicas. Sin embargo, hay un interrogante que no se podía ni siquiera plantear, porque no se sabía lo suficiente al respecto antes de esbozar esta ruta. El alfabeto genético primordial, ¿estaba basado en las pirimidinas azufradas o en sus versiones más «modernas», ya sin este elemento? Hay argumentos a favor y en contra de la existencia de un tipo anterior de ARN, basado en nucleótidos sulfurados. En la actualidad, este campo es objeto de un intenso trabajo experimental en varios laboratorios. Por otro lado, y como ya se ha indicado, un aspecto muy ventajoso de esta vía química, que tiene como ingredientes el cianuro, el azufre y la radiación ultravioleta, es que también explica la síntesis de al menos ocho de los aminoácidos que forman parte de las proteínas en la biología moderna. El hecho de que estos componentes surjan del mismo proceso que los nucleótidos es un resultado inesperado y muy conveniente de estas investigaciones.

Este brevísimo resumen de la elegante ruta que lleva a la producción de C y U hace que se plantee de forma lógica la cuestión de sus equivalentes púricos (A y G), cuya síntesis es la mayor incógnita sin resolver en los orígenes del ARN. Ni que decir tiene que este asunto también es objeto de encendidos debates e intensos estudios empíricos y que la mayoría de los investigadores mantienen la esperanza de que se pueda salvar esta laguna en un futuro próximo. Un segundo aspecto en el que impera el desconocimiento es la activación de los fosfatos (es decir, la manera en que estos se pueden unir a los nucleósidos). Ya se dispone de varios mecanismos para lograrlo, pero no son relevantes desde el punto de vista prebiótico, mientras que hay unos pocos que son remotamente posibles en este sentido (como la llamada química del isocianuro). En todo caso, se tiene la creencia generalizada de que el descubrimiento de una vía realista y bien fundamentada para obtener nucleótidos activados supondría un importante paso adelante en la comprensión de los procesos de fabricación, copia y replicación del ARN. Por último, la producción de los integrantes lipídicos en las membranas de las protocélulas no ha dejado de ser un misterio en buena medida y es, sin duda, una faceta de la química prebiótica que requiere una mayor atención. En resumen, nos acercamos al punto en el que dispondremos de rutas eficaces para obtener todos los componentes básicos de la biología, pero todavía no hemos llegado a él.

Hay otras cuestiones importantes que aún no se han podido resolver. En concreto, los procesos químicos que se han descrito deben situarse en el contexto geológico de la Tierra primigenia y hasta el momento solo se dispone de algunos fragmentos de posibles escenarios. Un ejemplo muy gratificante de ello es la potencial acumulación de sales de ferrocianuro en lagos alcalinos, confirmada por muchos modelos, junto con la presencia de fosfatos libres, necesaria para obtener nucleótidos. Además, está la elegante idea, recientemente propuesta, según la cual las versiones quirales de la RAO, la precursora de los componentes básicos del ARN, podrían separarse por cristalización sobre una superficie de magnetita. Este mineral es bastante común y se forma en lagos que contienen hierro en disolución, el cual se oxida debido a la exposición a la radiación ultravioleta, antes de precipitarse como complejos ferrosos y férricos que dan lugar a esta sustancia. En presencia de un campo magnético, como el propio de nuestro planeta, los microscópicos cristales así creados se orientan de manera acorde a este. La reciente demostración experimental de que una de las dos formas quirales de la RAO produce estructuras cristalinas específicas sobre rocas imantadas de este modo es un descubrimiento fascinante que ofrece una posible solución al problema de la obtención de nucleótidos homoquirales en entornos abióticos. En la actualidad, se llevan a cabo varios experimentos para comprobar de forma rigurosa lo plausible que sería un proceso como este en un medio realista en condiciones primigenias.

Un último y muy complejo problema pendiente de resolución es el que se refiere a la probabilidad de que estos escenarios geoquímicos independientes se combinen en el orden correcto para producir al mismo tiempo y en el mismo lugar los componentes básicos imprescindibles de los seres vivos. Por ejemplo, es posible que se acumularan depósitos de sales de ferrocianuro de forma habitual, pero también lo es que la mayor parte de las veces fueran arrastrados por el agua o destruidos, de modo que solo en ocasiones excepcionales serían procesados de la manera adecuada para aportar los compuestos necesarios en reacciones posteriores. Además, estas sustancias debían de ser suministradas en un entorno en el que pudieran darse esas etapas del proceso. Del mismo modo, pueden depositarse sedimentos de cristales puros de RAO y de CV-DCI en muchas ubicaciones, pero no se sabe la frecuencia con la que se disolverían y combinarían entre sí, en las condiciones más convenientes, para generar el siguiente precursor de los nucleótidos. La cuestión de cómo representar correctamente en los modelos estos procesos de acumulación, transporte y combinación constituye un gran reto en este campo.

Por otro lado, está el problema de lo cerca que nos hallamos de entender el ensamblaje de las primeras protocélulas. Supongamos que en algún lugar de la Tierra primigenia se da un entorno que reúne a la vez todos los componentes necesarios para este proceso. ¿Y luego qué? Dada la presencia de nucleótidos activados, la formación espontánea de oligonucleótidos (fragmentos cortos de ácidos nucleicos) del ARN parece sencilla, ya que varios cambios cíclicos en el medio (de seco a húmedo y viceversa o entre congelación y deshielo) pueden poner en marcha la polimerización. Del mismo modo, dada una concentración lo bastante elevada de lípidos, que podrían ser tan sencillos como los ácidos grasos, es casi inevitable su disposición autónoma en vesículas y barreras. Siempre que ambas cosas puedan suceder al mismo tiempo y en el mismo lugar, no es difícil ver cómo se produjo la aparición de las estructuras básicas de la protocélula, es decir, de un ARN encerrado en el interior de una membrana. Incluso los aspectos más complicados de la reproducción de estos seres primigenios parecen próximos a ser comprendidos, aunque no cabe duda de que hay lagunas en nuestro conocimiento. Como ya se ha visto, muchos mecanismos diferentes pueden llevar al crecimiento y a la posterior división de estos compartimentos esféricos con paredes simples, bajo condiciones que se pudieron dar con facilidad en la Tierra primigenia. Hacen falta más estudios para alcanzar una comprensión similar de la replicación del ARN, pero ya se empiezan a conocer los matices elementales de su copiado y se investigan con mucho ahínco algunas ideas para emplear esta química como motor del proceso de duplicado. Una cuestión fundamental a este respecto es saber si este, al igual que el crecimiento y la división de las vesículas, necesita fluctuaciones medioambientales, como ciclos térmicos, para producirse, o si por el contrario puede realizarse en un entorno estable y casi constante. Otro interrogante clave en este tema es el modo en que podría llevarse a cabo la replicación con la fidelidad suficiente como para garantizar la transmisión de una cantidad útil de información genética, es decir, de las instrucciones necesarias para codificar un catalizador de ARN que sea ventajoso. Por último, está el que tal vez sea el asunto pendiente más espinoso de todos: saber cómo podría darse la replicación del ácido ribonucleico en condiciones compatibles con el crecimiento y la división de la vesícula. Al fin y al cabo, ambas cosas tienen que ocurrir al mismo tiempo para que las protocélulas puedan empezar a reproducirse y evolucionar. Todavía se desconoce si la solución a este enigma radica en hallar una composición de la membrana más sólida, en descubrir una manera diferente de catalizar la replicación o en una combinación de ambas. Sin embargo, se tiene la sospecha de que dispondremos de una respuesta en un futuro no muy lejano.

Una vez que una población de protocélulas capaces de reproducirse se ha asentado en un entorno favorable, surge el interrogante de lo que cabe esperar a continuación. Teniendo en cuenta los abundantes peligros que existían en la Tierra primigenia, en forma de erupciones volcánicas o de impactos de meteoritos, la extinción inmediata sería el resultado más probable. En este sentido, es posible que tuvieran que surgir colonias de seres vivos en diferentes lugares y en muchas ocasiones antes de que una tuviera la suerte de sobrevivir bastante tiempo como para evolucionar y dar lugar a organismos más resistentes, capaces de dispersarse por el planeta y de establecerse en ubicaciones tan alejadas entre sí que un único suceso catastrófico no pudiera destruirlos a todos.

¿Qué aspecto habrían tenido las primeras etapas de la evolución darwiniana? En general, se piensa que esta daría prioridad a la reproducción del genoma. La aparición de una ribozima capaz de catalizar la duplicación del ácido ribonucleico, o incluso su replicación, denominada por lo común ARN replicasa, es una opción en este sentido. Es lógico que una sustancia que mejore el proceso de copiado del material genético contribuya a que la replicación de este sea más vigorosa. No obstante, este mecanismo solo resultaría seleccionado en caso de aumentar las posibilidades de reproducción y supervivencia de la protocélula, lo cual podría suceder si este fenómeno estuviese asociado al crecimiento de la membrana, por ejemplo, mediante la presión osmótica. Otra alternativa es que la primera ribozima tuviese un efecto distinto por completo. Una vez que aparece una molécula de este tipo, con consecuencias ventajosas para su portadora, la replicación de una secuencia de ARN es más eficaz y precisa, algo que la selección natural favorecería de manera muy marcada. De este modo, el desarrollo de una maquinaria genética más eficiente permitiría a los organismos primordiales albergar un genoma más grande, el cual podría a su vez codificar instrucciones adicionales para llevar a cabo nuevas funciones. Una población creciente de criaturas primigenias podría explorar distintos entornos mediante este efecto en cadena, paso a paso. ¿De qué manera se daría esta expansión? Una idea muy extendida es que estos microorganismos podrían quedar atrapados en los aerosoles resultantes de las olas rompientes y verse transportados por el viento a lo largo de grandes distancias. Otra teoría que se baraja es que las células primigenias podrían haberse deshidratado y haber sido arrastradas por el aire como si fueran partículas de polvo. Posteriormente, tras aterrizar en un lago o río lleno de nutrientes, habrían absorbido de nuevo el agua necesaria para volver a poner en marcha sus ciclos de crecimiento y reproducción. Estas propuestas pueden ser comprobadas mediante experimentos en el laboratorio, aunque de momento no son más que hipótesis. La verificación de alguna de ellas nos permitiría hacernos una idea más acertada de la manera en que los seres vivos se expandieron y colonizaron todo el planeta.

Llegados a este punto, y una vez que la evolución por medio de la selección natural ha quedado bien asentada, es posible plantearse el modo en que surgieron los sistemas característicos de todas las formas de vida actuales. Estos incluyen el metabolismo celular, el mecanismo de traducción que permite la síntesis de las enzimas proteicas codificadas en el genoma, las proteínas que regulan el transporte a través de la pared de la célula (de una complejidad pasmosa) y, por supuesto, un almacenamiento especializado de información en el ADN. De hecho, la manera en que los organismos relativamente sencillos del mundo de ARN dieron paso a los de la biología actual, mucho más complejos, sigue siendo un misterio en gran medida o, mejor dicho, un conjunto de misterios. Carecemos de pruebas directas en este sentido, pero se pueden hacer algunas consideraciones sencillas de pura lógica que ponen límites al desarrollo de los seres vivos contemporáneos y que pueden ayudar a orientar futuras investigaciones. Empecemos por pensar en la estructura básica de una protocélula: fragmentos de ARN capaces de replicarse a sí mismos, encapsulados en la membrana de una vesícula. Esta capa limítrofe debía de ser lo bastante porosa como para permitir que los nutrientes producidos en el medio, tales como los nucleótidos, entraran espontáneamente en el interior celular. Esto implicaba que cualquier sustancia alimenticia elaborada dentro de la célula de forma autónoma tenía las mismas posibilidades de escapar al exterior que de ser consumida de manera inmediata. Por lo tanto, carecía de sentido disponer de un metabolismo propio mientras la barrera fuera así de permeable. ¿Por qué ocurriría este cambio? Como ya se ha visto, incluso la síntesis de una pequeña cantidad de fosfolípidos, quizá mediante una ribozima con la actividad catalítica adecuada, conducía a un aumento en el ritmo de crecimiento de la membrana. El resultado era una carrera armamentística evolutiva, conforme los organismos competían entre sí por fabricar más fosfolípidos, lo que a su vez conducía a cambios en la composición de su capa externa, con consecuencias trascendentales para la evolución de las protocélulas. En efecto, al enriquecer la barrera de manera progresiva con los nuevos componentes, disminuía también su permeabilidad, lo que dificultaba la adquisición de nutrientes del entorno y hacía que mereciera la pena sintetizarlos en el interior, es decir, a través del propio metabolismo celular. En la actualidad, este es un entramado muy complejo, con cientos o miles de reacciones catalizadas por enzimas. Para entender el desarrollo de esta red, es necesario recordar que cada innovación (cada ribozima con actividad catalítica sobre una parte del conjunto) tenía que acarrear una ventaja competitiva para su huésped. De este modo, es de suponer que las novedades metabólicas iniciales aumentarían la producción de nucleótidos activados, necesarios para la replicación del ARN y/o de los componentes de la membrana. Sin embargo, no es fácil entender el proceso por el que los seres vivos primigenios pasaron, de manera gradual, de depender por completo de los nutrientes suministrados por el entorno (alimentación heterótrofa) a ser capaces de producir sus propios constituyentes a partir de materias primas sencillas, abundantes y fácilmente disponibles. Esta es una de las cuestiones más interesantes sobre la evolución de las formas de vida primordiales.

Otro asunto interesante se refiere a la sustitución de un conjunto rudimentario de reacciones metabólicas, catalizadas todas ellas por ribozimas, a otras mediadas por proteínas, así como a la aparición al mismo tiempo de una maquinaria proteica que regula el transporte a través de la membrana celular. La mayoría de las teorías que pretenden explicar el origen de la síntesis de estas sustancias se han centrado en el surgimiento del código genético. Este proceso es aún bastante poco claro, aunque hay ciertos patrones en el ADN que parecen sugerir que el sistema informativo completo se desarrolló de manera escalonada. Es razonable suponer que las primeras proteínas fueron codificadas por un subconjunto de los veinte aminoácidos canónicos y que más tarde se añadieron los restantes. Los mismos ribosomas son dispositivos moleculares de una complejidad increíble, con dos subunidades principales, una para catalizar la formación de nuevos enlaces peptídicos, mientras que la otra dirige la codificación propiamente dicha. La actividad del primero puede haber surgido antes (siempre que los péptidos no incluidos hasta ese momento en el material genético otorgaran alguna ventaja), mientras que el proceso regido por el ARN mensajero se habría añadido después. Los sustratos empleados por los ribosomas para la síntesis de péptidos también son complejos: se trata de secuencias específicas de ARN que tienen unos aminoácidos concretos en uno de sus extremos. Los ribosomas no podrían haber aparecido a menos que sus sustratos ya existieran, pero ¿por qué razón se habrían dedicado las células primigenias a fabricar cadenas de ácido ribonucleico unidas a aminoácidos? Una posibilidad es que esta clase de moléculas desempeñara con anterioridad alguna función a la hora de facilitar la producción de ribozimas y que después fueran aprovechadas para la síntesis de péptidos. Según esta hipótesis, las primeras enzimas habrían estado compuestas en exclusiva de ARN, antes de que aparecieran otras mejoradas hechas de ARN quimérico y aminoácidos. Por último, estas habrían dado paso a otras de naturaleza totalmente peptídica (proteínas). La capacidad de generar proteínas codificadas con superficies hidrófobas permitió el desarrollo de sustancias de este tipo que podían formar parte de la membrana, en la que actúan como canales, aberturas y bombas que permiten la entrada o la salida de partículas, de acuerdo con las necesidades de la célula.

Por último, está el propio ADN. Su principal ventaja como herramienta para almacenar grandes cantidades de información es evidente, porque es una molécula mucho más estable que el ARN en lo que se refiere a su degradación química. Por otro lado, la especialización de sus funciones en la codificación de instrucciones y en la replicación del genoma, mientras que el ácido ribonucleico se ocupa de otras tareas específicas, parece aportar una serie de ventajas inherentes, ya que cada uno de ellos realiza su labor de manera óptima, al mismo tiempo que se evitan los compromisos implícitos en el hecho de que un polímero biológico intente desempeñar varios cometidos a la vez. Una cuestión importante es saber si el ADN pasó a ser la principal secuencia en la que almacenar el material genético en las etapas iniciales o finales del proceso evolutivo y también si este cambio se produjo de golpe o como resultado de una transición gradual. Un argumento a favor de que el ácido desoxirribonucleico desempeñara un papel en un momento temprano es el hecho de que la síntesis de desoxirribonucleótidos pudo haber ocurrido junto a la de ribonucleótidos. De haber sido así, las células primordiales podrían contener un polímero que fuera una mezcla de fragmentos de ARN y de ADN. De hecho, es posible que la especificidad necesaria para fabricar solo el primero de ellos, en una forma «pura», tuviera que esperar hasta la aparición de una ribozima polimerasa (una enzima de ARN capaz de catalizar la síntesis del ácido ribonucleico). En ese caso, una molécula mutante que privilegiara la producción de ADN podría haber permitido un cambio relativamente rápido al uso de esta cadena para almacenamiento de información, mientras que el ARN habría mantenido su anterior función de catalizador. Puede que nunca se llegue a conocer la sucesión exacta de unos acontecimientos que tuvieron lugar hace mucho tiempo, durante las primeras etapas en el desarrollo de los seres vivos. Sin embargo, se pueden acotar las distintas posibilidades mediante experimentos evolutivos en el laboratorio. Sin duda, ser capaces de crear células simples a varios niveles de complejidad es una eventualidad futura muy emocionante, que podría permitir el descubrimiento de una ruta plausible para la transición desde las primeras y muy sencillas protocélulas a organismos con la complicación de las actuales bacterias.

Formas de vida extraterrestre

En el ámbito de la astronomía, se está aún más cerca, tal vez, de alcanzar un gran hallazgo. Como se ha descrito en este libro, en los últimos años hemos sido testigos de múltiples anuncios (aunque hay que admitir que fueron prematuros) del posible descubrimiento de biomarcadores alienígenas: uno en el propio sistema solar (*fosfina* en Venus) y otro con la presunta detección de *dimetilsulfuro* en el exoplaneta hicéano K2-18b. Lo importante en este sentido es que ambas afirmaciones serán confirmadas o no mediante futuras misiones. Es más, incluso se han producido declaraciones (si bien extremadamente especulativas) en torno al posible descubrimiento de tecnomarcadores: uno en la forma de fragmentos de un meteorito en la Tierra, supuestamente procedentes de una nave espacial de origen extrasolar, y otro con la detección de un sorprendente objeto interestelar (llamado Oumuamua) que visitó las inmediaciones del Sol. La mayoría de los astrónomos están convencidos de que ninguno de estos casos constituye un biomarcador genuino ni un legítimo tecnomarcador. Sin embargo, los científicos parecen estar bien situados para descubrir seres vivos extraterrestres (si es que los hay) en tan solo una o dos décadas. La probabilidad de alcanzar esta meta ha aumentado mucho con el énfasis que ha puesto en ella el último Informe Decenal. Por ejemplo, la NASA quiere aprovechar los estudios realizados de cara a dos misiones planeadas con anterioridad, denominadas LUVOIR (acrónimo en inglés de Analizador Ultravioleta, Visible e Infrarrojo de Gran Tamaño) y HabEx (Observatorio de Exoplanetas Habitables), y planea lanzar (tal vez hacia 2040) el Observatorio de Mundos Habitables (OMH). Este telescopio espacial buscará biomarcadores (y quizá incluso tecnomarcadores) en las longitudes de onda del infrarrojo, el visible y el ultravioleta, en unos veinticinco planetas susceptibles de albergar organismos y que orbitan alrededor de estrellas similares al Sol. De tener éxito, este instrumento se convertirá en poco menos que un prodigio tecnológico. En efecto, para poder captar imágenes de exoplanetas parecidos a la Tierra (objetos diminutos situados a decenas de años luz de distancia), OMH deberá hacer gala de una estabilidad extraordinaria.

Es difícil predecir la respuesta que suscitaría el descubrimiento de formas de vida extraterrestre, mucho menos ante la detección de un tecnomarcador. Por ejemplo, cabe recordar la reacción al anuncio (ahora se sabe que falso) del hallazgo de rastros de seres vivos en el meteorito marciano ALH84001. *The New York Times* publicó en su portada del 7 de agosto de 1996 el siguiente titular: «Rastros en meteorito parecen contener huellas de una antigua forma de vida en Marte». Sea como fuere, dado que esa noticia en concreto se refería solo a la posible detección de organismos de épocas muy remotas (para colmo de males, en un objeto del sistema solar), el entusiasmo cundió sobre todo entre los miembros de la comunidad científica. El público en general solo mostró un discreto interés. No cabe duda de que una señal de la existencia de una civilización de criaturas inteligentes produciría una conmoción mucho más fuerte, pero su intensidad y su naturaleza podrían depender de otros factores, como su distancia estimada a la Tierra. No obstante, la exaltación también puede ir acompañada de nerviosismo y miedo. Después de todo, incluso el famoso astrofísico Stephen Hawking aconsejó que la humanidad fuera cautelosa a la hora de intentar entrar en contacto con una raza de alienígenas. En un vídeo que subió a internet, dijo que «Un encuentro con una civilización avanzada sería como si los nativos americanos se encontraran con Colón», y añadió como advertencia: «Aquello no salió demasiado bien». También es probable que las creencias religiosas se vieran afectadas, aunque tal vez no tanto como uno se podría imaginar. Por ejemplo, el director del Observatorio Vaticano, el hermano Guy J. Consolmagno, afirmó su optimismo personal respecto a la capacidad de resistencia de la religión y afirmó: «Si tus creencias han sobrevivido durante milenios, si han podido soportar a Copérnico, Galileo e incluso a Darwin, entonces, en última instancia, E. T. debería resultar aceptable».

A pesar del hecho de que solo en la Vía Láctea hay cientos de millones de exoplanetas habitables y de que el número de galaxias en el universo observable se cuenta por billones, ¿podría ser que la Tierra fuese el único lugar con criaturas inteligentes o con formas de vida de cualquier tipo? El problema con los intentos de dar respuesta a estos interrogantes es que no tenemos ni idea de la probabilidad de que surjan seres vivos de manera espontánea ni de que estos evolucionen hasta dar lugar a especies inteligentes. Las evidencias empíricas y observacionales presentadas en los capítulos 2 a 6 y lo dicho al principio de este apartado demuestran que muchos de los componentes básicos de la biología pueden ser resultado de las reacciones químicas que cabe esperar en condiciones parecidas a las de la Tierra primigenia. Sin embargo, también se ha demostrado que toda la secuencia requiere la acumulación de sustancias concretas en depósitos que deben estar disponibles en momentos específicos y en los lugares apropiados. Estos requisitos previos hacen que (al menos en la actualidad) sea prácticamente imposible estimar la probabilidad de que se produzca todo el proceso. En consecuencia, la respuesta a la pregunta de si estamos solos en el universo tendrá que venir de la astronomía y encontrarla puede no ser fácil, a menos que se tenga mucha suerte o que la vida en el cosmos sea realmente ubicua. Lo importante en este sentido es que, como dijo en una ocasión el físico Philip Morrison, «La probabilidad de tener éxito es difícil de estimar, pero se reduce a cero si nunca emprendemos la búsqueda».

Agradecimientos

Sería imposible mencionar a todos los colaboradores, colegas y escritores que han contribuido, de manera directa o indirecta, a la redacción de este libro. Por ello, la lista que figura a continuación no debe considerarse completa, sino parcial y limitada. Estamos agradecidos especialmente con Fred Adams, Philip Armitage, John Barrow, Anat Bashan, Sagi Ben-Ami, David Catling, Irene Chen, Adam Frank, Patrick Godon, Andrew King, Ram Krishnamurthy, Doron Lancet, Stephen Lepp, Jack Lissauer, Avi Loeb, Stephen Lubow, Renu Malhotra, Sheref Mansy, Rebecca Martin, Michel Mayor, Peter McCullough, Eran Ofek, Jim Pringle, Fred Rasio, Martin Rees, Dimitar Sasselov, Hilke Schlichting, Sara Seager, Seth Shostak, Lionel Siess, Joe Silk, Jeremy Smallwood, Noam Soker, Massimo Stiavelli, John Sutherland, Jill Tarter, Chris Tout, Jeff Valenti, Eva Villaver, Ada Yonath y Lijun Zhou.

Del mismo modo, debemos dar las gracias a nuestro editor, T. J. Kelleher, así como a Kristen Kim, Lara Heimert y a todo el equipo de producción de Basic Books.

Notas

1. Carroll, Lewis (2007), *A través del espejo y lo que Alicia encontró allí,* Edaf, Madrid. Traducción de Mauro Armiño.

2. Khalil Gibran (2019), *El profeta,* Planeta Colombia, Bogotá. Traducción de Andrea Cote.

3. Lucrecio (2003), *De la naturaleza de las cosas,* Gredos, Madrid. Traducción de Francisco Socas.

4. Kepler, Johannes (1984), *Conversación con el mensajero sideral,* Alianza, Madrid. Traducción de Carlos Solís.

5. Aristóteles (1978), *Acerca del alma,* Gredos, Madrid. Traducción de Tomás Calvo.

6. Wilde, Oscar (1997), *Una mujer sin importancia,* Porrúa, México D. F. Traducción de Montserrat Alfau.

7. De Saint-Exupéry, Antoine (1991), *El principito,* Emecé Editores, Barcelona. Traducción de Bonifacio del Carril.

8. Sagan, Carl (1983), *Cosmos,* Planeta, Barcelona.

9. Gribbin, John (2012), *Solos en el universo: El milagro de la vida en la Tierra,* Pasado y Presente, Barcelona. Traducción de Efrén del Valle.

Lecturas adicionales

Capítulo 1. ¿Accidente químico singular o imperativo cósmico?

Comentarios a la bibliografía

Lingam y Loeb (2021) ofrecen una descripción técnica y exhaustiva de muchos aspectos de la aparición y las características de las formas de vida terrestre y de la búsqueda de seres vivos en el universo. Por otra parte, Ward y Kirschvink (2016) aportan una visión más asequible de los orígenes y la evolución de la vida en la Tierra. También Deamer (2020) aborda estos temas de una manera no especializada. Joyce y Szostak (2018) introducen el debate acerca de los dos componentes fundamentales de las protocélulas: un genoma de ácido nucleico y una membrana, ambos capaces de replicarse a sí mismos. Se puede encontrar una presentación sencilla de la astrobiología como disciplina en Plaxco y Gross (2021) y un relato más personal de los intentos por detectar criaturas extraterrestres en Seager (2020). Al-Khalili (2016) incluye una interesante y variada recopilación de ensayos sobre este último asunto. El librito de Erwin Schrödinger *¿Qué es la vida?* fue el detonante para el inicio de buena parte de la investigación actual y se ha llevado a la imprenta en múltiples ocasiones, por ejemplo, en Schrödinger (2018). Hay una perspectiva más reciente sobre esta cuestión en general en Nurse (2020). A su vez, Duve (2011) expresa la noción de que los procesos vitales podrían ser un imperativo cósmico, mientras que England

(2013) incluso afirma que presuntamente ha descubierto las leyes físicas que rigen su aparición y su evolución. Sin embargo, hay muchos investigadores que no están convencidos de que este sea el caso. La dimensión histórica del debate acerca de la «pluralidad de mundos habitados» está cubierta de modo exhaustivo en Dick (1980). El hermoso libro de Greene (2020) sobre la exploración del espacio incluye una breve discusión sobre el origen de la vida. Por su lado, Rees (2000) realiza un ingenioso análisis de las leyes que gobiernan el universo y considera cuáles de estas hicieron posible que surgieran los seres vivos. De forma parecida, Spiegel y Turner (2012) emplean una serie de argumentos estadísticos para intentar averiguar si el hecho de que aparecieran organismos en la Tierra con cierta rapidez significa que estos son comunes en la galaxia. Otra interesante recopilación de artículos en los que se analiza si las constantes físicas de nuestro cosmos están de alguna manera ajustadas para permitir la aparición de los sistemas complejos y de los procesos vitales se puede encontrar en Sloan *et al.* (2020). Tyson y Trefil (2021) presentan un recorrido muy atractivo por diversas cuestiones referidas al espacio, incluida la vida en el universo. También Green (2023) ofrece una encantadora fusión de ciencia y ciencia ficción en su descripción de la búsqueda de especies alienígenas.

Referencias

Al-Khalili, J., ed., *Aliens: The World's Leading Scientists on the Search for Extraterrestrial Life*, Picador, Nueva York, 2016.

Deamer, D. W., *Origin of Life: What Everyone Needs to Know*, Oxford University Press, Oxford, 2020. (Hay trad. cast.: *El origen de la vida. Todo cuanto hay que saber*, Antoni Bosch Editor, Barcelona, 2022. Traducción de Dulcinea Otero-Piñeiro.)

De Duve, C., «Life as a Cosmic Imperative?», *Philosophical Transactions of the Royal Society A* 369, n.º 1936 (febrero), 2011.

Dick, S. J., «The Origins of the Extraterrestrial Life Debate and Its Relation to the Scientific Revolution», *Journal of the History of Ideas* 41, n.º 1 (enero-marzo), 1980.

England, J. L., «Statistical Physics of Self-Replication», *Journal of Chemical Physics* 139, n.º 12 (septiembre), 2013.
Green, J., *The Possibility of Life: Science, Imagination, and Our Quest for Kinship in the Cosmos*, Hanover Square Press, Nueva York, 2023.
Greene, B., *Until the End of Time: Mind, Matter, and Our Search for Meaning in an Evolving Universe*, Alfred A. Knopf, Nueva York, 2020. (Hay trad. cast.: *Hasta el final del tiempo: Mente, materia y nuestra búsqueda de significado en un universo en evolución*, Crítica, Barcelona, 2020. Traducción de Joan Lluís Riera.)
Joyce, G. F. y Szostak, J. W., «Protocells and RNA Self Replication», *Cold Spring Harbor Perspectives in Biology* 10, n.º 9 (septiembre), 2018.
Lingam, M. y Loeb, A., *Life in the Cosmos: From Biosignatures to Technosignatures*, Harvard University Press, Cambridge, Massachusetts, 2021.
Nurse, P., *What Is Life? Understand Biology in Five Steps*, David Fickling Books, Oxford, 2020. (Hay trad. cast.: *¿Qué es la vida? Entender la biología en cinco pasos*, GeoPlaneta, Barcelona, 2020. Traducción de Begoña Olga Merino.)
Plaxco, K. W. y Gross, M., *Astrobiology: An Introduction*, Johns Hopkins University Press, Baltimore, 2021.
Rees, M., *Just Six Numbers: The Deep Forces That Shape the Universe*, Basic Books, Nueva York, 2000.
Schrödinger, E., *What Is Life? With Mind and Matter and Autobiographical Sketches*, Cambridge University Press, Cambridge, 2018. (Hay trad. cast.: *¿Qué es la vida?*, Tusquets Editores, Barcelona, 2015. Traducción de Ricardo Guerrero.)
Seager, S., *The Smallest Lights in the Universe: A Memoir*, Crown, Nueva York, 2020. (Hay trad. cast.: *Las luces más diminutas del universo: Una historia de amor, dolor y exoplanetas*, Paidós, Barcelona, 2021. Traducción de Ana Pedrero.)
Sloan, D., Batista, R. A., Hicks, M. T. y Davies, R., *Fine-Tuning in the Physical Universe*, Cambridge University Press, Cambridge, 2020.
Spiegel, D. S. y Turner, E. L., «Bayesian Analysis of the Astro-

biological Implications of Life's Early Emergence on Earth», *Proceedings of the National Academy of Sciences USA* 109, n.º 2 (enero), 2012.

Tyson, N. D. y Trefil, J., *Cosmic Queries: StarTalk's Guide to Who We Are, How We Got Here, and Where We're Going*, National Geographic, Washington D. C., 2021.

Ward, P. y Kirschvink, J., *A New History of Life: The Radical New Discoveries About the Origins and Evolution of Life on Earth*, Bloomsbury Publishing, Nueva York, 2016.

Capítulo 2. El origen de la vida. El mundo de ARN

Comentarios a la bibliografía

Marshall (2021) contiene un resumen conciso y asequible de la historia, las ideas y las investigaciones sobre el origen de los seres vivos en la Tierra. Acerca de este último tema, Sutherland (2016, 2017), Szostak (2017a, 2017b) y Joyce y Szostak (2018) presentan breves resúmenes más especializados de los trabajos realizados en los últimos años. A su vez, Szostak (2009) explica el papel determinante que ha desempeñado la «química de sistemas» en este proceso. El hecho de que el ARN parezca ganar siempre frente a potenciales alternativas ha sido demostrado de manera experimental por Kim *et al.* (2021). Del mismo modo, Zhou, Ding y Szostak (2021) sugieren un posible modelo para la replicación de esta sustancia. Como se ha señalado, no todos los científicos están de acuerdo con la propuesta que aquí se ha delineado para la aparición de las formas de vida, a pesar de lo que nosotros consideramos pruebas convincentes.

Referencias

Joyce, G. F. y Szostak, J. W., «Protocells and RNA Self Replication», *Cold Spring Harbor Perspectives in Biology* 10, n.º 9 (septiembre), 2018.

Kim, S. C. *et al.*, «The Emergence of RNA from the Heterogeneous Products of Prebiotic Nucleotide Synthesis», *Journal of the American Chemical Society* 143, n.º 9 (marzo), 2021.

Marshall, M., «BBC Earth: The Secret of How Life on Earth Began», BBC, 31 de octubre de 2016, republicado en 2021 en el blog personal del autor. Disponible en: <https://www.michaelcmarshall.com/blog/bbc-earth-the-secret-of-how-life-on-earth-began>.

Sutherland, J. D., «The Origin of Life-Out of the Blue», *Angewandte Chemie International Edition* 55, n.º 1 (enero), 2016.

—, «Studies on the Origin of Life-the End of the Beginning», *Nature Reviews Chemistry* 1, n.º 12, 2017.

Szostak, J. W., «Systems Chemistry on Early Earth», *Nature* 459 (14 de mayo), 2009.

—, «The Narrow Road to the Deep Past: In Search of the Chemistry of the Origin of Life», *Angewandte Chemie International Edition* 56, n.º 37 (septiembre), 2017a.

—, «The Origin of Life on Earth and the Design of Alternative Life Forms», *Molecular Frontiers Journal* 1, n.º 2 (diciembre), 2017b.

Zhou, L., Ding, D. y Szostak, J. W., «The Virtual Circular Genome Model for Primordial RNA Replication», *RNA* 27, n.º 1 (enero), 2021.

Capítulo 3. El origen de la vida. De la química a la biología

Comentarios a la bibliografía

La presunta senda que transcurre de la química a la biología en el origen de las formas de vida en la Tierra es revisada por Szostak (2017). Por su parte, Levy y Ellington (2014) explican que puede haber muchos caminos que desemboquen en el primer sistema capaz de hacer réplicas de sí mismo. El papel determinante desempeñado por la radiación ultravioleta, tanto en la síntesis fotoquímica de las moléculas prebióticas como en la selección de los isómeros empleados de forma efectiva por los procesos vitales, ha sido tratado por Green, Xu y Sutherland (2021). Del mismo modo, Patel *et al.* (2015) analizan el origen común de los diferentes componentes básicos de los seres vivos.

Referencias

Gollihar, J., Levy, M. y Ellington, A., «Many Paths to the Origin of Life», *Science* 343 (17 de enero), 2014.

Green, N. J., Xu, J. y Sutherland, J. D., «Illuminating Life's Origins: UV Photochemistry in Abiotic Synthesis of Biomolecules», *Journal of the American Chemical Society* 143, n.º 19 (mayo), 2021.

Patel, B. H., Percivalle, C., Ritson, D. J., Duffy, C. D. y Sutherland, J. D., «Common Origins of RNA, Protein and Lipid Precursors in a Cyanosulfidic Protometabolism», *Nature Chemistry* 7, n.º 4 (abril), 2015.

Sutherland, J. D., «The Origin of Life-Out of the Blue», *Angewandte Chemie International Edition* 55, n.º 1 (enero), 2016.

Szostak, J. W., «The Narrow Road to the Deep Past: In Search of the Chemistry of the Origin of Life», *Angewandte Chemie International Edition* 56, n.º 37 (septiembre), 2017.

Capítulo 4. El origen de la vida. Aminoácidos y péptidos

Comentarios a la bibliografía

Para una introducción general a los aminoácidos, véase, por ejemplo, Nelson y Cox (2021). La serie de reacciones que producen una molécula de este tipo a partir de un aldehído fue descubierta por Strecker (1850). Canavelli *et al.* (2019) y Foden *et al.* (2020) son ensayos más especializados sobre el enlace peptídico. A su vez, la síntesis simultánea de los precursores de ribonucleótidos y aminoácidos se discute en Ritson y Sutherland (2013).

Referencias

Canavelli P., Islam S. y Powner, M. W., «Peptide Ligation by Chemoselective Aminonitrile Coupling in Water», *Nature* 571 (25 de julio), 2019.

Foden, C. S., Islam, S., Fernández-García, C., Maugeri, L., Sheppard, T. D. y Powner, M. W., «Prebiotic Synthesis of Cysteine Peptides That Catalyze Peptide Ligation in Neutral Water», *Science* 370 (13 de noviembre), 2020.

Nelson, D. L. y Cox, M. M., *Lehninger Principles of Biochemistry*, W. H. Freeman, Nueva York, 2021. (Hay trad. cast.: *Principios de bioquímica Lehninger*, Omega, Barcelona, 2007).

Ritson, D. J. y Sutherland, J. D., «Synthesis of Aldehydic Ribonucleotide and Amino Acid Precursors by Photoredox Chemistry», *Angewandte Chemie International Edition in English* 52, n.º 22 (mayo), 2013.

Strecker, A., «Ueber die künstliche Bildung der Milchsäure und einen neuen, dem Glycocoll homologen Körper», *Annalen der Chemie und Pharmacie* 75, n.º 1, 1850.

Capítulo 5. El origen de la vida. La senda hacia la protocélula

Comentarios a la bibliografía

Un artículo fundamental sobre las características esenciales de las formas de vida celulares y su posible origen en la Tierra es el de Szostak, Bartel y Luisi (2001). A su vez, el ensamblaje, el crecimiento y la división de vesículas es considerado de manera experimental en, por ejemplo, Hanczyc *et al.* (2003), Chen *et al.* (2004), Budin y Szostak (2011), Budin *et al.* (2014) y Kindt *et al.* (2020). Por su parte, Adamala y Szostak (2013) y O'Flaherty *et al.* (2018) analizan el duplicado de ARN conforme a una plantilla en el interior de protocélulas modelo, mientras que Ding *et al.* (2023) realizan una serie de comprobaciones del modelo del genoma circular virtual. Varios aspectos de la realización no enzimática de los procesos de ensamblaje y replicación son analizados por Rajamani *et al.* (2010) y por Radakovic *et al.* (2022). Papastavrou *et al.* (2024) presentan de un modo muy atractivo el estado actual de las investigaciones en lo que se refiere a la evolución en el laboratorio de ribozimas, con actividad de ARN polimerasa.

Referencias

Adamala, K. y Szostak, J. W., «Nonenzymatic Template-Directed RNA Synthesis Inside Model Protocells», *Science* 342 (29 de noviembre), 2013.

Budin, I. y Szostak, J. W., «Physical Effects Underlying the Transition from Primitive to Modern Cell Membranes», *Proceedings of the National Academy of Sciences USA* 108, n.º 14 (marzo), 2011.

Budin, I., Prywes, N., Zhang, N. y Szostak, J. W., «Chain-Length Heterogeneity Allows for the Assembly of Fatty Acid Vesicles in Dilute Solutions», *Biophysical Journal* 107, n.º 7 (octubre), 2014.

Chen, I. A., Roberts, R. W. y Szostak, J. W., «The Emergence of Competition Between Model Protocells», *Science* 305 (3 de septiembre), 2004.

Ding, D., Zhou, L., Mittal, S. y Szostak, J. W., «Experimental Tests of the Virtual Circular Genome Model for Nonenzymatic RNA Replication», *Journal of the American Chemical Society* 145, n.º 13 (abril), 2023.

Hanczyc, M. M., Fujikawa, S. M. y Szostak, J. W., «Experimental Models of Primitive Cellular Compartments: Encapsulation, Growth, and Division», *Science* 302 (24 de octubre), 2003.

Kindt, J., Szostak, J. W. y Wang, A., «Bulk Self-Assembly of Giant, Unilamellar Vesicles», *ACS Nano* 14, n.º 11 (noviembre), 2020.

O'Flaherty, D., Kamat, N. P., Mizra, F. N., Li, L., Prywes, N. y Szostak, J. W., «Copying of Mixed Sequence RNA Templates Inside Model Protocells», *Journal of the American Chemical Society* 140, n.º 15 (abril), 2018.

Papastavrou, N., Horning, D. P. y Joyce, G. F., «RNA-Catalyzed Evolution of Catalytic RNA», *Proceedings of the National Academy of Sciences USA* 121, n.º 11 (marzo), 2024.

Radakovic, A. *et al.*, «Nonenzymatic Assembly of Active Chimeric Ribozymes from Aminoacylated RNA Oligonucleotides», *Proceedings of the National Academy of Sciences USA* 119, n.º 7 (febrero), 2022.

Rajamani, S., Ichida, J. K., Antal, T., Treco, D. A., Leu, K., Nowak, M. A., Szostak, J. W. y Chen, I. A., «Effect of Stalling After Mismatches on the Error Catastrophe in Nonenzymatic Nucleic Acid Replication», *Journal of the American Chemical Society* 132, n.º 16 (abril), 2010.

Szostak, J. W., Bartel, D. P. y Luigi Luisi, P., «Synthesizing Life», *Nature* 409 (18 de enero), 2001.

Capítulo 6. Todo junto. De la astrofísica y la geología a la química y la biología

Comentarios a la bibliografía

El artículo de Sasselov, Grotzinger y Sutherland (2020) supone un ejemplo de la manera en que un enfoque interdisciplinario, que combina experimentos de laboratorio con observaciones geológicas, geoquímicas y astrofísicas, es determinante a la hora de obtener una vía química sólida hacia la biología. Por su parte, Mann (2018) ofrece una descripción breve y divulgativa acerca de las diferentes opiniones sobre la existencia (o no) del Bombardeo Intenso Tardío. A su vez, O'Callaghan (2022) considera una posible solución a la paradoja del Sol joven y débil y a sus implicaciones. Ranjan *et al.* (2019) presentan evidencias para demostrar con más certeza que los seres vivos terrestres aparecieron en lagunas poco profundas en tierra firme y no en el fondo del mar. En una entrevista publicada en la revista *Quanta*, el bioquímico David Deamer explicó por qué se inclinaba también por estas acumulaciones de agua como escenario para ese acontecimiento [véase Singer (2016)]. La opinión contraria, según la cual este desarrollo tuvo lugar alrededor de fuentes hidrotermales en el lecho oceánico, es analizada y discutida por Russell (2021). La tesis de los lagos poco profundos como medio en el que surgieron las formas de vida se vio reforzada por la demostración de Zhang *et al.* (2022) sobre el papel determinante desempeñado por sencillas y habituales fluctuaciones térmicas, debidas a ciclos de congelación y deshielo, en la activación prebiótica de nucleótidos, en el copiado no enzimático del ARN y, por tanto, en la aparición de un sistema de información genética en la Tierra primigenia. Por su parte, Zahnle *et al.* (2020), Osinski *et al.* (2020) y Martin y Livio (2021, 2022) evalúan y debaten la potencial intervención de los impactos de asteroides en la generación de una atmósfera reductora, en la filtración de agua hasta la superficie y en la creación de entornos adecuados al nacimiento de la vida.

Referencias

Mann, A., «Bashing Holes in the Tale of Earth's Troubled Youth», *Nature* 553 (24 de enero), 2018.

Martin, R. G. y Livio, M., «How Much Water Was Delivered from the Asteroid Belt to the Earth After Its Formation?», *Monthly Notices of the Royal Astronomical Society* 506, n.° 1 (septiembre), 2021.

—, «Asteroids and Life: How Special Is the Solar System?», *Astrophysical Journal Letters* 926, n.° 2 (febrero), 2022.

O'Callaghan, J., «A Solution to the Faint Sun Paradox Reveals a Narrow Window for Life», *Quanta Magazine*, 27 de enero de 2022. Disponible online en: <https://www.quantamagazine.org/the-sun-was-dimmer-when-earth-formed-how-did-life-emerge-20220127/>.

Osinski, G. R., Cockell, C. S., Pontefract, A. y Sapers, H. M., «The Role of Meteorite Impacts in the Origin of Life», *Astrobiology* 20, n.° 9 (septiembre), 2020.

Ranjan, S. *et al.*, «Nitrogen Oxide Concentrations in Natural Waters on Early Earth», *Geochemistry, Geophysics, Geosystems* 20, n.° 4 (abril), 2019.

Russell, M. J., «The "Water Problem" (sic), Illusory Pond and Life's Submarine Emergence-A Review», *Life* 11, n.º 5 (mayo), 2021.

Sasselov, D. D., Grotzinger, J. P. y Sutherland, J. D., «The Origin of Life as a Planetary Phenomenon», *Science Advances* 6, n.º 6 (febrero), 2020.

Singer, E., «In Warm Greasy Puddles, the Spark of Life?», *Quanta Magazine*, 17 de marzo de 2016. Disponible online en: <https://www. quantamagazine.org/in-warm-greasy-puddles-the-spark-of-life-20160317/>.

Zahnle, K. J., Lupu, R., Catling, D. C. y Wogan, N., «Creation and Evolution of Impact-Generated Reduced Atmospheres of Early Earth», *Planetary Science Journal* 1, n.º 1 (mayo), 2020.

Zhang, S. J., Duzdevich, D., Ding, D. y Szostak, J. W., «Freeze-Thaw Cycles Enable a Prebiotically Possible and Continuous Pathway from Nucleotide Activation to Nonenzymatic RNA Copying», *Proceedings of the National Academy of Sciences USA* 119, n.º 17 (abril), 2022.

Capítulo 7. ¿Vida extraterrestre en otros planetas del sistema solar?

Comentarios a la bibliografía

La búsqueda de organismos en Marte se describe de manera bella y exhaustiva en Stewart Johnson (2020). A su vez, Shindell (2023) traza la historia de la fascinación humana por el planeta rojo y Kaufman (2014) realiza una presentación ricamente ilustrada y muy bien explicada de la misión *Curiosity*. Sawyer (2006) detalla las primeras etapas de los avatares del meteorito ALH84001, mientras que los hallazgos más recientes en torno a esta roca, que apuntan a que las moléculas orgánicas en su interior se formaron por procesos geológicos (y no biológicos), se recogen en Steele *et al.* (2022) y Martel *et al.* (2012) publica una revisión anterior de los datos de este objeto. Los experimentos llevados a cabo por las sondas *Viking* y sus resultados se exponen con detenimiento en Cooper (1980). La misteriosa saga del metano marciano se narra en Shekhtman (2021) y Foley y Smye (2018) abordan la cuestión de lo imprescindible que resulta ser la tectónica de placas para sustentar seres vivos. Plait (2023) enumera y analiza las nuevas pruebas de actividad volcánica en nuestro vecino y Chang (2022) resume algunos de los datos registrados por el vehículo no tripulado *Perseverance*. La posibilidad de que haya fuentes termales en el cráter Gusev es presentada por Ruff *et al.* (2020) y Van Kranendonk *et al.* (2021) consideran el fenómeno de los campos hidrotermales en el contexto de los esfuerzos por hallar formas de vida en el sistema solar. En Stirone, Chang y Overbye (2021) puede encontrarse una exposición divulgativa del presunto descubrimiento de fosfina en la espesa atmósfera de Venus y de las posibles implicaciones de este hallazgo, que fue anunciado en sí en Greaves *et al.* (2021). Bains *et al.* (2021) y Bains *et al.* (2022) contienen discusiones más técnicas al respecto, en las que evalúan las potenciales fuentes abióticas que explicarían este resultado.

Referencias

Bains, W. *et al.*, «Venusian Phosphine: A "Wow!" Signal in Chemistry?», Copia para evaluación, 9 de noviembre de 2021, arXiv:2111.05182.

—, «Constraints on the Production of Phosphine by Venusian Volcanoes», *Universe* 8, n.º 1 (enero), 2022.

Chang, K., «On Mars, a Year of Surprise and Discovery», *New York Times,* 15 de febrero de 2022. Disponible online en: <https://www.nytimes.com/2022/02/15/science/mars-nasa-perseverance.html>.

Cooper Jr., H. S. F., *The Search for Life on Mars: Evolution of an Idea,* Henry Holt and Company, Nueva York, 1980.

Foley, B. J. y Smye, A. J., «Carbon Cycling and Habitability of Earth-Sized Stagnant Lid Planets», *Astrobiology* 18, n.º 7 (julio), 2018.

Greaves, J. S. *et al.*, «Phosphine Gas in the Cloud Decks of Venus», *Nature Astronomy* 5 (julio), 2021.

Kaufman, M., *Mars Up Close: Inside the* Curiosity *Mission*, National Geographic, Washington D. C., 2014.

Martel, J. *et al.*, «Biomimetic Properties of Minerals and the Search for Life in the Martian Meteorite ALH84001», *Annual Review of Earth and Planetary Sciences* 40, 2012.

Plait, P., «Volcanic Activity on Mars Upends Red Planet Assumptions», *Scientific American*, 5 de enero de 2023. Disponible online en: <https://www.scientificamerican.com/article/volcanic-activity-on-mars-upends-red-planet-assumptions/>.

Ruff, S. W. *et al.*, «The Case for Ancient Hot Springs in Gusev Crater, Mars», *Astrobiology* 20, n.º 4 (abril), 2020.

Sawyer, K., *The Rock from Mars: A Detective Story on Two Planets*, Random House, Nueva York, 2006.

Shekhtman, L., «First You See It, Then You Don't: Scientists Closer to Explaining Mars Methane Mystery», *NASA Jet Propulsion Laboratory*, 29 de junio de 2021. Disponible online en: <https://www.jpl.nasa.gov/news/first-you-see-it-then-you-dont-scientists-closer-to-explaining-mars-methane-mystery>.

Shindell, M., *For the Love of Mars: A Human History of the Red Planet*, University of Chicago Press, Chicago, 2023.

Steele, A. *et al.*, «Organic Synthesis Associated with Serpentinization and Carbonation on Early Mars», *Science* 375 (13 de enero), 2022.

Stewart Johnson, S., *The Sirens of Mars: Searching for Life on Another World*, Crown, Nueva York, 2020.

Stirone, S., Chang, K. y Overbye, D., «Life on Venus? Astronomers See a Signal in Its Clouds», *New York Times*, 22 de junio de 2021. Disponible online en: <"https://www.nytimes.com/2020/09/14/science/venus-life- clouds.html >.

Van Kranendonk, M. J. *et al.*, «Terrestrial Hydrothermal Fields and the Search for Life in the Solar System», *Bulletin of the American Astronomical Society* 53, n.º 4 (mayo), 2021.

Capítulo 8. ¿Vida extraterrestre en los satélites del sistema solar?

Comentarios a la bibliografía

Hand (2020) ofrece una excelente descripción de la exploración de las lunas de Júpiter y Saturno y de la búsqueda de formas de vida en los mares que hay bajo su superficie. La potencial habitabilidad de Europa fue evaluada en un primer momento por Reynolds *et al.* (1983). La idea de que océanos líquidos bajo capas muy gruesas de hielo podían albergar microorganismos de manera permanente recibió un importante espaldarazo a raíz del estudio de las criaturas halladas en el lago Vostok de la Antártida [véase Gura y Rogers (2020)] y de los trabajos que realizó John Priscu en los lagos Mercer y Whillans del continente helado [véase Nadis (2020)]. NASA (2017) contiene una buena y asequible explicación de los motivos por los que Encélado se ha convertido en uno de los objetivos prioritarios de los intentos por hallar seres vivos en el sistema solar. Asimismo, McKay (2016) debate en profundidad las posibilidades de que Titán albergue organismos y Lorenz (2020) aporta una detallada caracterización de este satélite. Por su parte, Affholder *et al.* (2021) consideran el hecho de que la tasa de emisión de metano observada en Encélado concuerda, al menos de modo tentativo, con la que cabría esperar en el caso de que hubiera condiciones adecuadas para la presencia de metanógenos. El descubrimiento de ácido cianhídrico en un penacho de Encélado se describe en Peter, Nordheim y Hand (2023). Sandström y Rahm (2020) pasan revista a las diferentes ideas que se han propuesto para distintos tipos de seres vivos existentes en Titán, mientras que Lorenz, Lunine y Neish (2011) sugieren que pequeñas cantidades de ácido cianhídrico podrían formar solvatos con moléculas polares (hielo de agua en particular) en hidrocarburos líquidos.

Affholder, A. *et al.*, «Bayesian Analysis of Enceladus's Plume Data to Assess Methanogenesis», *Nature Astronomy* 5 (junio), 2021.

Gura, C. y Rogers, S. O., «Metatranscriptomic and Metagenomic Analysis of Biological Diversity in Subglacial Lake Vostok (Antarctica)», *Biology* 9, n.º 3 (marzo), 2020.

Hand, K. P., *Alien Oceans: The Search for Life in the Depths of Space*, Princeton University Press, Princeton, 2020.

Lorenz, R., *Saturn's Moon Titan: From 4.5 Billion Years Ago to the Present*, Haynes Publishing, Sparkford, Reino Unido, 2020.

Lorenz, R. D., Lunine, J. I. y Neish, C. D., «Cyanide Soap? Dissolved Material in Titan's Seas», Congreso Europeo de Ciencias Planetarias (EPSC)-Reunión de la Seccón de Ciencias Planetarias 2011, 488, 2011.

McKay, C. P., «Titan as the Abode of Life», *Life* 6, n.º 1 (febrero), 2016.

Nadis, S., «He Found "Islands of Fertility" Beneath Antarctica's Ice», *Quanta Magazine*, 20 de julio de 2020. Disponible online en: <https://www.quantamagazine.org/john-priscu-finds-life-in-antarcticas-frozen-lakes-20200720/>.

NASA, «The Moon with the Plume», 12 de abril de 2017. Disponible online en: <http://solar system.nasa.gov/news/13020/the-moon-with-the-plume/>.

Peter, J. S., Nordheim, T. A. y Hand, K. P., «Detection of HCN and Diverse Redox Chemistry in the Plume of Enceladus», *Nature Astronomy* 8, 2023.

Reynolds, R. T., Squires, S. W., Colburn, D. S. y McKay, C. P., «On the Habitability of Europa», *Icarus* 56, n.º 2 (noviembre), 1983.

Sandström, H. y Rahm, M., «Can Polarity-Inverted Membranes Self-Assemble on Titan?», *Science Advances* 6, n.º 4 (enero), 2020.

Capítulo 9. La vida está ahí fuera. La búsqueda astronómica

Comentarios a la bibliografía

La literatura sobre la detección de exoplanetas, en general, y sobre los habitables y sus propiedades, en particular, es muy amplia. Kaltenegger (2024) ofrece una bella descripción de la búsqueda de objetos similares a la Tierra, mientras que Mason (2010) resume algunos de los métodos empleados en este empeño y las características de los cuerpos encontrados. Quizá la referencia más completa a este respecto sea Perryman (2018). Otro libro que hace hincapié en la gran diversidad de los mundos de este tipo es Summers y Trefil (2017). Por su parte, Dressing y Charbonneau (2015) y Bryson *et al.* (2021) estiman el número de ellos susceptibles de albergar formas de vida y Schulze-Makuch *et al.* (2020) incluso identifican algunos que, en su opinión, son incluso mejores que la Tierra en este sentido. Por último, Hill *et al.* (2023) aportan un catálogo completo de los que se encuentran en la zona habitable en torno a las estrellas centrales del sistema. El tema de la construcción de nichos ecológicos se explica en Laland, Mathews y Feldman (2016). Sokol (2022) recoge una interesante entrevista con Lisa Kaltenegger, investigadora que ha realizado múltiples modelos informáticos de mundos susceptibles de albergar seres vivos. A este respecto, Seager y Deming (2010) y Deming y Seager (2017) describen las atmósferas de los exoplanetas y los métodos para estudiarlas. Catling *et al.* (2018) y Schwieterman *et al.* (2018), por ejemplo, contienen excelentes discusiones en profundidad (bastante técnicas) sobre posibles biomarcadores en estas situaciones. De hecho, la cuestión en general de lo que constituye una señal así es considerada en Chan *et al.* (2019) y el caso específico del oxígeno en este contexto se trata con detenimiento en Meadows *et al.* (2018). La viabilidad de la detección de reflexiones especulares de océanos y mares es debatida en Lustig-Yaeger *et al.* (2018). La habitabilidad de los cuerpos en torno a enanas rojas de clase M ha sido objeto de amplias discusiones. Ejemplos de estas, en lo que se refiere a los problemas que supone orbitar alrededor de estrellas de baja masa, se enumeran en Shields, Ballard y Asher Johnson (2016), Wandel (2018), Ranjan, Wordsworth y Sasselov (2017) y Childs, Martin y Livio (2022). El PHL@UPR Arecibo mantiene y actualiza un listado, el «Catálogo de Exoplanetas Habitables», que se puede consultar en: <https://phl.upr.edu/projects/habitable-exoplanets-catalog>. La posibilidad de que haya formas de vida en exolunas (satélites en órbita alrededor de exoplanetas) es analizada en un conocido artículo de Billings (2017). Algunas de las observaciones más recientes del sistema TRAPPIST-1 se recogen en Greene *et al.* (2023) y en Zieba *et al.* (2023), mientras que Selsis *et al.* (2023) consideran sus posibles implicaciones y Howard *et al.* (2023) pasan revista a los espectros de las fulguraciones de la estrella central. La detección de metano y dióxido de carbono en la atmósfera de K2-18b, junto al posible hallazgo en ella de dimetilsulfuro, aparece descrita en Madhusudhan *et al.* (2023). Shorttle *et al.* (2024) sugieren que K2-18b podría tener una superficie de roca fundida en lugar de un océano de agua. Las recomendaciones del Informe Decadal de 2020 pueden consultarse en Dreier (2021) y Kaufman (2021).

Referencias

Billings, L., «The Search for Life on Faraway Moons», *Scientific American*, ed. especial (otoño), 2017.

Bryson, S. *et al.*, «The Occurrence of Rocky Habitable-Zone Planets Around Solar-Like Stars from Kepler Data», *Astronomical Journal* 161, n.º 1 (diciembre), 2021.

Catling, D. C. *et al.*, «Exoplanet Biosignatures: A Framework for Their Assessment», *Astrobiology* 18, n.º 6 (junio), 2018.

Chan, M. A. *et al.*, «Deciphering Biosignatures in Planetary Contexts», *Astrobiology* 19, n.º 9 (septiembre), 2019.

Childs, A. C., Martin, R. G. y Livio, M., «Life on Exoplanets in the Habitable Zone of M Dwarfs?», *Astrophysical Journal Letters* 937, n.º 2 (octubre), 2022.

Deming, L. D. y Seager, S., «Illusion and Reality in the Atmospheres of Exoplanets», *Journal of Geophysical Research: Planets* 122, 2017.

Dreier, C., «Your Guide to the 2020 Astrophysics Decadal Survey: The Future, If You Want It», *Planetary Society,* 3 de diciembre de 2021. Disponible online en: <https://www.planetary.org/articles/the-2020-astrophysics-decadal-survey-guide>.

Dressing, C. D. y Charbonneau, D., «The Occurrence of Potentially Habitable Planets Orbiting M Dwarfs Estimated from the Full Kepler Dataset and an Empirical Measurement of the Detection Sensitivity», *Astrophysical Journal* 807, n.º 1 (julio), 2015.

Greene, T. P. *et al.*, «Thermal Emission from the Earth-Sized Exoplanet TRAPPIST-1b Using JWST», *Nature* 618 (1 de junio), 2023.

Hill, M. L. *et al.*, «A Catalog of Habitable Zone Exoplanets», *Revista Astronómica* 165, n.º 34 (febrero), 2023.

Howard, W. S. *et al.*, «Characterizing the Near-Infrared Spectra of Flares from TRAPPIST-1 During JWST Transit Spectroscopy Observations», 5 de octubre de 2023, arXiv:2310.03792.

Kaltenegger, L., *Alien Earths: The New Science of Planet Hunting in the Cosmos,* St. Martin's Press, Nueva York, 2024. (Hay trad. cast.: *Mundos extraterrestres: A la caza de nuevos planetas,* Paidós, Barcelona, 2025. Traducción de Fernando Borrajo.)

Kaufman, M., «NASA Should Build a Grand Observatory Designed to Search for Life Beyond Earth, Panel Concludes», *Many Worlds,* 5 de noviembre de 2021. Disponible online en: https://manyworlds.space/2021/11/05/nasa-should-build-a-grand-observatory-designed-to-search-for-life-beyond-earth-panel-concludes/.

Laland, K., Matthews, B. y Feldman, M. W., «An Introduction to Niche Construction Theory», *Evolutionary Ecology* 30, n.º 2, 2016.

Lustig-Yaeger, J. *et al.*, «Detecting Ocean Glint on Exoplanets Using Multiphase Mapping», *Astronomical Journal* 156, n.º 6 (diciembre), 2018.

Madhusudhan, N. *et al.*, «Carbon-Bearing Molecules in a Possible Hycean Atmosphere», 4 de octubre de 2023, arXiv: 2309.05566.

Mason, J. W., ed., *Exoplanets: Detection, Formation, Properties, Habitability*, Praxis Publishing, Chichester, Reino Unido, 2010.

Meadows, V. S. *et al.*, «Exoplanet Biosignatures: Understanding Oxygen as a Biosignature in the Context of Its Environment», *Astrobiology* 18, n.º 6 (junio), 2018.

Perryman, M., *The Exoplanet Handbook*, Cambridge University Press, Cambridge, 2018.

Ranjan, S., Wordsworth, R. y Sasselov, D., «The Surface UV Environment on Planets Orbiting M Dwarfs: Implications for Prebiotic Chemistry and the Need for Experimental Follow-Up», *Astrophysical Journal* 843, n.º 110 (julio), 2017.

Schulze-Makuch, D., Heller, R. y Guinan, E., «In Search for a Planet Better Than Earth: Top Contenders for a Superhabitable World», *Astrobiology* 20, n.º 12 (diciembre), 2020.

Schwieterman, E. W. *et al.*, «Exoplanet Biosignatures: A Review of Remotely Detectable Signs of Life», *Astrobiology* 18, n.º 6 (junio), 2018.

Seager, S. y Deming, D., «Exoplanet Atmospheres», *Annual Review of Astronomy and Astrophysics* 48, 2010.

Selsis, F. *et al.*, «A Cool Runaway Greenhouse Without Surface Magma Ocean», *Nature* 620 (9 de agosto), 2023.

Shields, A. L., Ballard, S. y Asher Johnson, J., «The Habitability of Planets Orbiting M-Dwarf Stars», *Physics Reports* 663 (diciembre), 2016.

Shorttle, O. *et al.*, «Distinguishing Oceans of Water from Magma on Mini-Neptune K2-18b», *Astrophysical Journal Letters* 962, n.º 1 (febrero), 2024.

Sokol, J., «A Dream of Discovering Alien Life Finds New Hope», *Quanta Magazine*, 3 de noviembre de 2022. Disponible online en: <https://www.quantamagazine.org/alien-life-a-dream-of-discovery-finds-new-hope-20221103/>.

Summers, M. y Trefil, J., *Exoplanets: Diamond Worlds, Super Earths, Pulsar Planets, and the New Search for Life Beyond Our Solar System*, Smithsonian Books, Washington D. C., 2017.

Wandel, A., «On the Biohabitability of M-Dwarf Planets», *Astronomical Journal* 856, n.º 3 (abril), 2018.

Zieba, S. *et al.*, «No Thick Carbon Dioxide Atmosphere on the Rocky Exoplanet TRAPPIST-1c», *Nature* 620 (24 de agosto), 2023.

Capítulo 10. La vida diferente a como la conocemos. El diseño de formas de vida naturales y antinaturales

Comentarios a la bibliografía

Szostak (2017) debate el hecho de que la amplitud de la química sintética podría sugerir la posibilidad de diseñar formas artificiales de vida, diferentes a las terrestres. En este sentido, Moskowitz (2017) realiza una hermosa narración divulgativa acerca de la detección de moléculas extremas en el espacio. Petkowski, Bains y Seager (2020) ofrecen un excelente estudio sobre el silicio como posible componente básico de la vida (en lugar del carbono), mientras que Bains *et al.* (2021) examinan el uso de ácido sulfúrico como disolvente alternativo al agua. Por su parte, Kunieda, Nakamura y Evans (1991) estudian la formación de vesículas con membranas del revés en disolventes orgánicos no polares y Hardy *et al.* (2015) hacen lo propio en el caso de barreras artificiales (diferentes desde un punto de vista químico de las biológicas). Scoles (2023) presenta un relato bastante asequible de la búsqueda de seres vivos distintos a lo conocido y Kubyshkin y Budisa (2019) pasan revista a los códigos genéticos alternativos. En un libro imaginativo y de carácter muy especulativo, Trefil y Summers (2019) exploran posibles respuestas a la pregunta del aspecto que podrían tener los organismos extraterrestres. Un interesante intento de identificar las leyes universales de escala que rigen las reacciones bioquímicas involucradas en los procesos vitales se encuentra en Gagler *et al.* (2022). Bostrom (2014) ofrece una excelente discusión del tema de una supuesta especie basada en la IA y en la «superinteligencia».

Referencias

Bains, W., Petkowski, J. J., Zhan, Z. y Seager, S., «Evaluating Alternatives to Water as Solvents for Life: The Example of Sulfuric Acid», *Life* 11, n.º 5 (mayo), 2021.

Bostrom, N., *Superintelligence: Paths, Dangers, Strategies*, Oxford University Press, Oxford, 2014. (Hay trad. cast.: *Superinteligencia: Caminos, peligros, estrategias*, TEELL Editorial, Zaragoza, 2016. Traducción de Marcos Alonso.)

Hardy, M. D. *et al.*, «Self-Reproducing Catalyst Drives Repeated Phospholipid Synthesis and Membrane Growth», *Proceedings of the National Academy of Sciences USA* 112, n.º 27 (julio), 2015.

Gagler, D. C., Karas, B., Kempes, C. P. y Waker, S. I., «Scaling Laws in Enzyme Function Reveal a New Kind of Biochemical Universality», *Proceedings of the National Academy of Sciences USA* 119, n.º 9 (marzo), 2022.

Kubyshkin, V. y Budisa, N., «Anticipating Alien Cells with Alternative Genetic Codes: Away from the Alanine World!», *Current Opinion in Biotechnology* 60 (diciembre), 2019.

Kunieda, H., Nakamura, K. y Evans, D. F., «Formation of Reversed Vesicles», *Journal of the American Chemical Society* 113, n.º 3, 1991.

Moskowitz, C., «Extreme Molecules in Space», *Scientific American*, ed. especial (otoño), 2017.

Petkowski, J. J., Bains, W. y Seager, S., «On the Potential of Silicon as a Building Block for Life», *Life* 10, n.º 6 (junio), 2020.

Scoles, S., «The Search for Extraterrestrial Life as We Don't Know It», *Scientific American*, 1 de febrero, 2023.

Szostak, J. W., «The Origin of Life on Earth and the Design of Alternative Life Forms», *Molecular Frontiers Journal* 1, n.º 2 (diciembre), 2017.

Trefil, J. y Summers, M., *Imagined Life: A Speculative Scientific Journey Among the Exoplanets in Search of Intelligent Aliens, Ice Creatures, and Supergravity Animals*, Smithsonian Books, Washington D. C., 2019.

Capítulo 11. A la caza de la inteligencia. Reflexiones preliminares

Comentarios a la bibliografía

La ecuación de Drake ha sido discutida con mucha amplitud. Se pueden encontrar ejemplos de estos debates en Lemonick (1998) y en Frank (2018). Este también examina la sugerencia de la probable existencia de civilizaciones inteligentes extraterrestres en algún lugar del universo. La versión alternativa de la ecuación de Drake, que da una estimación del número de exoplanetas con biomarcadores detectables a partir de una combinación de observaciones de TESS y JWST, se discute en Seager (2016). A su vez, Webb (2015) enumera, analiza y considera 75 posibles soluciones a la paradoja de Fermi. Livio y Silk (2017) realizan un breve y asequible repaso de los intentos por encontrar especies extraterrestres. Al mismo tiempo, Engler y Von Wehrden (2019) intentan estimar el número de civilizaciones tecnológicamente avanzadas en la Vía Láctea desde un enfoque empírico. Carter (1983), Ward y Brownlee (2000), Davies (2010) y Gribbin (2011) presentan argumentos según los cuales los seres vivos complejos serían muy escasos y podríamos estar solos en el universo. Sin embargo, Livio (1999) revela un potencial punto débil en el razonamiento de Carter. Bostrom (2002) discute con amplitud el principio antrópico y Livio (2023) hace lo propio de manera muy divulgativa con algunas implicaciones del principio copernicano.

Referencias

Bostrom, N., *Anthropic Bias: Observation Selection Effects in Science and Philosophy*, Routledge, Abingdon, 2002.

Carter, B., «The Anthropic Principle and Its Implications for Biological Evolution», *Philosophical Transactions of the Royal Society of London* A 310 (diciembre), 1983.

Davies, P., *The Eerie Silence: Renewing Our Search for Alien Intelligence*, Houghton Mifflin Harcourt, Boston. 2010.

Engler, J. O. y von Wehrden, H., «"Where Is Everybody"': An Empirical Appraisal of Occurrence, Prevalence and Sustainability of Technological Species in the Universe», *International Journal of Astrobiology* 18, n.º 6, 2019.

Frank, A., *Light of the Stars: Alien Worlds and the Fate of the Earth*, W. W. Norton, Nueva York, 2018.

Gribbin, J., *Alone in the Universe: Why Our Planet Is Unique*, John Wiley & Sons, Hoboken, Nueva Jersey, 2011. (Hay trad. cast.: *Solos en el universo. El milagro de la vida en la Tierra*. Pasado y Presente, Barcelona, 2012. Traducción de Efrén del Valle).

Lemonick, M. D., *Other Worlds: The Search for Life in the Universe*, Simon & Schuster, Nueva York, 1998.

Livio, M., «How Rare Are Extraterrestrial Civilizations, and When Did They Emerge?», *Astrophysical Journal* 511, n.º 1 (enero), 1999.

—, «How Far Should We Take Our Cosmic Humility?», *Scientific American*, 19 de abril de 2023. Disponible online en: <https://www.scientificamerican.com/article/how-far-should-we-take-our-cosmic-humility1/>.

Livio, M. y Silk, J., «Where Are They?», *Physics Today* 70, n.º 3 (marzo), 2017.

Seager, S., «Are They Out There? Technology, the Drake Equation, and Looking for Life on Other Worlds», en Al-Khalili, J., ed., *Aliens: The World's Leading Scientists on the Search for Extraterrestrial Life*, Picador, Nueva York, 2016, p. 188.

Ward, P. D. y Brownlee, D., *Rare Earth: Why Complex Life Is Uncommon in the Universe*, Copernicus, Nueva York, 2000.

Webb, S., *If the Universe Is Teeming with Aliens ... WHERE IS EVERYBODY? Seventy-Five Solutions to the Fermi Paradox and the Problem of Extraterrestrial Life*, Springer, Nueva York, 2015.

Capítulo 12. A la caza de la inteligencia. La búsqueda

Comentarios a la bibliografía

Una buena descripción de los primeros intentos por localizar seres extraterrestres inteligentes se puede encontrar en Shostak (2009). Un libro reciente y encantador sobre los esfuerzos en este sentido es el de Frank (2023), mientras que el de Scoles (2017) examina la ciencia tras estos empeños y sigue las huellas de una de sus pioneras, Jill Tarter. Este afán se ha convertido en un paradigma de la proverbial búsqueda de una aguja en un pajar, algo que se discute, por ejemplo, en Tarter *et al.* (2010). Una evaluación más reciente de los trabajos en este sentido es la de Wright, Kanodia y Lubar (2018). La controvertida sugerencia de Loeb de que el objeto interestelar Oumuamua era un dispositivo tecnológico muy sofisticado creado por una civilización alienígena se describe con detalle en Loeb (2021). A su vez, Loeb *et al.* (2023) recogen los resultados del análisis de los fragmentos esféricos de un meteorito y Siegel (2023) afirma con claridad que estos resultados podrían deberse a contaminantes industriales, algo que Loeb *et al.* (2024) rechazan. Por lo que respecta al extraño comportamiento de la estrella de Boyajian y sus posibles explicaciones, estos aspectos son debatidos en, por ejemplo, Cartier y Wright (2017). El concluyente análisis de la señal denominada BLC1 aparece en Sheikh *et al.* (2021). Por su parte, Rees y Livio (2023) consideran la posibilidad de que la mayoría de las especies tecnológicas de nuestra galaxia sean máquinas de IA.

Referencias

Cartier, K. y Wright, J. T., «Strange News from Another Star», *Scientific American*, ed. especial (otoño), 2017.

Frank, A., *The Little Book of Aliens*, HarperCollins, Nueva York, 2023. (Hay trad. cast.: *El pequeño libro de los aliens: La fasci-*

nante búsqueda de vida extraterrestre, Espasa, Barcelona, 2024. Traducción de Pedro Pacheco.)

Loeb, A., *Extraterrestrial: The First Sign of Intelligent Life Beyond Earth*, Houghton Mifflin Harcourt, Boston, 2021.

Loeb, A. *et al.*, «Discovery of Spherules of Likely Extrasolar Composition in the Pacific Ocean Site of the CNEOS 2014-01-08 (IM1) Bolide». Copia para evaluación, 9 de agosto de 2023. arXiv:2308.15623.

—, «Recovery and Classification of Spherules from the Pacific Ocean Site of the CNEOS 2014 January 8 (IM1) Bolide», *Research Notes of the AAS* 8, n.º 1 (enero), 2024.

Rees, M. y Livio, M., «Most Aliens May Be Artificial Intelligence, Not Life as We Know It», *Scientific American*, 1 de junio de 2023. Disponible online en: <https://www.scientificamerican.com/article/most-aliens-may-be-artificial-intelligence-not-life-as-we-know-it/>.

Scoles, S., *Making Contact: Jill Tarter and the Search for Extraterrestrial Intelligence*, Pegasus Books, Nueva York, 2017.

Sheikh, S. Z. *et al.*, «Analysis of the Breakthrough Listen Signal of Interest blc1 with a Technosignature Verification Framework», *Nature Astronomy* 5, 2021.

Shostak, S., *Confessions of an Alien Hunter: A Scientist's Search for Extraterrestrial Intelligence*, National Geographic, Washington D. C., 2009.

Siegel, E., «Harvard Astronomer's "Alien Spherules" Are Industrial Pollutants», *Big Think*, 14 de noviembre de 2023. Disponible online en: <https://bigthink.com/starts-with-a-bang/harvard-astronomer-alien-spherules/>.

Tarter, J. C. *et al.*, «SETI Turns 50: Five Decades of Progress in the Search for Extraterrestrial Intelligence», *Proceedings of the SPIE* 7819 (agosto), 2010.

Wright, J. T., Kanodia, S. y Lubar, E., «How Much SETI Has Been Done? Finding Needles in the *n*-Dimensional Cosmic Haystack», *Astronomical Journal* 156, n.º 6 (noviembre), 2018.

Capítulo 13. Epílogo. ¿Un logro inminente?

Comentarios a la bibliografía

Para hacerse una idea de lo mucho que han avanzado nuestros conocimientos sobre el universo durante el último siglo, Arrhenius (1909) es una lectura fascinante. La ciencia que podría hacerse con el nuevo espectrómetro UV del Observatorio de Mundos Habitables se describe en la página web de la misión, en el proyecto de Tumlinson *et al.*

Referencias

Arrhenius, S., *The Life of the Universe: As Conceived by Man from the Earliest Ages to the Present Time*, Harper & Brothers, Londres, 1909.

Tumlinson, J. *et al.*, «Unique Astrophysics in the Lyman Ultraviolet». Disponible online en: <https://www.stsci.edu/~tumlinso/LymanUV-Tumlinson.pdf>.

Índice onomástico

Las cursivas hacen referencia a figuras